学术研究专著

水下惯性基导航系统对准与误差抑制

朱　兵　李作虎　许江宁　李　鼎　著

西北工业大学出版社
西　安

【内容简介】 本书系统阐述了水下捷联式惯性导航系统初始对准、组合导航、纯惯性误差抑制相关理论与技术及装备，并结合最优估计理论，阐述了线性/非线性滤波的相关理论及其改进算法在水下惯性导航系统动态对准及导航误差抑制中的应用。本书既囊括基础理论，又有相应的技术装备及应用试验验证，具有显著特色和优势。

本书可作为从事导航、制导与控制专业工作相关人员和科技管理人员的参考书，也可作为高等学校“兵器科学与技术”“控制科学与工程”等学科的本科生、研究生以及相关专业技能人才培养的参考书。

图书在版编目(CIP)数据

水下惯性基导航系统对准与误差抑制 / 朱兵等著
. —西安 ：西北工业大学出版社，2023.7
ISBN 978-7-5612-8671-5

Ⅰ. ①水… Ⅱ. ①朱… Ⅲ. ①水下-惯性导航系统-研究 Ⅳ. ①TN967.2

中国国家版本馆 CIP 数据核字(2023)第 068147 号

SHUIXIA GUANXINGJI DAOHANG XITONG DUIZHUN YU WUCHA YIZHI
水下惯性基导航系统对准与误差抑制
朱兵 李作虎 许江宁 李鼎 著

责任编辑：胡莉巾 **策划编辑**：杨 军
责任校对：王玉玲 **装帧设计**：李 飞
出版发行：西北工业大学出版社
通信地址：西安市友谊西路 127 号 邮编：710072
电 话：(029)88493844，88491757
网 址：www.nwpup.com
印 刷 者：兴平市博闻印务有限公司
开 本：720 mm×1 020 mm 1/16
印 张：14.5 彩页：4
字 数：268 千字
版 次：2023 年 7 月第 1 版 2023 年 7 月第 1 次印刷
书 号：ISBN 978-7-5612-8671-5
定 价：69.00 元

前　　言

获取统一、精确、实时的时间和空间信息是维持现代社会正常运转和打赢信息化战争的重要基础。定位导航授时(Positioning Navigation and Timing,PNT)系统是提供时间和空间信息的主要手段。目前,我国的PNT手段主要有北斗卫星导航、陆基无线电导航、惯性导航、天文导航、匹配导航(图像、重力、磁力)等。其中,北斗卫星导航系统具有全球覆盖、全天候、全天时、高精度等优点,是我国当前应用最为广泛的时空信息服务手段。受无线电信号传输特性的影响,北斗卫星导航系统在室内、水下、地下等全球卫星导航系统(Global Navigation Satellite System,GNSS)信号拒止环境中应用受限。同时,卫星信号经过两万多千米的传输,到达用户终端时已经极其微弱,极易受到电磁环境的影响,导致服务性能下降,尤其是受到恶意干扰和欺骗时,存在安全隐患。捷联式惯性导航系统(Strapdown Inertial Navigation System,SINS)具有自主性强、体积小、成本低、隐蔽性高、抗干扰能力强等独特优势,在航空、航天、航海等领域受到广泛关注,是GNSS受到干扰或拒止环境中的保底导航手段。

自主式水下航行器(Autonomous Underwater Vehicle,AUV)是研究、开发、利用海洋,建设海防等国民及军事应用领域的重要工具。海洋水体拒止、屏蔽电磁波信号,导致在深水环境中无法正常使用无线电导航、卫星导航等导航手段,因此深水环境中的导航手段极其有限。SINS由于其独特优势成为AUV长航时、长航程、高精度导航的主要手段。但是,SINS导航误差随着时间不断积累,一般需要GNSS信号辅助才能实现高精度初始对准及误差抑制。那么,在水下GNSS信号受屏蔽或陆上GNSS信号遮挡等GNSS拒止环境中,惯性基导航系统(以 SINS 为主导航设备)高精度初始对准及误差抑制仍然是一个难题。本书针对水下惯性基导航系统对准与误差抑制问题,重点围绕水下环境中 SINS 动态解析式对准、非线性对准以及导航误差抑制等问题进行分析和介绍。本书坚持理论与实际相结合,分别在仿真、车载和船载环境下,对本书研究的方法进行数值仿真验证和实测数据试验验证。

笔者在查阅国内外相关研究领域的文献资料基础上,结合攻读博士学位期间及工作期间的科学技术创新、装备研究、成果转化与应用,以及与国内外学者的交流等所积累的理论和技术知识,撰写此书。以 GNSS 拒止环境中航行器对高精度、连续可靠的 PNT 信息保障迫切需求为导向,重点针对水下捷联式惯性导航系统初始对准及导航误差抑制原理、机理进行了系统阐述,并对水下动态粗对准、非线性对准、鲁棒信息融合及纯惯性导航误差抑制方法进行了详细阐述。本书相关研究成果可进一步推广到陆上 GNSS 遮蔽环境(丛林、隧道等) SINS/OD(里程计)动态对准及组合导航中。

本书由朱兵统稿。具体编写分工如下:第 1 章由许江宁撰写,第 2 章由李鼎撰写,第 3 章、第 4 章、第 7 章由朱兵撰写,第 5 章、第 6 章由李作虎、朱兵撰写。

本书的撰写得到了北京跟踪与通信技术研究所郭树人、焦文海、高为广、卢鋆、李星、刘莹,以及海军工程大学卞鸿巍、覃方君、查峰、常路宾、李京书、何泓洋等的帮助。北京航天控制仪器研究所的李海兵、航天科工集团三院三十三所的徐海刚、清华大学的张嵘、北京航空航天大学的杨功流、陆军装甲兵学院的张新喜等多位专家也为本书的撰写提出了中肯的意见、建议。西北工业大学和国防科技大学提供了部分实测数据。海军工程大学的安文、梁益丰等为本书做了大量烦琐的资料整理和编辑工作。写作本书曾参阅了相关文献。在此,对所有提供帮助的专家和同行,以及参考文献的作者表示诚挚的感谢!

限于水平,书中难免存在不妥与疏漏之处,恳请读者批评指正。

著　者

2022 年 9 月

主要符号说明

符 号	含 义	符 号	含 义
θ	俯仰角	∇	加速度计零偏
φ	横滚角	i	惯性坐标系
ψ	航向角	b	载体坐标系
α_x	俯仰误差角	n	导航坐标系
α_y	横滚误差角	e	地球坐标系
α_z	航向误差角	γ_k	鲁棒滤波器中调节因子
$\boldsymbol{C}_b^n$	姿态矩阵	λ_k	自适应滤波器中膨胀因子
$v_{\mathrm{E}}/v_{\mathrm{N}}/v_{\mathrm{U}}$	东向/北向/天向速度	$\boldsymbol{W}$	系统噪声向量
λ	经度	$\boldsymbol{V}$	量测噪声向量
L	纬度	$\boldsymbol{X}$、$\boldsymbol{x}$	状态向量
h	高(深)度	$\boldsymbol{Z}$、$\boldsymbol{z}$	观测向量
R_M	地球子午圈半径	$\boldsymbol{\alpha}_v$、$\boldsymbol{\beta}_v$	优化对准中观测向量
R_N	地球卯酉圈半径	ζ_v	优化对准中速度门限
R_e	地球等效半径	$[\boldsymbol{A}\times]$	向量 $\boldsymbol{A}$ 的反对称矩阵
$\boldsymbol{f}$	比力	$\boldsymbol{0}_{m\times n}$	$m\times n$ 阶零矩阵
$\boldsymbol{g}$	地球重力加速度	$\boldsymbol{I}_{m\times n}$	$m\times n$ 阶单位矩阵
ω_{ie}	地球角速率	rad	弧度
$\boldsymbol{\varepsilon}$	陀螺常值漂移	n mile	海里
$\boldsymbol{\omega}_{xy}^z$	y 系相对于 x 系的旋转角速度在 z 系上的投影		

目　　录

第1章　绪　　论

1.1　概　　述

随着科学技术的不断发展，占据着地球70%以上面积的海洋已经成为许多国家争相开发和利用的领域以及军事必争之地。未来战争将是由陆地向太空和海洋迅速延伸的立体战争，海洋空间成为各海洋大国以及濒海国家积极开发与利用的主要阵地，深海战场将成为未来冲突与战争的主要场所。水下导航技术成为海洋资源勘探、开发，海洋工程以及军事作战和精确打击等国民和国防应用领域中必不可少的关键技术。高精度、高可靠性的水下导航技术在自主式水下航行器(Autonomous Underwater Vehicle，AUV)的发展中具有重要地位。随着现代水下各方面需求的复杂多样化，尤其是水下作战样式逐渐向无人化、智能化、编队化等方向发展，对AUV的自主控制、远程续航及隐蔽长航时等方面的能力提出了更高的要求。未来AUV必须具有自主、精确的水下长航时、长航程的导航能力。

从目前来看，AUV尚未具备真正意义上的自主式远程航行能力，其主要原因是导航的精度问题，也就是自主惯性导航系统(Inertial Navigation System，INS)(简称“惯导系统”或“惯导”)的漂移误差积累问题[1]。目前乃至未来很长一段时间内，全航程仍需要天基定位导航系统对INS进行定期校准，而高频无线电信号随水深衰减极快，校准过程中需要AUV上浮至水面或接近水面位置，增大了自身暴露的概率，限制了其长航时隐蔽航行的能力。

目前常用的水下导航手段有：惯性导航、声学定位及海洋物理场匹配导航等[2-5]。解决水下导航问题相比于水面以上导航问题更为复杂，水介质的固有属性使其屏蔽了很多外界信号，如光学信号、无线电信号等，声学导航、物理场匹配导航技术尚不成熟、完善，目前乃至未来很长一段时间内解决水下导航问题都将主要依靠惯性导航技术。捷联式惯导系统（Strapdown Inertial Navigation System，SINS）由于其自主性强、隐蔽性高、结构简单、体积小及成本低等优点，在航空、航天、航海等领域受到广泛关注和应用[6-10]，已成为现代惯性导航技术研究和发展的主流[11]，并成为 AUV 长航时、长航程、高精度导航的主要手段。SINS 本质上是基于牛顿第二定律的积分推算系统，需要对惯性测量单元（Inertial Measurement Unit，IMU），即陀螺仪和加速度计的输出进行积分运算[12]。由此可知，任何初始误差，如初始姿态误差、IMU 器件误差等都会进入积分系统造成积分运算误差，进而影响 SINS 长航时、长航程的导航精度。因此，准确地确定积分推算系统的积分初始值以及有效地补偿和抑制 IMU 器件误差的影响，对实现 SINS 精确导航有着至关重要的作用。因此，惯导系统水下初始对准及导航误差补偿技术是确保 AUV 长航时、长航程、高精度导航的关键技术。

对于长航时、长航程的 AUV 而言，其工作的外部环境复杂、多变，并且存在很多无法避免的不可控因素，高精度姿态测量、确定是保证其正常航行的重要前提。不同于陆上或水面上，由于电磁波信号在水下衰减极快，水下 SINS 的动态启动以及长航时、长航程导航无法获取来自全球卫星导航系统（Global Navigation Satellite System，GNSS）的速度、位置信息的辅助。在水面以上，运载体可以通过卫星定位测姿[13]或卫星/INS 组合测姿[14]获取准确的姿态信息。而在水下无 GNSS 信号的环境中，SINS 初始姿态的确定尤其是动态条件下的初始对准尤为困难。因此，对无 GNSS 信号条件下的 SINS 水下动基座（本书也称“动态”）初始对准方法的研究具有重要意义。

IMU 的器件误差是影响 SINS 长航时、长航程、高精度导航的另一个重要因素。对 SINS 导航误差进行补偿通常需要借助其他测量手段提供外部辅助信息，目前主要的方法有：①利用 AUV 上浮或者投布放浮标等方式获取位置辅助信息；②利用水下声学定位系统（也称“水声定位系统”）（Acoustic Positioning System，APS）提供位置辅助信息[15]；③利用多普勒速度计程仪（Doppler Velocity Log，DVL）提供速度辅助信息[16]；④通过海洋物理场匹配获取位置辅助信息等[17-19]。

在以上的方式中，目前仍存在一些亟须解决但尚未完全解决的问题，如：①AUV通过上浮或者利用浮标获取位置信息的方式存在暴露目标的风险；②海洋物理场匹配现阶段仍然处于理论研究阶段，精确地建立地球物理数据库及检测地球物理参数等重大问题尚未得到有效解决，海洋物理场的建设还不能满足实际应用的需求[20]；③水下DVL测速容易受到外部复杂环境的干扰，不能保证连续的高精度测速；④水下声学定位系统的布设成本高，尤其是在远海、深海布设的难度更加大，因此可以考虑使用低成本、灵活性高的水声单应答器（Acoustic Single-Transponder，AST）为AUV提供局部水域高精度位置信息[21-22]。因此，如何在水下复杂环境中利用有限的外部辅助信息，如DVL的测速信息、AST的定位信息，以及如何实现长航时、长航程过程中的导航误差补偿也是本书的研究重点。

1.2 水下定位导航关键技术

1.2.1 惯性导航技术

惯性导航技术是导航技术的重要分支。INS利用加速度计和陀螺仪等惯性传感器测量运载体相对于惯性空间的线运动和角运动，在给定运动初始信息的条件下，根据牛顿第二定律通过计算机实时解算载体的三维姿态、速度、位置等导航信息[23-24]。按照惯性测量装置安装在载体上的方式，INS可分为平台式惯导系统（Gimbaled Inertial Navigation System，GINS）和SINS[23]。它们的主要区别在于GINS利用环架将惯性敏感元件与载体的角运动隔离开来，而SINS将陀螺仪和加速度计直接与载体固连。前者使用的是机械物理平台，而后者使用的是计算机建立的数学平台。

GINS存在体积庞大、重量大及制造成本高昂等诸多缺点。相比于GINS，SINS具有结构简单、重量轻、制造成本低、方便维护等优势，因此SINS将逐步取代GINS并成为现代惯性导航技术研究和发展的主流[25]。SINS在导航过程中不向外界发射电磁波或其他信号，不易受外界干扰，它具有隐蔽性高、抗干扰能力强的独特优势。因此，SINS已经成为AUV自主式导航的核心装置。

对于GINS，其水平姿态调平及航向角对准难免会存在一定的误差。因此，不论是GINS还是SINS，由于初始姿态角误差、航向角误差以及IMU器件误差的存在，基于牛顿第二定律进行积分推算的惯导系统在解算过程中不可避免地存在振荡型、常值型和累积型的系统误差，且INS的导航误差随着时间不断积累，所以系统的长期导航精度难以保证。在水下环境中，SINS难以长时间独立工作，需要利用各种外部辅助手段为 SINS 提供参考信息，如利用 DVL 提供速度参考信息[26]、利用 APS 提供位置参考信息[27-29]，再借助信息融合技术，实现对 SINS 初始姿态误差及累积误差的补偿和抑制。

以惯性导航系统（如 SINS）为主导航设备，其他一种或一种以上非相似导航系统（如 DVL、AST 等）为辅助导航设备的组合导航系统，称为惯性基导航系统。

1.2.2 水声定位技术

水下有界误差的导航需要借助外部传感器系统来实现，由于水体对电磁波拒止屏蔽作用的影响，在水下无法有效使用无线电导航或卫星导航等导航手段。与电磁波信号不同，声波信号在水中传播衰减很小，它是目前水下通信及导航最有效的信息传播载体[30]。水声定位系统一般由多个基元（接收器或应答器）组成，其可按基线（基元间的连线）的长度分为三种[31]：①长基线（Long Baseline，LBL）系统，基线长度一般为 100～6 000 m；②短基线（Short Baseline，SBL）系统，基线长度一般为 1～50 m；③超短基线（Ultra-short Baseline，USBL）系统，基线长度一般小于 1 m。表 1.1 列出了 LBL、USBL 与全球定位系统（Global Positioning System，GPS）定位性能相关参数[21]。

表 1.1 地理导航传感器定位性能的相关参数

定位系统类型	变 量	数据更新率	定位精度	作用范围（水下）
GPS	x、y、z	1～10 Hz	0.1～10 m（水上）	0 km
LBL（300 kHz）	x、y、z	1～10 Hz	±0.007 m	0.1 km
LBL（12 kHz）	x、y、z	0.1～1.0Hz	0.1～10 m	5～10 km
USBL	作用范围	0.02～0.5 Hz	作用范围的 0.1%～2.0%	0.1～10 km

水下声学定位系统一般通过声学测距实现水下目标的定位，不同类型的声学定位系统具有不同的特点，如表 1.2 所示。

表 1.2 水声定位系统的特点

定位类型	定位方式	优 势	缺 陷
LBL	测距	定位精度高	布设成本高，校准、维护和回收难度大
SBL	测距	较 LBL 灵活性高、标较简单	布设成本高，受海洋环境影响大
USBL	测距或测向	安装简单、尺寸小，无须布放标校应答器	定位精度较低

对比 SBL 和 USBL 定位系统发现，LBL 定位系统可实现大范围、深水域较高精度的定位导航，但是 LBL 定位系统的复杂性也决定了其布设、校准等难度较 SBL、USBL 定位系统高。LBL 导航主要依赖于声应答器(信标)，在 AUV 执行任务之前，这些声应答器通常以系泊的方式部署在海底以上 50～600 m[21]。LBL 定位系统可以被认为是由多个 AST 组成的距离辅助导航系统，它通过同时测量来自多个 AST 的距离信息，实现对水下目标的导航。

AST 是水下距离辅助导航的最小实现单元，可通过对 AST 进行距离测量来为 AUV 提供绝对位置参考信息[32]。AST 的工作模式可分为信标模式和应答模式[31]：信标模式是指 AST 仅向外界发射声脉冲信号；应答模式是指 AST 在接收到潜航器或水面运载体发射的询问信号时，同时发射应答信号。在实际应用中，可根据需求选择 AST 的工作模式。AST 具有制造成本低、布设灵活方便、局部水域定位精度高等优点，基于 AST 的水下距离辅助导航逐渐受到国内外学者的关注[22,33-38]。

1.2.3 水下组合导航技术

1.2.3.1 航位推算技术

航位推算通常指二维平面内或三维空间中的位置推算。在水下环境中，利用 DVL 的测速信息并同时利用磁罗经(Magnetic Compass Pilot, MCP)测航向信息可递推出二维平面的位置信息。而对于三维空间的航位推算，则需要通过陀螺罗经输出的三维姿态信息及 DVL 输出的三维测速信息来递推获取三维位置信息[39]。DVL 本质上属于速度声呐设备，它以多普勒效应为基础，利用声脉冲发射信号与散射回波信号之间的多普勒频移信息，得到运载体相对水层或水底的速度[16,40]。DVL 的测速误差不会随时间累积，短期内航位推算方式具有较高的定位精度。对于航位推算系统来说，其无法直接消除导航传感器误差。因此与 INS 一样，航位推算系统也存在定位误差随时间不断积累的问题，其长期定位精度难以保证。

1.2.3.2 SINS/AST 组合导航技术

近年来，采用 SINS/AST 组合导航方案成为 LBL、SBL 和 USBL 定位方案的延伸，被国内外学者和科研机构广泛研究[33-38,41-43]。其中，应用比较成功的是法国 IXBLUE 公司在其 RAMSES 定位系统(又称距离导航系统，Range Navigation System)中使用 APS+INS 的方式，在 130 km 的导航试验水域中每隔 10 km投放一个 AST，当 AUV 进入 AST 的作用范围时，RAMSES 定位系统可将定位误差稳定控制在 14 m 以内[41]。SINS/AST 组合导航系统只需在 AUV 上装备一个水声测距设备(如 USBL 系统或收发合置换能器)，利用水下预先投(布)放水平位置和深度已知的单应答器(信标)，通过获取单应答器(信标)与 AUV 之间的位置信息，再利用信息融合算法即可实现精确的导航。SINS/AST 组合导航模式充分发挥了 SINS 和 APS 的优势，并且极大简化了使用条件、降低了使用成本，具有很大的推广应用潜力。SINS/AST 组合导航基本原理是，当 AUV 运动到 AST 的作用区域内时，由 AST 为其提供精确的位置信息从而抑制 SINS 的误差发散。SINS/AST 组合导航原理示意图如图 1.1 所示。

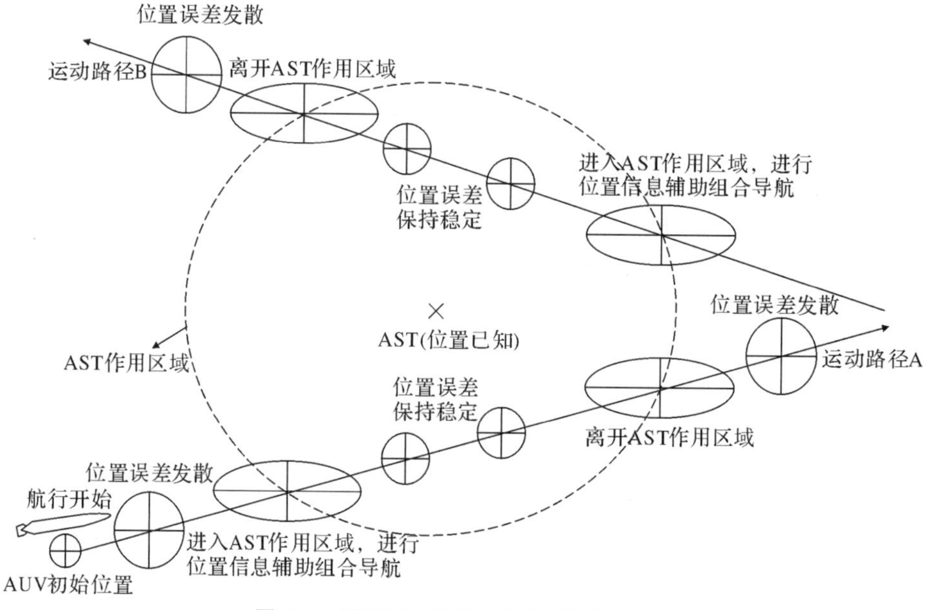

图 1.1　SINS/AST 组合导航原理示意图

1.2.3.3　SINS/DVL/AST 组合导航技术

由图 1.1 可以看出，AST 的作用范围是有限的，当 AUV 运动到 AST 作用区域时，SINS 的位置误差发散会得到有效抑制。但是当 AUV 离开 AST 的作用区域时，SINS 的位置误差将会以很快的速度持续发散，限制了 AUV 在水下航行的能力和范围。因此使用 SINS/AST 组合导航方式存在一定的局限性。DVL 的测速误差不会随时间累积，在 AUV 大深度、广水域航行过程中，DVL 可为 SINS 提供可靠的外部速度辅助信息，但是 SINS/DVL 组合导航误差是缓慢发散的[44]。当AUV在水下机动航行时,为了抑制SINS位置误差的持续发散,可设计以下组合导航方案:当AUV进入AST的作用区域时,采用SINS/DVL/AST组合导航模式,此时SINS的导航误差保持稳定;当AUV离开AST的作用区域时,采用SINS/DVL组合导航模式,此时AUV在DVL速度辅助的条件下导航误差缓慢发散,在即将达到误差上限时,使得AUV能够再次进入AST作用区域。SINS/DVL/AST组合导航原理示意图如图1.2所示。

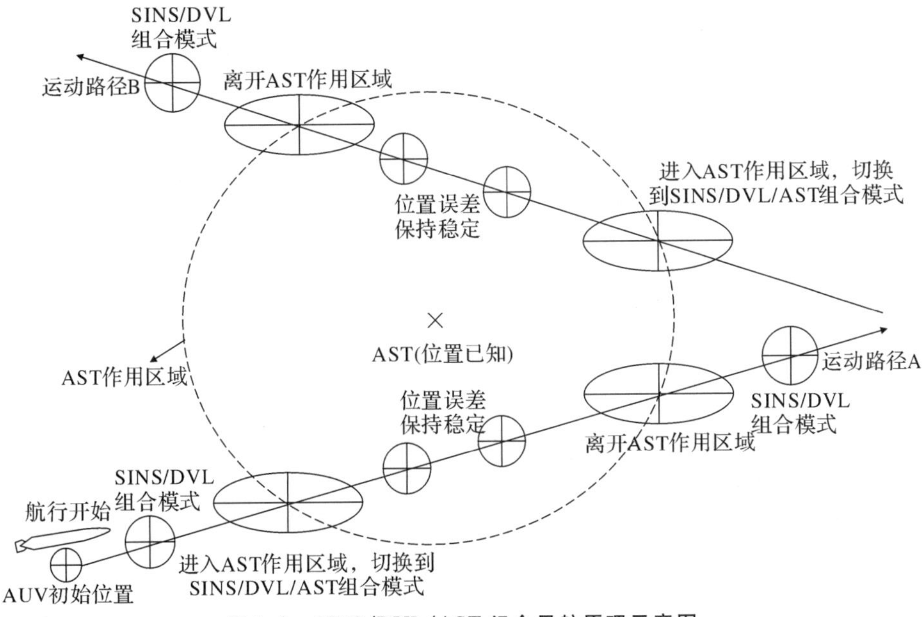

图1.2 SINS/DVL/AST组合导航原理示意图

1.2.3.4 组合导航传感器标定技术

SINS/DVL组合导航中,通过DVL发射超声波束并测量多普勒频移得到AUV对底速度,再利用卡尔曼滤波等最优估计方法通过信息融合进行组合导航,即可得到精确的导航信息。DVL量测输出的速度需要从量测坐标系转换到导航坐标系再进行信息融合,然而坐标系转换过程中存在传感器安装误差。传感器的安装误差需要进行标定并补偿,DVL的标定对组合导航精度的影响很大,精确地标定DVL对提升组合导航精度有重要的意义[45]。

为了减小安装失准角、比例因子等由安装或外部环境引起的误差,国内外许多学者提出了针对SINS/DVL组合导航的标定方法。Joyce提出了一种标定方法,但这种方法仅考虑了航向角失准角的影响,忽略了另外两个水平失准角会导致的较大误差[46]。Kinsey等将标定问题扩展成了三维失准角旋转的计算,导航精度得到提升[47-48]。Lv 等提出利用卡尔曼滤波来进行标定，通过卡尔曼滤波估计失准角，但是这种方法要求长时间不间断的 GPS 信号来提供位置信息以使卡尔曼滤波收敛[49]。但是在实际应用中，长时间不间断的 GPS 信号是比较难得到的，使得这种标定方法有一定局限性。Troni 等提出了一种基于加速度的标定方法，这种方法的优点是不需要外部辅助传感器，但是为了使安装失准角可观，需要 AUV 进行复杂的水下机动以获得加速度，这种方法同样拥有其局限性[50]。Pan 等分析了组合导航系统的观测性，用两个点的位置信息获得 DVL 的比例因子与安装失准角，这种方法不需要外部辅助传感器，但是要求特定轨迹与机动[51]。Li 等提出了一种标定方法，将传统的标定问题转换为两个点集间的参数估计问题，利用基于奇异值分解的最小二乘估计方法进行估计，这是一种简便的方法，但是这种方法仅在 AUV 进行匀速运动时有效[44]。Wang 等提出利用基于遗传算法与支持向量机构建回归预测器的方法来进行标定与补偿[52]，这种方法可以有效补偿存在的安装失准角与误差，但是这种方法有效的前提是回归预测器的训练集与测试集必须满足一致性要求，其通用性较差。

上述研究方法大致可以分为三类：①不需要外部辅助传感器的标定方法，但需要复杂机动或特定运动轨迹；②需要长时间外部辅助传感器的标定方法，以保证卡尔曼滤波收敛；③基于人工智能算法的标定方法，但其需要提前训练模型。总体而言，基于最小二乘法进行估计的标定方法是一种便捷的方法，但是此方法在潜航器变速运动时标定效果较差。优化算法理论在多元非线性问题中的应用较多，且相关研究证明了其在多元非线性问题中的优越性。因此将优化算法运用到标定问题是研究的重点与未来发展方向之一。

1.2.4 水下导航信息融合技术

随着水下导航技术的迅猛发展，单一导航传感器由于其自身原因无法满足 AUV 对高精度、高可靠性导航信息的需求，因此需要通过对多种导航传感器输出的导航信息进行有效融合，以提高导航系统的导航精度和容错能力。信息融合技术是确保组合导航有效实现的关键技术，特别是以随机估计理论为基础的各种滤波方法的出现与发展，为组合导航的实现提供了坚实可靠的理论基础和切实可行的数学工具。其中，最具代表性的是卡尔曼滤波（Kalman Filter，KF）算法。利用 KF 处理导航系统中线性误差模型具有各个误差量较小、计算量小及收敛较快等优点，同时也存在对多个传感器系统输出信息融合的容错性低的缺点。针对此问题，Carlson 于 1988 年提出了联邦卡尔曼滤波（Federated Kalman

Filter,FKF)的理论。FKF 具有结构灵活、计算量小和容错性高等优点,广泛应用于多传感器信息融合等领域。

在描述组合导航系统时,应首先建立能够准确反映其发展规律的数学模型,即建立目标系统准确的状态方程和量测方程[53],滤波方法是处理信息融合问题的重要工具。目前,组合导航工程中广泛应用 KF 和扩展卡尔曼滤波(Extended Kalman Filter,EKF)处理导航传感器信息融合问题[54-57]。对于标准 KF 来说,非线性条件下的组合导航系统模型会使其易于发散,并导致其滤波精度严重降低[58]。对于 EKF 来说,虽能较好地处理系统模型非线性的问题,但其在理论推导过程中忽略了 Taylor 展开式的高阶项,这将引起线性化误差增大,进而导致滤波发散。另外,EKF 需要求解雅可比矩阵,计算量较大[59]。粒子滤波(Particle Filter,PF)算法是一种基于贝叶斯采样估计的滤波方法,它通过随机采样来近似非线性系统的概率分布,在处理系统的强非线性问题上有独特的优势[60]。但是 PF 的滤波精度与采样点个数密切相关,因此计算量大、实时性差也成为它的一个缺陷,很难在工程中得到推广应用[61]。无迹卡尔曼滤波(Unscented Kalman Filter,UKF)选取一定数量的 Sigma 点,经过 Unscented 变换(Unscented Transformation,UT)后,可使 UKF 对非线性系统的后验状态均值和后验状态误差协方差的逼近精度达到二阶以上[62-63]。

相比于 EKF,UKF 通过 Sigma 点的确定性采样对非线性系统的概率密度进行近似,具有较强的非线性问题处理能力;相比于 PF,UKF 的采样点是确定的,其计算量明显较小,且 UKF 成功避免了 PF 中的粒子匮乏、衰退问题。因此,UKF 在非线性导航问题中的应用,如在 SINS 非线性初始对准、非线性组合导航中的应用受到了日益关注[59,61-63]。

借助信息融合技术,SINS/DVL/AST 组合导航原理框图如图 1.3 所示。

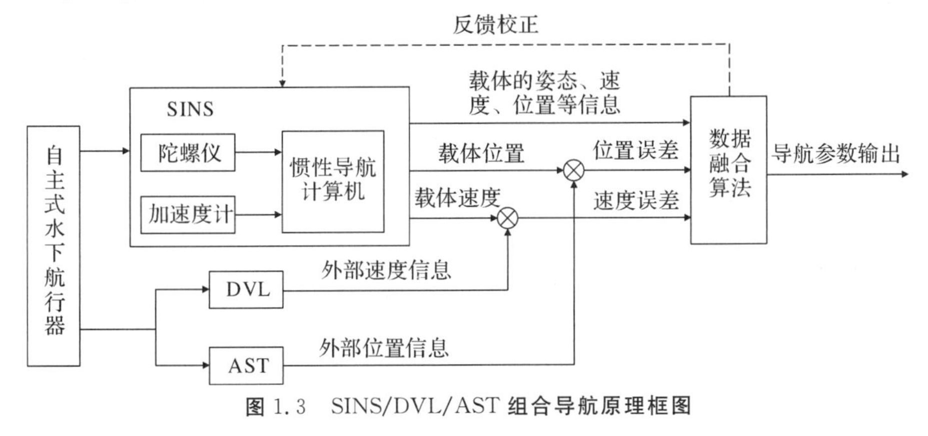

图 1.3　SINS/DVL/AST 组合导航原理框图

1.3 国内外水下定位导航技术发展概况

随着各国对海洋的不断重视及对海洋资源的深入探索，水下航行器(Underwater Vehicle，UV)技术得到了极大关注与发展。UV的类型多种多样，一般可分为载人UV(Human Occupied UV，HOUV)和无人UV(Unmanned UV，UUV)，而UUV又可分为有缆遥控UV(Remotely Operated Vehicle，ROV)和无缆自主式UV(Autonomous UV，AUV)[64](本书简称其为“自主式水下航行器”)。其中，AUV因具有活动范围大、机动性好、安全灵活、智能化、隐蔽性高等优点，成为水下航行器主要发展方向，相关理论和技术也成为国内外关注和研究的热点[65]。与ROV不同，AUV是一种与水面母船没有直接联系、完全自主、具有自携动力以及按照设定程序进行操作和运行的潜航器。与HOUV相比，AUV具有体积小、重量轻、成本低、使用灵活方便、安全等诸多优势。在民用领域，AUV可用于水下摄像、化学物品泄漏检测、海底考察、数据收集、海底施工及水下设备维护等；在军用领域，AUV可用于反潜探测、水下侦察、水下布雷、水下扫雷、水下通信网络布设、援潜和救生等任务。在民用和军用两大领域，AUV技术的发展与进步是相互支持、彼此促进的[66-70]。

AUV顺利完成任务、达到预定使命要求，离不开水下导航技术的有力支撑，水下导航技术是促使AUV技术发展和应用的关键技术。由于SINS具有系统误差随着时间累积的特点，为满足水下导航精度的要求，常采用DVL、APS辅助导航的方式。AUV在民用领域和军事领域的应用越来越广泛，随着AUV对隐蔽、长航时、长航程的迫切需求，SINS水下初始对准及导航误差补偿技术成为国内外学者、科研机构关注和研究的热点。

1.3.1 水下动态初始对准技术发展概况

初始对准是SINS进行导航解算之前的必经阶段，初始对准可分为水平姿态对准和方位(航向)对准[71]。初始对准的精度对SINS解算精度有着至关重要的影响，同时运载体的快速反应能力在很大程度上取决于对准的时间。因此，精度和快速性是初始对准的两个重要指标[72]。初始对准的一般结构如图1.4所示。

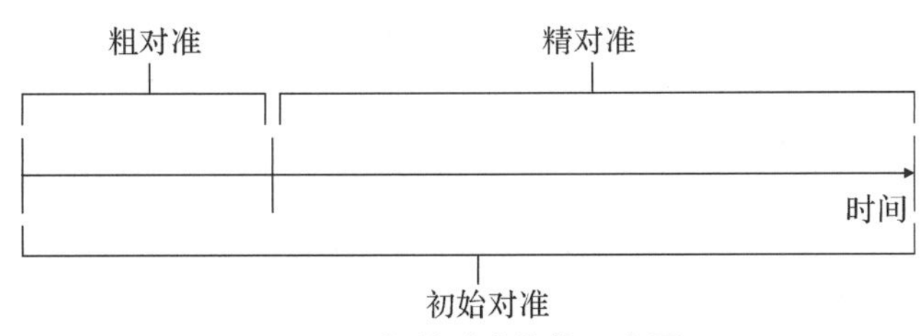

图1.4 初始对准结构示意图

按照不同的划分标准，可以把SINS初始对准划分为不同的种类。按照对准的方式，SINS初始对准可分为：初始粗对准和初始精对准[72-73]。初始粗对准是通过解析方法快速、粗略地获取SINS初始姿态角矩阵，从而为初始精对准缩小初始姿态角误差范围。初始粗对准的特点是所需对准时间短，对初始姿态对准精度要求低等[74]。初始精对准则是利用卡尔曼滤波算法等最优估计理论进一步提高初始对准精度。按照基座的运动状态，SINS初始对准可分为：静基座初始对准和动基座初始对准[75-76]。静基座初始对准技术已相当成熟，在此不作赘述。动基座初始对准技术一直是惯性导航领域关注和研究的热点。动基座初始对准通常包含两种情况[77-78]：①在外部因素如风浪、振动等引起的基座扰动条件下进行初始对准；②在行进间进行初始对准。其中，行进间初始对准为动基座初始对准技术研究的热点和难点[77-79]。本书重点研究水下运载体在无卫星信号辅助条件下的行进间初始对准方法以提高其机动性和快速反应能力。

传统的解析法粗对准是基于重力向量和地球自转角速度的对准方法。它利用陀螺仪（测得地球自转角速度）和加速度计（测得重力加速度向量）的输出计算姿态阵，但该方法适用的前提是载体处于静基座或小幅度晃动的状态[80]。Shuster等[81]利用重力加速度和地球自转角速度生成三个线性独立的向量来估计初始姿态矩阵，提出一种基于三轴姿态确定（Three-axis Attitude Determination，TRIAD）的自对准方法。Jiang[82]对TRIAD对准方法进行了误差分析。Silva等[83]在Jiang的基础上考虑了位置信息及局部重力向量不确定性对TRIAD自对准方法误差的影响，提出一种改进TRIAD自对准方法。秦永元等[76]提出一种基于重力加速度信息的晃动基座粗对准方法，在较大幅度晃动基座条件下，将姿态阵求解分解为对4个方向余弦阵的求取，这样做的优势在于只需精确计时和已知对准点的准确位置信息即可求得初始姿态阵。在此基础上，严恭敏等[84]以惯性系作为过渡参考系，借助外部测速设备，提出一种适用于动基座对准的新方法，该方法也可认为是一种惯性系粗对准方法。Wu等[85-86]利用GPS信息辅助SINS，将对初始姿态求解的问题转换为可利用“q-method”方法求解的典型 Wahba 问题，提出一种基于双向量的姿态确定方法，并将该方法命名为优化对准（Optimization-based Alignment，OBA）方法。Chang 等[87-88]在 OBA 方法的基础上，将逆向导航[89]的概念引入 OBA 框架，提出一种改进的 OBA 方法，改进方法可在不增加原始数据长度条件下有效提高对准精度。

对于水下动基座初始对准，常采用载体系测速设备如 DVL 辅助 SINS 进行初始对准。李万里等[78,90]利用 DVL 测速辅助 SINS 进行动基座初始对准，对载体的位置进行回溯推算，并对初始对准的可观测性和收敛性进行了理论分析与验证。Huang 等[91]利用里程计（Odometer，OD）为车载 SINS 提供速度辅助进行动态初始对准，并提出利用卡尔曼滤波实时估计“当前时刻”载体坐标系与初始载体坐标系之间的变换矩阵，有效提高了动基座初始粗对准的性能，该方法也可用于水下测速辅助动基座对准。Guo 等[92]将载体系测速辅助对准的问题转换到惯性系求解，有效提高了动基座对准精度和位置推算精度。Xu 等[93]提出一种双模对准算法，有效提高了载体系速度辅助动基座初始对准的性能，该方法不仅可以获取较高精度的初始姿态，还可以获取对准结束时刻的位置信息。上述粗对准方法均可认为是基于双向量定姿的对准方法，在此框架下的动基座对准方法可以粗略地获取初始姿态角信息和对准过程中的位置信息。粗对准通常要求对准时间短，而对准时间短将会导致 OBA 方法的对准精度降低。如何在不增加对准时间的条件下进一步提高 OBA 方法的对准精度是本书的研究重点之一。

SINS 初始对准通常需要精确获取初始姿态、速度和位置信息等，因此在实际应用中还需要进一步确定 SINS 的状态。罗经法对准和基于外部信息辅助 KF 对准是常用的初始精对准方法[94]。罗经法对准耗费时间长，且不同运动状态、不同型号的 IMU 罗经参数设置存在困难。He 等[95-96]针对罗经参数难以选取的问题，提出了利用遗传算法（Genetic Algorithm，GA）搜索罗经回路的最优罗经参数，并分别利用静态和动态试验对 GA 优化捷联罗经初始对准方法进行了验证。朱兵等[97]针对 GA 算法计算量大、操作困难等问题，提出一种粒子群优化（Particle Swarm Optimization，PSO）算法的捷联罗经对准方法，并通过静态试验对方法的有效性进行了验证。将智能优化算法引入到罗经法对准中虽然可搜索出比较好的罗经参数，但是在不同运动状态下罗经参数的设置仍是一个难题，也就是说很难在动态条件下使罗经法对准达到一个最优的对准性能。相比于罗经法对准，基于 KF 的初始对准由外部辅助设备提供参考基准，具有更强的实用性和适用性。

基于 OBA 方法框架下的粗对准方法要求外部测速辅助信息不受非高斯噪声污染。但是,水下复杂环境致使 DVL 输出的测速信息易受野值或其他类型非高斯噪声的污染,导致基于 OBA 框架下的粗对准方法性能降低,进而导致姿态角误差并不一定能满足基于线性 KF 精对准小失准角的要求,因此采用非线性模型更能真实、有效地反映误差的传播特性[61]。为此,很多学者研究了适应于非线性误差模型的非线性滤波算法。张金亮等[98]和程向红等[99]分别利用 EKF 和 PF 进行 SINS 大失准角条件下的非线性对准。严恭敏等[100]建立 SINS 大失准角初始对准模型,将 UKF 应用到非线性对准中。Li 等[101]提出 DVL 辅助 SINS 非线性对准观测模型,并利用 UKF 进行 DVL 辅助 SINS 动基座对准。Chang 等[40]将 UKF 用于 DVL 辅助 SINS 动态姿态估计中,取得了良好的效果。水下环境复杂多变,DVL 测速易受到外部环境的干扰,因此进行 UKF 对准时容易出现量测噪声特性建模不准确及量测噪声干扰较大的情况。针对此问题,郭士荦等[102]对容积卡尔曼滤波(Cubature Kalman Filter,CKF)进行改进,提出一种强跟踪 CKF 算法并用于 INS 动基座初始对准中,有效解决了噪声特性不确定的问题。Zhu 等[103]针对 DVL 辅助 SINS 动基座非线性对准过程中辅助速度易受野值污染的问题,提出一种基于投影统计(Projection Statistics,PS)算法的鲁棒自适应 UKF 方法,提高了 UKF 在非高斯条件下的自适应性。在动态、不确定性、非线性、非高斯等复杂情形下,如何进一步提高基于 UKF 的水下动态对准方法的鲁棒性和自适应性是本书研究的重点之一。

值得注意的是,初始对准需获取一个较为准确的初始位置信息。在实际应用中,AUV 通常借助水面以上的信息源预先装订一个初始位置,然后再借助 DVL 辅助完成 SINS 水下动态对准[61,90-93]。但是,这种方式要求 AUV 在进行对准前浮出水面接收卫星或其他信息源提供的位置信号,存在暴露目标的风险。另外,在实际中也不可避免地会存在 SINS 水下动态启动的情形。AST 可在局部水域为 AUV 提供位置信号,可由 AST 为 AUV 提供一个相对准确的初始位置信息,从而可在 AUV 不浮出水面的情况下借助 DVL 测速辅助完成水下动态对准。此种方式不需要 AUV 与水面以上的信息源进行信息交互,可进一步提高 AUV 的隐蔽性。因此,在水下环境中可由 AST 为 AUV 提供初始定位信息,而后再利用 DVL 测速辅助 SINS 即可实现真正意义上的水下初始对准。

1.3.2　水下导航误差抑制/补偿技术发展概况

SINS 导航误差补偿技术主要包含基于外部辅助手段的导航误差补偿技术和导航误差自动补偿技术两类[77]。第一类导航误差补偿技术通过对导航参数进行建模、估计，再借助外部导航传感器直接修正、约束导航误差以提高导航精度，这一类导航误差补偿技术的典型代表是组合导航技术。第二类导航误差补偿技术不依赖于外部导航传感器并通过抑制导航误差发散来提高导航精度，适用于限制使用外部导航传感器或外部导航传感器不可用的条件，这一类导航误差补偿技术也可称为纯惯性导航误差抑制技术。

组合导航是指通过其他导航手段对SINS的输出进行补偿，它作为SINS误差补偿技术的关键技术之一，受到国内外学者和科研机构的广泛关注和研究。在陆地环境中，GNSS信号提供的参考基准稳定可靠，而水下环境拒止GNSS信号，因此水下信息源少是水下组合导航技术面临的主要问题。海洋物理场匹配导航虽然可为SINS在水下环境提供位置参考信息，然而受海洋物理场建设的限制，现阶段还难以保证长时间提供参考基准。目前，AUV长航时、长航程主要依托于水下测速设备提供的速度辅助信息以及水声浮标或信标提供的位置辅助信息对SINS系统误差进行补偿。但是，AUV与水声浮标通信时间过长容易暴露其位置，降低其隐蔽性。SINS/DVL组合导航是当前水下组合导航设计的主流。徐晓苏等[104]利用DVL测速辅助SINS进行水下组合导航，并对Sage-Husa滤波算法进行了自适应改进，提高了SINS/DVL组合导航系统的稳定性和导航精度。郭玉胜等[105]考虑洋流的影响，提出了一种考虑洋流的SINS/DVL组合导航方法，有效克服了DVL工作模式切换导致导航精度下降的问题。陈建华等[106]针对DVL刻度系数误差和杆臂误差对SINS/DVL组合导航精度的影响，提出了一种SINS/DVL紧组合导航算法，提高了SINS/DVL组合导航系统的容错能力。Tal等[107]提出了一种SINS/DVL扩展松耦合组合导航方式，进一步提升了SINS/DVL组合导航的精度。美国的Blue-fin Robotics公司2010年在配置IXSEA公司的PHINS Ⅲ型光纤惯导和Teledyne RDI公司DVL的前提下，针对SINS/DVL组合导航系统在波士顿(Boston)做了大量的海上试验，结果表明组合导航系统的导航精度可达到航程的0.07%[108]。

在水下SINS/DVL组合导航系统中，DVL有两种工作模式：底跟踪模式和水跟踪模式[16]。DVL与INS虽同为无源设备，但DVL属于主动声呐设备，就底跟踪模式工作而言，DVL发射声信号的同时也需要接收外部反射的声波，因此DVL接收的声信号与周围环境有很大的关系，如图1.5所示。如果AUV在航行的过程中出现海洋生物阻挡、海底淤泥和深沟等情况，将会导致DVL测速不稳定甚至对地失锁，直接影响SINS/DVL组合导航系统水下导航的性能。APS定位精度稳定，定位误差不会随着时间发散，因此将SINS/DVL与水声信号融合将会有助于提高SINS/DVL长周期的导航能力。张涛等[109]设计了SINS/DVL与LBL交互辅助的组合导航系统，同时针对水下复杂环境设计了SINS/DVL与LBL、磁罗经(Magnetic Compass，MCP)紧组合导航系统。张亚文等[110]利用集中滤波算法将SINS/DVL与USBL进行组合，并通过湖试试验对SINS/DVL/USBL组合导航系统性能进行了验证。

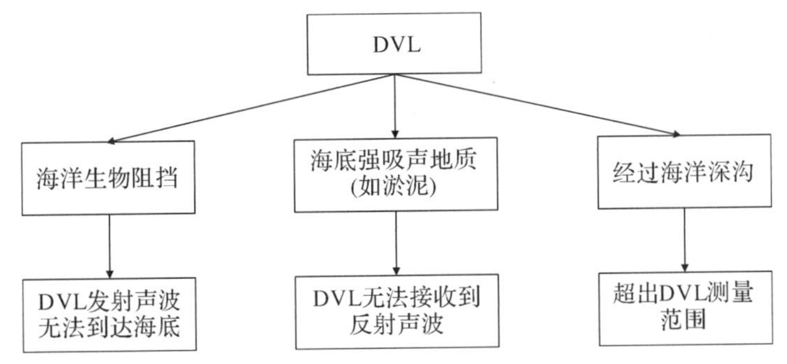

图1.5 DVL工作性能与海洋环境之间的关系

AST定位技术的出现，在很大程度上解决了APS硬件设备的复杂性和安装的复杂性，已通过海上试验验证其能够达到米级的定位精度[31,111]。王彬等[38]提出了一种基于INS/DVL与AST的距离组合导航方法，并通过湖上试验对该方法的性能进行了验证。文献[112]、文献[113]分别对AST辅助AUV实现水下组合导航进行了研究，进一步验证了SINS/AST组合导航方式的可行性和优势。因此，利用AST与SINS/DVL进行组合可进一步增强AUV长航时、长航程、高精度导航的能力，SINS/DVL/AST组合方式具有很大的发展潜力和很好的应用前景。

由图1.1和图1.2可看出，AST在水下的作用范围是有限的，也就是说AUV不可避免地会驶出AST的作用范围。此时，AST提供的位置辅助信息将会丢失，可认为AST发生故障。另外，水下复杂环境也会导致DVL、AST提供的外部辅助信息易受到非高斯噪声的污染。因此，如何在水下有限信息源的条件下进一步提升SINS/DVL/AST组合导航系统的容错性及鲁棒性成为本书研究的重点之一。

水下环境复杂多变致使 AUV 在航行的过程中不可避免地会处于强干扰等极端恶劣环境中，这使得 DVL 测速信息、APS(或 AST)定位信息等外部导航传感器辅助信息可用性变差甚至失效。SINS 不依赖外界信息源，仅基于惯性导航力学编排方程，利用 IMU 的输出实现对载体姿态、速度和位置完全自主式解算的方式称为纯惯性导航方式。在水下强干扰环境中，纯惯性导航将成为 AUV 水下导航的唯一手段。

由于受到 IMU 器件误差的影响，SINS 工作在纯惯性导航方式时存在振荡型和累积型的系统误差。目前，主要是通过在惯导解算回路加入一个阻尼校正网络，以抑制 SINS 振荡型的解算误差[114]。AUV 在水下航行时，所面临的环境复杂多变，其运动状态并不是一成不变的。当 AUV 处于机动状态时，惯导阻尼状态的切换将会激励出超调误差。针对此问题，覃方君等[115]通过对惯导的水平修正回路引入比例环节，并对阻尼系数线性修正，提出一种变阻尼参数的水平内阻尼方法；程建华等[116]通过引入三阶阻尼网络，设计了多阻尼系数的全阻尼方案，其适用于载体多种机动状态；He 等[117]在传统阻尼网络的基础上提出一种虚拟拓展更新周期的阻尼算法，有效抑制了导航过程中的舒拉振荡误差。虽然通过优化阻尼参数调整方案可进一步消除 SINS 振荡型的解算误差，但是累积型的系统误差仍无法得到有效消除，水下 SINS 长周期导航的精度仍无法得到有效保证。因此，从惯导系统误差产生机理的角度对纯惯性导航误差进行抑制是确保 SINS 水下长周期、高精度导航的重要途径。如何在无外部辅助信息条件下对 IMU 器件误差进行搜索、估计也成为本书的研究重点之一。

1.4 本书的主要内容

本章前几节介绍了捷联式惯性导航在水下定位导航应用领域中的重要意义，对水下定位导航关键技术以及国内外水下定位导航技术发展概况进行了介绍，并阐述了当前 SINS 水下动态对准及误差抑制存在的主要问题。在本书的后面几章，为解决 GNSS 拒止环境中 SINS 动态初始对准及长航时、长航程导航误差抑制问题，将以 SINS 为 AUV 主导航系统、DVL 和 AST 为辅助导航设备，重点对水下惯性基导航系统动态解析式对准方法、非线性对准方法以及导航误差抑制方法进行详细阐述。本书主要研究内容如下。

(1)载体系测速设备智能标定方法研究。需要将 DVL 量测的速度从量测坐标系转换到导航坐标系,方可作为卡尔曼滤波器的观测向量。然而在坐标系转换过程中存在传感器标定误差,使得旋转矩阵不准确,引起组合导航误差增大。DVL 安装失准角、比例因子等的标定对组合导航精度的影响十分重要,精确地标定 DVL 对提升组合导航精度有十分重要的意义。基于此,本书介绍了一种基于改进粒子群优化算法的 DVL 智能标定方法,对传统粒子群算法进行适当改进,并将其用于 DVL 安装失准角及比例因子的标定中。该方法可解决各种运动轨迹下 DVL 快速、高精度标定问题,具备较高的灵活性和适应性。

(2)基于逆向导航算法的改进优化对准方法研究。在水下环境中,电磁波衰减很快,导致卫星、无线电等信号难以介入,难以通过获取地理坐标系下的运动观测量对 AUV 初始姿态进行确定,一般通过 DVL 等水下自主式设备为 AUV 提供载体系下的速度辅助信息[40,61,78]。由于这种速度信息受到水底地形、地貌以及水流速度等因素的影响,容易被野值等非高斯噪声污染,因此,实现 AUV 动态自主式粗对准是一个难题和挑战。同时,快速性和精度是初始对准两个十分重要又相互矛盾的指标。为解决这一问题,本书介绍了基于逆向导航算法的改进优化对准方法:通过引入逆向导航方法对存储的陀螺仪和加速度计数据进行虚拟延长并加以反复利用,以构建新的观测矢量(向量),在不增加对准时间前提下提高对准精度;通过设计测速野值条件下观测向量更新策略,对非高斯噪声进行有效抑制。

(3)基于鲁棒 UKF 的水下动态对准方法研究。当观测量受到除野值以外的其他类型非高斯噪声(如“厚尾”噪声)污染时,基于优化对准框架的粗对准方法性能将会降低,甚至失效。这样,就会导致 SINS 初始失准角超过 1°,甚至更大,这对于 SINS 导航解算阶段的精度维持十分不利。针对此问题,本书以 SINS 误差模型为基础推导 SINS 动基座非线性对准模型,在 AST 提供初始定位信息及事先得到较为准确观测量先验信息的条件下,介绍了基于调节因子自适应的鲁棒 UKF 方法:基于广义极大似然法的 Huber M 估计通过结合 l_1 范数估计和 l_2 范数估计实现了对 UKF 的鲁棒化;通过设计 Huber 代价函数中调节因子自适应更新策略,实现了对不同强度非高斯噪声的有效抑制。

(4)基于自适应 UKF 的水下动态对准方法研究。自适应性同样是衡量滤波器抗干扰能力和检验滤波器在系统建模失真时自调节能力的重要指标。深水环境的复杂性导致在实际动态对准过程中量测噪声统计特性先验信息并不是始终已知的。在水下动态对准中，外界环境是复杂多变的，如水底地形复杂变化、水流速的变化等均会影响 DVL 对速度的测量，进而影响量测噪声协方差阵（量测噪声阵）$\boldsymbol{R}$。对 $\boldsymbol{R}$ 作常值处理及对量测噪声作高斯分布假设会造成滤波精度的降低，甚至滤波发散[61]。针对此问题，本书通过引入膨胀因子 λ 对 UKF 进行鲁棒化，同时针对观测模型建模失准，即量测噪声阵 $\boldsymbol{R}$ 不准确的问题，基于 PS 算法设计自适应估计 $\boldsymbol{R}$ 的策略，在观测先验信息不准确或未知的非高斯环境中实现水下动态初始对准。

（5）SINS/DVL/AST 组合导航鲁棒信息融合方法研究。经过水下初始对准阶段后，AUV 可直接进入基于 KF 算法的组合导航阶段。在实际应用中，水下组合导航可用外部信息源少，DVL 可为 AUV 提供测速辅助信息，AST 可在局部水域内为 AUV 提供较为精确的位置信息。信息分配系数是影响传统联邦滤波（Traditional FKF，TFKF）算法滤波性能的重要因素，针对 AST 作用范围有限即 AUV 会驶出 AST 作用范围的情形，本书设计了信息分配系数自适应的策略。水下环境复杂，存在诸多不确定因素，因此各导航传感器输出信号易伴随野值等非高斯噪声。针对此问题，通过对 TFKF 算法中的子滤波器分别进行鲁棒化的方式，提出了基于马氏距离算法的鲁棒联邦滤波（Robust FKF，RFKF）算法，其能够有效克服 AST 定位信号短期丢失及 AST 定位信息、DVL 测速信息受到诸如野值等非高斯噪声干扰对水下组合导航带来的不良影响。

（6）基于 PSO 算法的 SINS 导航误差抑制方法研究。在特殊环境尤其是在强干扰环境中，外部导航传感器信息的可用性将会变差甚至信息失效。对于 SINS 来说，其相比于其他导航手段最大的优势在于自主式、全天候及隐蔽性。因此，提升纯惯性导航阶段的导航解算精度将有利于发挥 SINS 的优势，甚至可降低 SINS 对其他导航手段的依赖。鉴于此，本书对 PSO 算法应用于 IMU 器件常值误差的智能搜索估计进行了探索研究：基于惯导系统力学编排方程及误差方程定性分析了陀螺常值漂移对 SINS 解算误差的影响机理，并由此建立了 PSO 算法的适应值函数，提出了基于 PSO 算法优化的 SINS 导航误差抑制方法，其能在 SINS 无外部导航传感器辅助的条件下对陀螺常值漂移进行智能的搜索估计，进而使纯惯性导航过程中的振荡型误差和累积型误差得到有效抑制。

根据上述研究内容，本书的内容结构如图 1.6 所示。

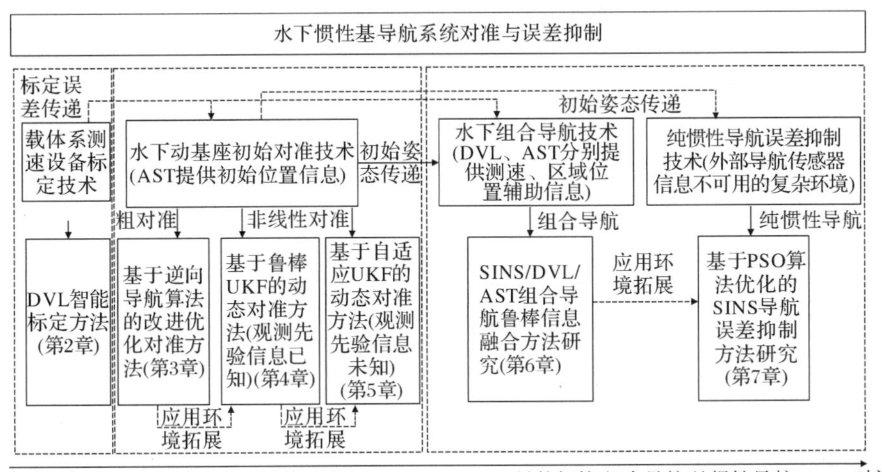

图 1.6　本书的内容结构

如图 1.6 所示，本书第 2 章首先对载体系测速设备标定技术进行研究，为后续章节初始对准及导航误差抑制奠定基础。第 3 章和第 4 章在 AST 提供水下初始定位信息的条件下对水下初始对准技术进行研究。其中，第 3 章对水下 DVL 测速辅助快速动态粗对准方法进行研究，第 4 章在观测先验信息已知的条件下对基于 DVL 测速辅助鲁棒 UKF 的水下动态对准方法进行研究。第 5 章对第 4 章的应用环境进行进一步拓展，在观测先验信息未知的条件下对基于 DVL 测速辅助自适应 UKF 的水下动态对准方法进行研究。通过第 3～5 章的研究，水下动态对准的问题得到了较为清晰的阐述。在第 3～5 章研究内容的基础上，第 6 章在 DVL 提供测速辅助信息、AST 提供局部水域定位辅助信息的条件下对 SINS/DVL/AST 组合导航鲁棒信息融合方法进行研究；第 7 章在无外部导航传感器辅助条件下对 SINS 纯惯性导航误差抑制方法进行研究。

第 2 章　载体系测速设备(DVL)标定方法

SINS/DVL 组合导航是水下运载体导航的主要手段之一。由于海水屏蔽电磁波信号,卫星导航信号无法在水下环境使用。水下环境的特殊性使得 SINS 和 DVL 的组合导航发展迅速,SINS 具有自主隐蔽的特点,但随着时间的增加速度、位置会发散,DVL 可以弥补这一缺点。在两者组合的最初阶段,采用的方法是航迹推算,即 DVL 提供速度,SINS 提供姿态,然后通过在导航坐标系下的速度积分求得当前位置,但由于 DVL 受环境影响较大,导航结果虽然比单独使用 SINS 导航有很大提高,但效果仍然较差。应用卡尔曼滤波的组合导航随之发展。卡尔曼滤波是一种线性最小方差估计方法,理论上是最优估计,且理论发展较为完善。

在应用卡尔曼滤波的 SINS/DVL 组合导航系统中,SINS 与 DVL 两部分共同作用影响着导航精度。目前对 SINS 误差模型的研究较多,通过对误差模型的研究,可以提升 SINS 系统的精度并可以显著抑制组合导航的误差。要想实现较好的组合导航结果,还必须对影响导航结果的 SINS 和 DVL 之间的空间关系准确标定。SINS 和 DVL 之间的空间关系决定着 DVL 的测速精度,DVL 的测速精度是决定组合导航系统精度的关键因素。提高 DVL 的测速精度是抑制 SINS/DVL 组合导航系统误差的主要方法之一。

只有 DVL 得到了准确的标定,才能得到较高的测速精度。在实际情况下,由于各种不可避免的误差存在,比如比例因子、安装失准角等的存在,DVL 测速精度较低,导致 SINS/DVL 组合导航精度不太理想。以往的研究方法大致可以分为三类:①不需要外部辅助传感器的标定方法,但需要复杂机动或特定运动轨迹;②需要长时间外部辅助传感器的标定方法,以保证卡尔曼滤波(KF)收敛;

③基于人工智能算法的标定方法，但其需要提前训练模型。为了提升水下运载体的 DVL 标定速度，提升运载体的灵活性与快速性，同时改进传统标定方法中的部分缺点，本章提出了基于改进粒子群优化算法的 DVL 智能标定方法，其可以准确地标定 DVL 的安装失准角、比例因子。本书提出的方法相对于传统标定方法有着一定的改进：①标定速度快，标定精度高；②在各种运动轨迹下都能标定，不需要特定的运动轨迹。

2.1　相关坐标系定义

坐标系是研究导航问题的基础，本节对本书研究过程中常用的坐标系进行定义。图 2.1 为本书常用坐标系示意图。

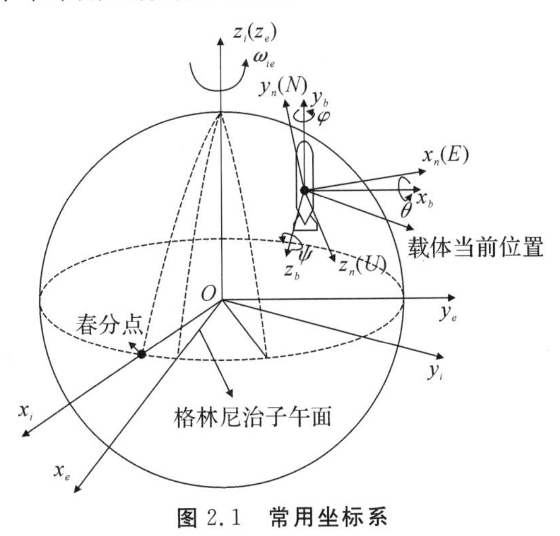

图 2.1　常用坐标系

2.1.1　惯性坐标系（$Ox_iy_iz_i$，i 系，简称“惯性系”）

以地球的中心为坐标原点，x_i 轴指向春分点，z_i 轴与地球自转轴重合，y_i 轴与 x_i 轴、z_i 轴符合右手螺旋定则，构成右手直角坐标系。在地球公转轨道上，地球球心与春分点连线指向始终不变，也就是说 x_i 轴、y_i 轴与 z_i 轴相对于惯性空间指向始终不变。$Ox_iy_iz_i$ 坐标系与地球固连，不随地球转动，它可以看成地球中心惯性坐标系。

2.1.2 地球坐标系($Ox_ey_ez_e$,e 系)

以地球中心为原点,x_e 轴指向格林尼治子午线,z_e 轴与地球自转轴重合,y_e 轴与 x_e 轴、z_e 轴符合右手螺旋定则,构成右手直角坐标系。$Ox_ey_ez_e$ 坐标系与地球固连,随地球转动,其相对惯性空间的转动角速度就是地球自转角速度 ω_{ie}。

2.1.3 地理坐标系($Ox_ty_tz_t$,t 系)

以载体所在点为地理坐标系的坐标原点,z_t 轴沿当地参考椭球的法线指向天顶,x_t 轴、y_t 轴与 z_t 轴垂直,并构成右手直角坐标系。x_t 轴沿当地纬度线指向正东,y_t 轴沿当地经度线指向正北。$Ox_ty_tz_t$ 坐标系也称为"东-北-天"坐标系。

2.1.4 导航坐标系($Ox_ny_nz_n$,n 系,简称"导航系")

导航坐标系是 INS 在导航解算过程中求解导航参数所使用的坐标系,一般选取当地地理坐标系为导航坐标系。

2.1.5 载体坐标系($Ox_by_bz_b$,b 系,简称"载体系")

以载体的质心为坐标原点,x_b 轴与载体主轴重合,z_b 轴垂直于载体向上,y_b 轴与 x_b 轴、z_b 轴符合右手螺旋定则,构成右手直角坐标系。载体坐标系与载体直接固连,x_b 轴为俯仰轴,y_b 轴为横滚轴,z_b 轴为偏航轴,即载体绕 x_b 轴、y_b 轴和 z_b 轴旋转将会分别得到俯仰角 θ、横滚角 φ 和航向角 Ψ。

2.1.6 DVL 量测坐标系($Ox_dy_dz_d$,d 系)

为了推导载体系测试设备标定方法,现将推导过程中用到的 DVL 量测坐标系定义如下。

该坐标系在理想情况下是与 b 系重合的,但是由于 DVL 的安装误差,会存在偏差,这个偏差将会在后续小节求解得到。

2.2　SINS/DVL 组合导航系统建模

2.2.1　SINS 导航基本原理

SINS 中的惯性测量单元(Inertial Measurement Unit,IMU)由正交安装的三个陀螺仪和正交安装的三个加速度计组成。IMU 与载体直接固连。陀螺仪和加速度计分别测量 b 系相对于惯性空间的角速度与线加速度。IMU 输出的角速度信息通过计算机姿态矩阵解算可得到姿态角和航向角参数,加速度信息经过计算机转换为导航系的加速度,经过一次积分得到载体速度参数,经过两次积分可以得到载体位置参数。即导航计算机通过解算角速度与线加速度得出载体导航信息:速度、位置和姿态[12]。SINS 的工作原理框图如图 2.2 所示。

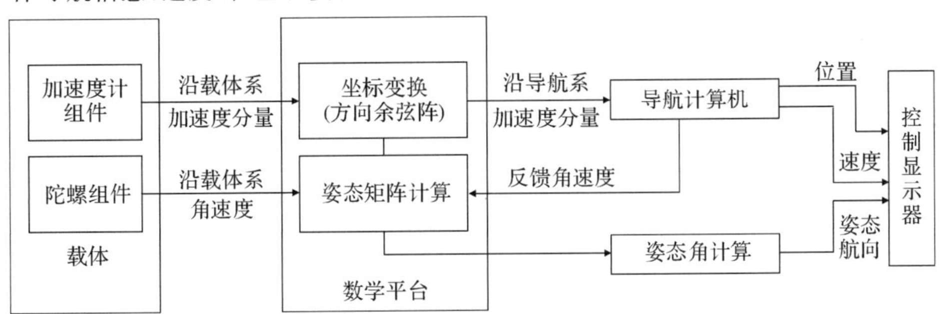

图 2.2　捷联惯导系统原理框图

理想情况下,SINS 力学编排方程如下[11-12,23]。

(1)姿态方程:

$$\dot{\boldsymbol{C}}_b^n=\boldsymbol{C}_b^n[\boldsymbol{\omega}_{nb}^b\times] \tag{2.2.1}$$

式中:$\boldsymbol{C}_b^n$ 为 b 系到 n 系的方向余弦阵,即姿态矩阵;$\boldsymbol{\omega}_{nb}^b$ 为 b 系相对于 n 系的转动角速度在 b 系上的投影;$[\boldsymbol{\omega}_{nb}^b\times]$ 为向量 $\boldsymbol{\omega}_{nb}^b$ 构成的反对称矩阵。

(2)速度方程:

$$\dot{\boldsymbol{v}}^n=\boldsymbol{C}_b^n\boldsymbol{f}^b-(2\boldsymbol{\omega}_{ie}^n+\boldsymbol{\omega}_{en}^n)\times\boldsymbol{v}^n+\boldsymbol{g}^n \tag{2.2.2}$$

式中:$\boldsymbol{v}^n=[\boldsymbol{v}_E\ \boldsymbol{v}_N\ \boldsymbol{v}_U]^{\mathrm{T}}$ 为地速;$\boldsymbol{f}^b$ 为加速度计测得的比力;$\boldsymbol{\omega}_{ie}^n$ 为地球自转角速度在 n 系上的投影;$\boldsymbol{\omega}_{en}^n$ 为 n 系相对于 e 系的转动角速度在 n 系上的投影;$\boldsymbol{g}^n$ 为重力加速度。

(3)位置方程：

$$\left.\begin{aligned}\dot{L}&=\frac{v_N}{R_M}\\\dot{\lambda}&=\frac{v_E}{R_N\cos L}\end{aligned}\right\}\tag{2.2.3}$$

式中:L 为当地地理纬度;λ 为当地经度。

实际上,SINS 模拟的数学平台系 n'(计算坐标系)与地理坐标系 n 系之间存在转动误差,所以在计算过程中用 $\boldsymbol{C}_b^{n'}$ 代替 $\boldsymbol{C}_b^n$。SINS 的姿态、速度和位置误差方程分别如下[11]。

(4)姿态误差方程：

$$\left.\begin{aligned}\dot{\phi}_E=&-\frac{1}{R_e}\delta v_N+\left(\omega_{ie}\sin L+\frac{v_E}{R_e}\tan L\right)\phi_N-\\&\left(\omega_{ie}\cos L+\frac{v_E}{R_e}\tan L\right)\phi_U+\varepsilon_E\\\dot{\phi}_N=&-\omega_{ie}\sin L\delta L+\frac{1}{R_e}\delta v_E-\left(\omega_{ie}\sin L+\frac{v_E}{R_e}\tan L\right)\phi_E-\frac{v_N}{R_e}\phi_U+\varepsilon_N\\\dot{\phi}_U=&\left(\omega_{ie}\cos L+\frac{v_E\sec^2 L}{R_e}\right)\delta L+\frac{\tan L}{R_e}\delta v_E+\\&\left(\omega_{ie}\cos L+\frac{v_E}{R_e}\right)\phi_E+\frac{v_N}{R_e}\phi_N+\varepsilon_U\end{aligned}\right\}\tag{2.2.4}$$

(5)速度误差方程：

$$\left.\begin{aligned}\delta\dot{v}_E=&\left(2\omega_{ie}v_U\sin L+2\omega_{ie}v_N\cos L+\frac{v_Ev_N\sec^2 L}{R_e}\right)\delta L+\\&\left(\frac{v_N}{R_e}\tan L-\frac{v_U}{R_e}\right)\delta v_E+\left(2\omega_{ie}\sin L+\frac{v_E}{R_e}\tan L\right)\delta v_N-\\&\left(2\omega_{ie}\cos L+\frac{v_E}{R_e}\tan L\right)\delta v_N-\\&\left(2\omega_{ie}\cos L+\frac{v_E}{R_e}\right)\delta v_U-f_U\phi_N+f_N\phi_U+\nabla_E\\\delta\dot{v}_N=&-\left(2\omega_{ie}\cos Lv_E+\frac{v_E\sec L}{R_e}\right)\delta L-2\left(\omega_{ie}\sin L+\frac{v_E}{R_e}\tan L\right)\delta v_E-\\&\frac{v_U}{R_e}\delta v_N-\frac{v_N}{R_e}\delta v_U+f_U\phi_E-f_E\phi_U+\nabla_N\\\delta\dot{v}_U=&-2\omega_{ie}v_E\sin L\delta L+2\left(\omega_{ie}\cos L+\frac{v_E}{R_e}\right)\delta v_E+\frac{2v_N}{R_e}\delta v_N-\\&f_N\phi_E+f_E\phi_N+\nabla_U\end{aligned}\right\}\tag{2.2.5}$$

(6)位置误差方程

$$\left.\begin{aligned}\delta\dot{\lambda}&=\frac{v_E\sec L\tan L}{R_e}\delta L+\frac{\sec L}{R_e}\delta v_E\\\delta\dot{L}&=\frac{\delta v_N}{R_e}\end{aligned}\right\}\qquad(2.2.6)$$

由式(2.2.4)～式(2.2.6)可看出,SINS 的姿态、速度和位置解算误差直接或间接受等效陀螺仪常值漂移$[\varepsilon_E\ \ \varepsilon_N\ \ \varepsilon_U]^{\mathrm{T}}$的影响,影响机理将在第 7 章进行详细介绍。

2.2.2　DVL 基本原理

多普勒速度计程仪(DVL)是一种声学测速传感器,可以测量载体相对于海水或者海底的速度。载体相对于海水的速度称为对水速度,此时 DVL 工作于水跟踪模式;载体相对于海底的速度称为对底速度,此时 DVL 工作于底跟踪模式。在本书中,主要研究 DVL 处于底跟踪模式下与捷联式惯导的组合导航。将 DVL 安装于 AUV 底部,其沿着各个方向向下倾斜发散超声波,超声波将由海底反射回 AUV[118]。载体移动时,反射回的声波的频率将发生变化,也就是说声源频率与反射后接收到的声波频率不同,这种现象叫做多普勒效应,这发射和接收的声波两个不同频率的差也称为多普勒频移。通过测量多普勒频移即可解算出载体移动的速度与方向。DVL 的波束配置方案有多种,目前应用最广泛的 DVL 配置为四波束 Janus 配置,这种配置沿着载体的前后左右四个方向倾斜一定角度发散四束声波。其配置测速工作原理如图 2.3 所示[119]。

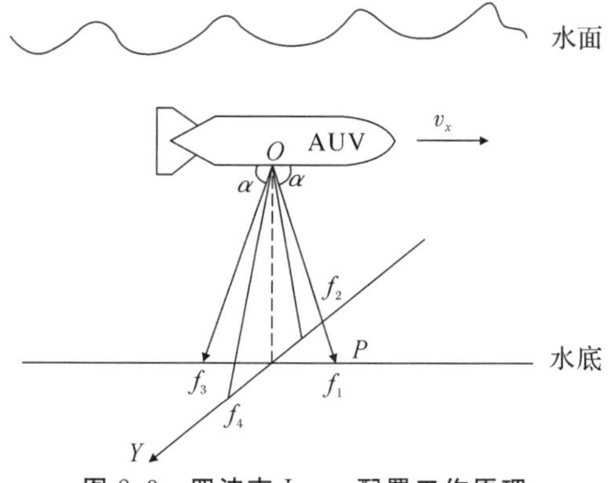

图 2.3　四波束 Janus 配置工作原理

由图 2.3 可以看出,DVL 发射的超声波与 AUV 船体底部的夹角为 α,设超

声波的频率为 f_0、波速为 c。根据多普勒效应，可以计算出 AUV 前向和右向的航速分别为

$$v_x=\frac{c}{4f_0\cos\alpha}f_{d13} \tag{2.2.7}$$

$$v_y=\frac{c}{4f_0\cos\alpha}f_{d24} \tag{2.2.8}$$

式中：f_{d13}、f_{d24}分别为前向和右向的多普勒频移。则 AUV 航行速度为

$$v=\sqrt{v_x^2+v_y^2}=\frac{c}{4f_0\cos\alpha}\sqrt{f_{d13}^2+f_{d24}^2} \tag{2.2.9}$$

根据多普勒频移 f_{d13} 和 f_{d24}，还可以计算出偏流角：

$$\beta=\arctan\frac{v_y}{v_x}=\arctan\frac{f_{d24}}{f_{d13}} \tag{2.2.10}$$

需要注意的是，式(2.2.10)中，f_{d13}不能等于 0，否则无法计算 β。

本书以 SINS 与 DVL 组合导航作为研究对象，主要考虑并研究在组合导航系统中 DVL 产生的误差，包括 DVL 的安装失准角以及比例因子导致的误差。

理想情况下，b 系与 d 系应该是重合的，但是由于安装工艺的限制，b 系和 d 系间存在着一个不可避免的安装失准角。SINS 与 DVL 组合导航系统的坐标系传递关系如图 2.4 所示。图 2.4 中，$O_bx_by_bz_b$ 是 b 系，$O_dx_dy_dz_d$ 是 d 系，Δ_{DVL}^b 代表 SINS 与 DVL 间的杆臂误差。由于 AUV 体积较小且 SINS 与 DVL 安装紧密，由杆臂引起的误差较小且容易补偿，因此本研究不再考虑杆臂的影响。b 系和 d 系间的安装失准角以及比例因子对组合导航精度有着较大的影响[120]，我们主要研究 b 系和 d 系间的安装失准角以及比例因子。

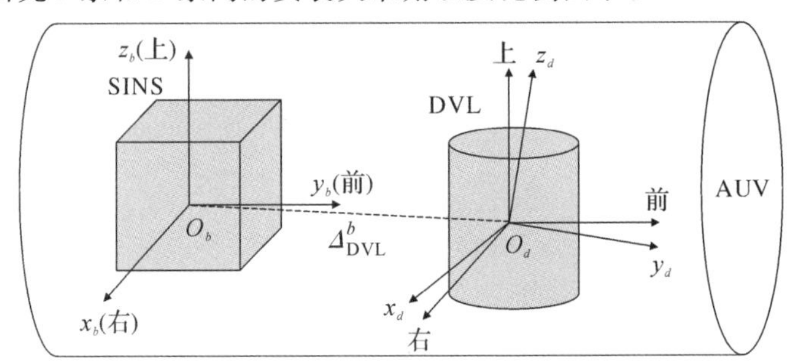

图 2.4　SINS/DVL 组合导航系统坐标系

定义 $\boldsymbol{C}_d^b$ 为 d 系到 b 系的旋转矩阵，理想情况下 $\boldsymbol{C}_d^b=\boldsymbol{I}$。然而安装失准角不能被忽略，定义安装失准角 $\boldsymbol{\phi}=[m_x \quad m_y \quad m_z]^{\mathrm{T}}$。在小安装失准角条件下，有 $\boldsymbol{C}_d^b=\boldsymbol{I}+[\boldsymbol{\phi}\times]$。式中$[\cdot\times]$为向量$[\cdot]$的反对称矩阵，反对称矩阵的计算方法如下：

$$[\boldsymbol{\phi}\times]=\begin{bmatrix}0 & -m_z & m_y\\ m_z & 0 & -m_x\\ -m_y & m_x & 0\end{bmatrix} \tag{2.2.11}$$

将 d 系下的速度转换到 n 系可以表示为

$$\boldsymbol{v}^n=\boldsymbol{C}_b^n\boldsymbol{C}_d^b\boldsymbol{v}^d \tag{2.2.12}$$

式中:$\boldsymbol{C}_b^n$ 为姿态矩阵;$\boldsymbol{v}^d$ 为 AUV 的真实速度在 DVL 量测坐标系下的投影。$\boldsymbol{v}_{\mathrm{DVL}}^d$为 DVL 的量测速度,$\boldsymbol{v}^d$ 与 $\boldsymbol{v}_{\mathrm{DVL}}^d$之间的关系可以表示为

$$\boldsymbol{v}^d=s(\boldsymbol{v}_{\mathrm{DVL}}^d+\delta\boldsymbol{v}_g) \tag{2.2.13}$$

式中:s 代表比例因子,它随水中声速的变化而变化,其值接近 1[121];量测误差 $\delta\boldsymbol{v}_g$ 服从高斯分布且是小量,在后续公式中忽略。定义经过标定后的 DVL 速度在 b 系下的投影速度为 $\boldsymbol{v}_{\mathrm{DVL}}^b$,且有

$$\boldsymbol{v}_{\mathrm{DVL}}^b=\boldsymbol{C}_d^b s\boldsymbol{v}_{\mathrm{DVL}}^d \tag{2.2.14}$$

DVL 提供的量测速度在 n 系下投影为

$$\begin{aligned}\tilde{\boldsymbol{v}}_{\mathrm{DVL}}^n&=\tilde{\boldsymbol{C}}_b^n\boldsymbol{v}_{\mathrm{DVL}}^b\\&=\boldsymbol{C}_n^{n'}\boldsymbol{C}_b^n\boldsymbol{C}_d^b s\boldsymbol{v}_{\mathrm{DVL}}^d\\&\approx(\boldsymbol{I}-[\boldsymbol{\alpha}\times])\boldsymbol{C}_b^n(\boldsymbol{I}+[\boldsymbol{\phi}\times])s\boldsymbol{v}_{\mathrm{DVL}}^d\end{aligned} \tag{2.2.15}$$

式中:$\tilde{\boldsymbol{C}}_b^n=\boldsymbol{C}_n^{n'}\boldsymbol{C}_b^n\approx(\boldsymbol{I}-[\boldsymbol{\alpha}\times])\boldsymbol{C}_b^n$;$\boldsymbol{\alpha}$ 是由于理想导航地理坐标系与计算导航地理坐标系间的偏差导致的姿态误差角。在线性小失准角条件下,$\boldsymbol{C}_n^{n'}=(\boldsymbol{I}-[\boldsymbol{\alpha}\times])$。

2.2.3 KF 基本原理

考虑如下离散时间 SINS 线性动态对准状态空间模型[122]:

$$\left.\begin{aligned}\boldsymbol{x}_k&=\boldsymbol{F}_{k-1}\boldsymbol{x}_{k-1}+\boldsymbol{W}_{k-1}\\ \boldsymbol{z}_k&=\boldsymbol{H}_k\boldsymbol{x}_k+\boldsymbol{V}_k\end{aligned}\right\} \tag{2.2.16}$$

式中:$\boldsymbol{F}_k$ 表示 $k(k=1,2,\cdots)$时刻状态转移矩阵;$\boldsymbol{H}_k$ 表示 k 时刻观测矩阵;$\boldsymbol{x}_k$、$\boldsymbol{z}_k$ 分别表示 k 时刻状态向量、观测向量;$\boldsymbol{W}_k\sim N(0,\boldsymbol{Q}_k)$表示系统噪声向量,一般服从高斯分布,$\boldsymbol{Q}_k$ 为系统噪声协方差矩阵;$\boldsymbol{V}_k\sim N(0,\boldsymbol{R}_k)$表示量测噪声向量,一般服从高斯分布,$\boldsymbol{R}_k$ 为量测噪声协方差矩阵。k 时刻标准 KF 更新方程如下。$\boldsymbol{F}_k$、$\boldsymbol{H}_k$ 根据所研究的目标模型确定。

(1)时间更新:

$$\hat{\boldsymbol{x}}_{k|k-1}=\boldsymbol{F}_{k-1}\hat{\boldsymbol{x}}_{k-1|k-1} \tag{2.2.17}$$

$$\boldsymbol{P}_{k|k-1}=\boldsymbol{F}_{k-1}\boldsymbol{P}_{k-1|k-1}\boldsymbol{F}_{k-1}^{\mathrm{T}}+\boldsymbol{Q}_{k-1} \tag{2.2.18}$$

式中：$\hat{\boldsymbol{x}}_{k|k-1}$表示$k$时刻状态量先验估计，$\boldsymbol{P}_{k|k-1}$表示$k$时刻状态误差协方差的先验估计。

(2)量测更新：

$$\boldsymbol{\mu}_k=\boldsymbol{z}_k-\boldsymbol{H}_k\hat{\boldsymbol{x}}_{k|k-1} \tag{2.2.19}$$

$$\boldsymbol{K}_k=\boldsymbol{P}_{k|k-1}\boldsymbol{H}_k^{\mathrm{T}}\left(\boldsymbol{H}_k\boldsymbol{P}_{k|k-1}\boldsymbol{H}_k^{\mathrm{T}}+\boldsymbol{R}_k\right)^{-1} \tag{2.2.20}$$

$$\hat{\boldsymbol{x}}_{k|k}=\hat{\boldsymbol{x}}_{k|k-1}+\boldsymbol{K}_k\boldsymbol{\mu}_k \tag{2.2.21}$$

$$\boldsymbol{P}_{k|k}=(\boldsymbol{I}-\boldsymbol{K}_k\boldsymbol{H}_k)\boldsymbol{P}_{k|k-1} \tag{2.2.22}$$

式中：$\boldsymbol{\mu}_k$ 表示k时刻新息向量，$\boldsymbol{K}_k$ 表示k时刻卡尔曼滤波增益，$\hat{\boldsymbol{x}}_{k|k}$表示$k$时刻状态量的后验估计，$\boldsymbol{P}_{k|k}$表示$k$时刻状态估计误差协方差的后验估计。

2.2.4 SINS/DVL组合导航系统设计

SINS/DVL组合导航系统利用SINS解算速度与DVL的速度观测值的残差通过卡尔曼滤波等最优估计算法实时估计出AUV的导航误差，再将误差值反馈修正SINS解算出的位置、姿态、速度，从而得到精确的导航信息[52]。SINS/DVL组合导航有两种不同的组合模式：松组合、紧组合。松组合方式如图2.5所示，将DVL观测的b系速度与SINS解算得到的速度用于组合导航，利用SINS计算出的姿态矩阵将DVL观测的b系速度转换为n系速度，再求残差，即n系下速度的差；紧组合方式是将DVL外部观测的原始波束量测与惯导进行组合。松组合由于其结构简单被得到广泛使用，本书基于SINS/DVL松组合的方案进行组合导航误差抑制方法的研究。

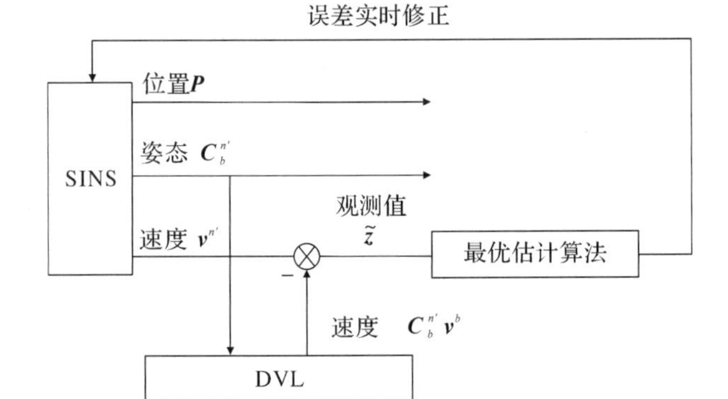

图2.5 SINS/DVL松组合结构框图

2.2.4.1 状态方程

根据2.2.1小节所述的捷联惯导系统误差模型，选取误差状态量如下：位置误差、速度误差、姿态误差、陀螺漂移误差和加速度偏置误差。考虑到惯导系统天向通道不稳定,且可以利用深度计进行单独的测量,因此选取忽略高度通道的13 维状态量如下:

$$\boldsymbol{X}_{\mathrm{SINS}}=[\delta L \quad \delta\lambda \quad \delta v_E \quad \delta v_N \quad \alpha_E \quad \alpha_N \quad \alpha_U \quad \varepsilon_x \quad \varepsilon_y \quad \varepsilon_z \quad \nabla_x \quad \nabla_y \quad \nabla_z]^{\mathrm{T}} \tag{2.2.23}$$

式中:δL 和 $\delta\lambda$ 分别为纬度误差和经度误差;δv_E 和 δv_N 分别为东向速度误差和北向速度误差;α 为姿态误差,下标 E、N、U 分别代表东向、北向和天向;ε 为陀螺仪漂移误差,∇为加速度计偏置误差;下标 x、y、z 分别代表正交的 x、y、z 三个轴。

建立 SINS 系统状态方程为

$$\dot{\boldsymbol{X}}_{\mathrm{SINS}}=\boldsymbol{F}_{\mathrm{SINS}}\dot{\boldsymbol{X}}_{\mathrm{SINS}}+\boldsymbol{W}_{\mathrm{SINS}} \tag{2.2.24}$$

式中:$\boldsymbol{F}_{\mathrm{SINS}}$为状态转移矩阵;$\boldsymbol{W}_{\mathrm{SINS}}$为系统噪声向量。其中状态转移矩阵 $\boldsymbol{F}_{\mathrm{SINS}}$ 为 13×13 的矩阵,可以表示为

$$\boldsymbol{F}_{\mathrm{SINS}}=\begin{bmatrix}\boldsymbol{F} & \boldsymbol{G}\\ \boldsymbol{0}_{6\times 7} & \boldsymbol{0}_{6\times 7}\end{bmatrix} \tag{2.2.25}$$

式中:$\boldsymbol{F}$ 为 7×7 的矩阵,且子矩阵 $\boldsymbol{F}$ 中的非零元素如下[61]:

$$\left.\begin{aligned}
&F_{1,4}=1/R_e,F_{2,1}=(v_E/R_e)\tan L\sec L\\
&F_{2,3}=\sec L/R_e,F_{3,3}=(v_N/R_e)\tan L\\
&F_{3,4}=2\omega_{ie}\sin L+(v_E/R_e)\tan L,F_{3,6}=-f_U,F_{3,7}=f_N\\
&F_{4,1}=-[2v_E\omega_{ie}\cos L+(v_E^2/R_e)(\sec L)^2]\\
&F_{4,3}=-[2\omega_{ie}\sin L+(v_E/R_e)\tan L],F_{4,5}=f_U\\
&F_{4,7}=-f_E,F_{5,4}=-1/R_e,F_{5,6}=\omega_{ie}\sin L+(v_E/R_e)\tan L\\
&F_{5,7}=-[\omega_{ie}\cos L+(v_E/R_e)]\\
&F_{6,1}=-\omega_{ie}\sin L,F_{6,3}=1/R_e\\
&F_{6,5}=-[\omega_{ie}\sin L+(v_E/R_e)\tan L]\\
&F_{6,7}=-v_N/R_e,F_{7,1}=\omega_{ie}\cos L+(v_E/R_e)(\sec L)^2\\
&F_{7,3}=\tan L/R_e,F_{7,5}=\omega_{ie}\cos L+v_E/R_e\\
&F_{7,6}=v_N/R_e
\end{aligned}\right\} \tag{2.2.26}$$

其中,$[f_E \quad f_N \quad f_U]^{\mathrm{T}}=\boldsymbol{C}_b^{n'}\widetilde{\boldsymbol{f}}^b$,$\widetilde{\boldsymbol{f}}_b$ 表示加速度计测得的实际比力。

$\boldsymbol{G}$ 为 6×6 矩阵,具体形式如下:

$$\boldsymbol{G}=\begin{bmatrix}\boldsymbol{0}_{4\times 3} & \boldsymbol{T}'\\ -\boldsymbol{C}_b^n & \boldsymbol{0}_{3\times 3}\end{bmatrix} \tag{2.2.27}$$

式中：$\boldsymbol{T}'=\begin{bmatrix}\boldsymbol{0}_{2\times3}\\ [\boldsymbol{C}_b^n]_{2\times3}\end{bmatrix}$，$[\boldsymbol{C}_b^n]_{2\times3}$表示姿态矩阵 $\boldsymbol{C}_b^n$ 的前两行。

2.2.4.2 量测方程

DVL 与 SINS 组合导航，选取速度误差作为量测值，即选取 SINS 测得的速度 $\tilde{\boldsymbol{v}}_{\mathrm{SINS}}^n$与 DVL 测得的 b 系下速度 $\boldsymbol{v}_{\mathrm{DVL}}^b$在 n 系上投影的残差作为量测值。SINS/DVL 组合导航的量测方程如下：

$$\boldsymbol{Z}=\tilde{\boldsymbol{v}}_{\mathrm{SINS}}^n-\boldsymbol{C}_n^{n'}\boldsymbol{C}_b^n\boldsymbol{v}_{\mathrm{DVL}}^b=\boldsymbol{H}_v\boldsymbol{x}+\boldsymbol{V}_v \tag{2.2.28}$$

式中：$\boldsymbol{H}_v$ 为量测矩阵；$\boldsymbol{V}_v$ 为量测噪声向量。在线性小失准角条件下，$\boldsymbol{C}_n^{n'}=(\boldsymbol{I}-[\boldsymbol{\alpha}\times])$。

需要说明的是，惯导天向通道不稳定，因此将惯导天向通道置零，同时通过深度计单独测量天向通道，因此只选取东向速度误差 δv_E 和北向速度误差 δv_N 作为观测量，则有

$$\begin{aligned}\boldsymbol{z}_v&=\begin{bmatrix}\delta v_E\\ \delta v_N\end{bmatrix}=[\tilde{\boldsymbol{v}}_{\mathrm{SINS}}^n-(\boldsymbol{I}-[\boldsymbol{\alpha}\times])\boldsymbol{C}_b^n\boldsymbol{v}_{\mathrm{DVL}}^b]_{2\times1}\\ &=[\tilde{\boldsymbol{v}}_{\mathrm{SINS}}^n-\boldsymbol{C}_b^n\boldsymbol{v}_{\mathrm{DVL}}^b-(\boldsymbol{C}_b^n\boldsymbol{C}_d^b s\boldsymbol{v}_{\mathrm{DVL}}^d)\times\boldsymbol{\alpha}]_{2\times1}\\ &=[\tilde{\boldsymbol{v}}_{\mathrm{SINS}}^n-\boldsymbol{v}_{\mathrm{SINS}}^n-(\boldsymbol{C}_b^n\boldsymbol{C}_d^b s\boldsymbol{v}_{\mathrm{DVL}}^d)\times\boldsymbol{\alpha}]_{2\times1}\\ &=[\delta\boldsymbol{v}^n-(\boldsymbol{C}_b^n\boldsymbol{C}_d^b s\boldsymbol{v}_{\mathrm{DVL}}^d)\times\boldsymbol{\alpha}]_{2\times1}\end{aligned} \tag{2.2.29}$$

在实际应用中，用 $\boldsymbol{C}_b^{n'}$ 代替 $\boldsymbol{C}_b^n$，可得量测矩阵 $\boldsymbol{H}_v$ 为

$$\boldsymbol{H}_v=[\boldsymbol{0}_{2\times2}\quad \boldsymbol{I}_{2\times2}\quad [-\boldsymbol{C}_b^{n'}\boldsymbol{C}_d^b s\boldsymbol{v}_{\mathrm{DVL}}^d\times]_{2\times3}\quad \boldsymbol{0}_{2\times6}] \tag{2.2.30}$$

式中，$[-\boldsymbol{C}_b^{n'}\boldsymbol{C}_d^b s\boldsymbol{v}_{\mathrm{DVL}}^d\times]_{2\times3}$表示矩阵$[-\boldsymbol{C}_b^{n'}\boldsymbol{C}_d^b s\boldsymbol{v}_{\mathrm{DVL}}^d\times]$的前两行。$s$ 和 $\boldsymbol{C}_d^b$ 两个误差项需要通过标定得到，标定过程将在 2.3 具体阐述。

2.3 基于奇异值分解的最小二乘估计标定方法

在过去的研究中，李万里提出了利用基于奇异值分解的最小二乘估计 DVL 标定方法，该方法可以同时标定安装失准角以及比例因子[44]。

根据 2.2 节的分析，DVL 标定需要确定比例因子和安装失准角。AUV 的 b 系下的速度与 d 系下的速度之间的关系为

$$\boldsymbol{v}^b=\boldsymbol{C}_d^b s\boldsymbol{v}_{\mathrm{DVL}}^d=(\boldsymbol{I}+[\boldsymbol{\phi}\times])s\boldsymbol{v}_{\mathrm{DVL}}^d \tag{2.3.1}$$

式中：s 代表比例因子；$\boldsymbol{\phi}$ 代表安装失准角。在 DVL 安装固定之后，安装失准角

将保持恒定。

当 AUV 没有下潜进入水中,GNSS 可以提供精度较高的参考信息,通过 SINS/GNSS 组合导航,可以得到载体 b 系下的速度。这个组合导航得到的速度的精度高,可以认为是 AUV 的真实速度,将其作为标定的参考速度:

$$\boldsymbol{v}^{b}=(\boldsymbol{C}_{n}^{b})_{\text{SINS/GNSS}}\boldsymbol{v}_{\text{SINS/GNSS}}^{n}=\boldsymbol{v}_{\text{SINS/GNSS}}^{b} \tag{2.3.2}$$

将式(2.3.2)代入式(2.3.1)可得

$$s\boldsymbol{C}_{d}^{b}\boldsymbol{v}_{\text{DVL}}^{d}=\boldsymbol{v}_{\text{SINS/GNSS}}^{b} \tag{2.3.3}$$

由式(2.3.3)可以求解出比例因子 s 和安装失准角矩阵 $\boldsymbol{C}_{d}^{b}$。理论上,比例因子 s 将随海水中声速的变化而发生变化,声速的变化又与温度、盐度、深度等有关。但是根据相关文献分析[121],s 变化仅几个百分点,因此我们认为短时间或者单次任务期间 s 是恒定的。定义 $\boldsymbol{P}=s\boldsymbol{C}_{d}^{b}$,则 $\boldsymbol{P}$ 是恒定不变的。因此可以将标定问题转换为两个点集间缩放与旋转矩阵的估计问题。定义 $\boldsymbol{v}_{\text{DVL}}^{d}$ 和 $\boldsymbol{v}_{\text{SINS/GNSS}}^{b}$ 为两个点集,估计出最优的缩放和旋转矩阵即为需要求的比例因子与安装失准角矩阵。

定义 $\boldsymbol{v}_{\text{DVL}}^{d}$ 和 $\boldsymbol{v}_{\text{SINS/GNSS}}^{b}$ 这两个点集分别为变量 $\boldsymbol{x}$ 和变量 $\boldsymbol{y}$,即

$$\boldsymbol{x}(k)=\boldsymbol{v}_{\text{DVL}}^{d}(t_{k}) \tag{2.3.4}$$

$$\boldsymbol{y}(k)=\boldsymbol{v}_{\text{SINS/GNSS}}^{b}(t_{k}) \tag{2.3.5}$$

则可以得到

$$\boldsymbol{y}(k)=\boldsymbol{P}\boldsymbol{x}(k) \tag{2.3.6}$$

式中,$\boldsymbol{P}$ 可以通过最小二乘估计的方法求得。最小二乘估计方法可以估计将 $\boldsymbol{x}$ 转换为 $\boldsymbol{y}$ 的变换参数(c—缩放,$\boldsymbol{R}$—旋转和 L—平移),基于奇异值分解(Singular Value Decomposition,SVD)的最小二乘估计方法的步骤如下:

$$\mu_{x}=\frac{1}{n}\sum_{k=1}^{n}\boldsymbol{x}(k) \tag{2.3.7}$$

$$\mu_{y}=\frac{1}{n}\sum_{k=1}^{n}\boldsymbol{y}(k) \tag{2.3.8}$$

$$\sigma_{x}^{2}=\frac{1}{n}\sum_{k=1}^{n}\parallel\boldsymbol{x}(k)-\mu_{x}\parallel^{2} \tag{2.3.9}$$

$$\sigma_{y}^{2}=\frac{1}{n}\sum_{k=1}^{n}\parallel\boldsymbol{y}(k)-\mu_{y}\parallel^{2} \tag{2.3.10}$$

$$\boldsymbol{\Sigma}_{xy}=\frac{1}{n}\sum_{k=1}^{n}[\boldsymbol{y}(k)-\mu_{y}][\boldsymbol{x}(k)-\mu_{x}]^{\mathrm{T}} \tag{2.3.11}$$

式中:μ_{x} 和 μ_{y} 分别为 $\boldsymbol{x}$ 和 $\boldsymbol{y}$ 的平均值,σ_{x}^{2} 和 σ_{y}^{2} 分别为 $\boldsymbol{x}$ 和 $\boldsymbol{y}$ 的方差,$\boldsymbol{\Sigma}_{xy}$ 为 $\boldsymbol{x}$ 和 $\boldsymbol{y}$ 的协方差矩阵。同时,令 $\boldsymbol{\Sigma}_{xy}$ 的奇异值分解为 $\boldsymbol{UDV}^{\mathrm{T}}$,其中 $\boldsymbol{D}=\mathrm{diag}(d_{i})$,$d_{1}\geqslant$

$d_2 \geqslant d_3 \geqslant 0$。

定义

$$S = \begin{cases} I & ,\text{当 } \det(\boldsymbol{\Sigma}_{xy}) > 0\text{时} \\ \operatorname{diag}(1,1,\cdots,-1) & ,\text{当 } \det(\boldsymbol{\Sigma}_{xy}) < 0\text{时} \end{cases} \tag{2.3.12}$$

则可以确定 $\boldsymbol{x}$ 转换为 $\boldsymbol{y}$ 的变换参数如下：

旋转参数：

$$\boldsymbol{R} = \boldsymbol{USV}^{\mathrm{T}} \tag{2.3.13}$$

平移参数：

$$L = \mu_y - c\mu_x \tag{2.3.14}$$

缩放参数：

$$c = \frac{1}{\sigma_x^2 \operatorname{tr}(\boldsymbol{DS})} \tag{2.3.15}$$

最后，$\boldsymbol{x}$ 转换为 $\boldsymbol{y}$：

$$\boldsymbol{y}(k) = [c\boldsymbol{Rx}(k) + L] \tag{2.3.16}$$

2.4 基于改进粒子群算法的 DVL 智能标定方法

2.4.1 粒子群优化算法及其改进

PSO 是由美国学者 Eberhart 和 Kennedy 于 1995 年提出的[123]，它是基于群体中粒子间的合作和竞争而进行参数优化、搜索的。PSO 具有结构简单、需要调节的参数少等优势，同时 PSO 算法具有处理复杂问题、优化问题的能力，已被广泛地应用于函数优化、多目标优化、信号处理等实际问题中。PSO 在运行过程中通过跟踪个体最优粒子 p_{best}^m 和群体最优粒子 g_{best}^m 来更新粒子速度与位置，具体如下：

$$v_{id}^{m+1} = wv_{id}^m + c_1 r_1 (p_{\text{best}}^m - x_{id}^m) + c_2 r_2 (g_{\text{best}}^m - x_{id}^m) \tag{2.4.1}$$

$$x_{id}^{m+1} = x_{id}^m + v_{id}^{m+1} \tag{2.4.2}$$

式中：$d=1,2,\cdots,K$ 和 $i=1,2,\cdots,N$ 分别为搜索空间维数和种群规模；r_1，r_2 是介于 0 和 1 之间的随机数；c_1，c_2 为学习因子，分别表征粒子向自身和其他粒子学习的能力，通常在 0 和 2 之间取值；w 为惯性权重常数，用来调整粒子的多样性；粒子速度 $v \in [v_{\min}, v_{\max}]$；$m$ 为当前种群的代数；x_{id}^m、v_{id}^m 分别表示粒子的当前位置、速度；p_{best}^{m}、g_{best}^{m} 分别表示当前个体、群体最优粒子的位置。

PSO 算法基本流程如图 2.6 所示。

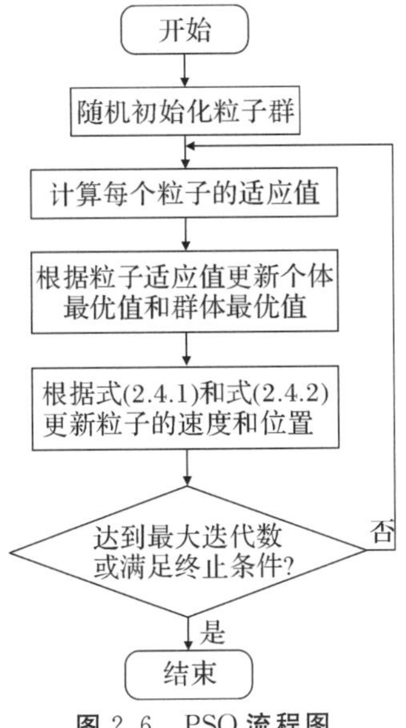

图 2.6　PSO 流程图

为了提高粒子群优化算法的准确性，防止粒子群优化算法的解陷入局部最优，学者们提出了多种改进的粒子群算法(Improved Particle Swarm Optimization, IPSO)[124]。本章采用一种惯性权重线性减小的方法提升粒子群优化算法的性能，防止其陷入局部最优解。惯性权重 w 在平衡局部搜索与全局搜索中有着重要作用。w 取值越大，越倾向于全局搜索；相反地，w 取值越小，越倾向于局部搜索。在传统的粒子群算法中惯性权重 w 一般是固定值，为了使算法的搜索能力更强，即使前期全局搜索能力强以防止陷入局部最优解，后期局部搜索能力强以求解出更精确的最优解，将 w 定义为一个随着迭代次数线性减小的值 w_g，公式如下：

$$w_g = w_{\min} + \frac{N-n}{N}(w_{\max} - w_{\min}) \tag{2.4.3}$$

式中：n 是优化过程当前的迭代数；N 是总迭代数。$w_{\max}$ 和 $w_{\min}$ 是给定的惯性权重的上、下界。根据工程经验，本章应用中定义惯性权重 w 的上、下界分别为 $w_{\max}=0.9$、$w_{\min}=0.4$。

2.4.2　基于改进粒子群优化算法的 DVL 标定模型

同 2.3 节分析，在存在安装失准角与比例因子的情况下，DVL 量测坐标系 d 下的速度转换到载体坐标系 b 下的速度如下：

$$\boldsymbol{v}^b=\boldsymbol{C}_d^b s\boldsymbol{v}_{\mathrm{DVL}}^d=(\boldsymbol{I}+[\boldsymbol{\phi}\times])s\boldsymbol{v}_{\mathrm{DVL}}^d \tag{2.4.4}$$

在标定阶段，通过 SINS/GNSS 组合导航可以得到 b 系下的参考速度：

$$\boldsymbol{v}^b=(\boldsymbol{C}_n^b)_{\mathrm{SINS/GNSS}}\boldsymbol{v}_{\mathrm{SINS/GNSS}}^n=\boldsymbol{v}_{\mathrm{SINS/GNSS}}^b \tag{2.4.5}$$

将式(2.4.5)代入式(2.4.4)，可以得到

$$s\,\boldsymbol{C}_d^b\boldsymbol{v}_{\mathrm{DVL}}^d=\boldsymbol{v}_{\mathrm{SINS/GNSS}}^b \tag{2.4.6}$$

式(2.4.6)中，定义 $\boldsymbol{P}=s\,\boldsymbol{C}_d^b$，根据上节中的分析，$\boldsymbol{P}$ 是恒定不变的。

将标定问题转换为两个点集间缩放与旋转矩阵的 Wahba 估计问题，具体如下：

$$\boldsymbol{y}(k)=\boldsymbol{P}\boldsymbol{x}(k) \tag{2.4.7}$$

定义 $\boldsymbol{v}_{\mathrm{DVL}}^d$ 和 $\boldsymbol{v}_{\mathrm{SINS/GNSS}}^b$ 为两个点集，通过非线性求解方法或者寻优算法估计出最优的缩放和旋转矩阵 $\boldsymbol{P}$，即得到了比例因子 s 与安装失准角矩阵 $\boldsymbol{C}_d^b$。

通过 IPSO 对上述问题进行求解。构建 IPSO 算法所需要的粒子群的定义如式(2.4.8)所示。

$$\boldsymbol{p}_i=[\varepsilon_{mx}^i \quad \varepsilon_{my}^i \quad \varepsilon_{mz}^i \quad \varepsilon_{ms}^i]^{\mathrm{T}} \tag{2.4.8}$$

在每个粒子中，ε_{mx}^i、ε_{my}^i 和 ε_{mz}^i 是三个轴方向上的安装失准角，ε_{ms}^i 是比例因子，i 代表第 i 个粒子。

IPSO 算法通过建立代价函数或适应度函数计算代价函数值或适应度来评估粒子的优劣。粒子通过不断地更新逐渐增加其代价函数值或适应度值，最终所有粒子趋于全局最优位置。粒子的全局最优位置是待解问题的最优解。建立代价函数值或适应度函数是利用 IPSO 进行 DVL 标定的关键。为了找到最佳比例因子和安装失准角，代价函数的构建如下：

$$\begin{aligned}J&=\frac{1}{T}\sum_{t=1}^{T}\|\hat{s}\hat{\boldsymbol{C}}_d^b\boldsymbol{v}_{\mathrm{DVL},t}^d-\boldsymbol{v}_{\mathrm{SINS/GNSS},t}^b\|_2\\&=\frac{1}{T}\sum_{t=1}^{T}\|\hat{s}[\boldsymbol{I}+\hat{\boldsymbol{\phi}}\times]\boldsymbol{v}_{\mathrm{DVL},t}^d-\boldsymbol{v}_{\mathrm{SINS/GNSS},t}^b\|_2\end{aligned} \tag{2.4.9}$$

式中：T 为点集的长度，也就是标定期间速度的时间区间长度，当 GNSS 信号更新频率为 1 Hz 时，T 的单位是秒；下标 t 代表第 t 秒的数据；$\|\cdot\|_2$ 表示矩阵的 L_2 范数；$\hat{s}$ 表示通过 IPSO 算法估计出的比例因子；$\hat{\boldsymbol{C}}_d^b$ 表示通过 IPSO 估计出的安装失准角旋转矩阵；$\hat{\boldsymbol{\phi}}$ 是通过 IPSO 估计出的安装失准角 $[\varepsilon_{mx}^i \quad \varepsilon_{my}^i \quad \varepsilon_{mz}^i]^{\mathrm{T}}$。为了找到最优的安装失准角与比例因子，优化过程的目标是使代价函数值最小或者适应度值最大，适应度函数的定义如下：

$$\mathrm{fit}=1/(1+J) \tag{2.4.10}$$

式中：J 为代价函数值，适应度值可以定义为代价函数值的倒数。但是在实际中，有可能存在代价函数值为 0 的情况，导致适应度值无限大。因此将适应度值

的分母加 1,目的是防止由代价函数值等于 0 引起适应度函数爆炸。

利用 IPSO 进行 SINS/DVL 组合导航系统 DVL 标定的过程可以总结为如下:

算法 1 基于 IPSO 的 DVL 标定算法的框架

1. **Input**:由 I 个粒子组成的粒子群 $\{p_1, p_2, p_3, \cdots, p_I\}$,$[0, t]$秒间的 v_{DVL}^d 和 $v_{\mathrm{SINS/GNSS}}^b$。
2. **Output**:全局最优解 g_{best}。
3. 随机初始化粒子群,通过式(2.4.9)和式(2.4.10)计算每个粒子的适应度值。
4. 初始化 $p_{\mathrm{best}\,i} = [\varepsilon_{mx,i}^{\mathrm{best}} \quad \varepsilon_{my,i}^{\mathrm{best}} \quad \varepsilon_{mz,i}^{\mathrm{best}} \quad \varepsilon_{ms,i}^{\mathrm{best}}]^{\mathrm{T}}$ 和 $g_{\mathrm{best}} = [\varepsilon_{mx}^{\mathrm{best}} \quad \varepsilon_{my}^{\mathrm{best}} \quad \varepsilon_{mz}^{\mathrm{best}} \quad \varepsilon_{ms}^{\mathrm{best}}]^{\mathrm{T}}$。
5. 令 $c_1 = c_2 = 2$,$w_{\max} = 0.9$,$w_{\min} = 0.4$,$V_{\max} = 10$,随机初始化每个粒子的飞行速度。
6. **while** $g <$ 总迭代数 N **do**。
7. **for** 每个粒子 p_i,$i = 1$ to I **do**。
8. 通过式(2.4.9)和式(2.4.10)计算第 i 个粒子的适应度值,如果计算出的适应度值优于先前的值,更新第 i 个粒子的 $p_{\mathrm{best}\,i}$。
9. 如果 $p_{\mathrm{best},i}$ 是所有粒子 p_{best} 中最大的,更新全局最优位置,即 $g_{\mathrm{best}} = p_{\mathrm{best},i}$。
10. **end for**。
11. $w_g = w_{\min} + \dfrac{N-n}{N}(w_{\max} - w_{\min})$。
12. **for** 每个粒子 p_i,$i = 1$ to I **do**。
13. $V_i(n+1) = w_g V_i(n) + c_1 r_1 [p_{\mathrm{best}\,i}(n) - X_i(n)] + c_2 r_2 [g_{\mathrm{best}}(n) - X_i(n)]$。
14. $|V_i(n+1)| \leqslant V_{\max}$。
15. $X_i(n+1) = X_i(n) + V_i(n+1)$。
16. **end for**。
17. 更新全局最优解 g_{best}。
18. **end while**。
19. 返回全局最优解 g_{best}。

2.4.3 试验验证与结果分析

在本小节中,利用仿真试验验证所提出算法的可行性及有效性,利用捷联惯导反演算法仿真生成载体的仿真轨迹[125],将仿真程序中的真实 n 系下的速度利用真实姿态转换为 b 系下的真实速度。如果在真实姿态上加入一个安装失准角和比例因子,即可得到包含安装失准角和刻度因子的 b 系速度,再加入高斯白噪声,即可认为这是 DVL 未经标定输出的量测速度。数据仿真生成中惯性传感器的误差设置如下:陀螺仪的常值漂移为 0.02°/h,角度随机游走为 $0.001°/\mathrm{h}^{\frac{1}{2}}$;加速度计的常值偏置为 50 μg,随机白噪声为 1 $\mu g/\mathrm{Hz}^{\frac{1}{2}}$。IMU 的更新频率为 200 Hz。GPS 更新频率为 1 Hz。

利用两组仿真试验来验证所提出算法的性能：

(1)仿真添加安装失准角[0.1° −0.1° 1°]^T，比例因子 s 为 0.9，同时 AUV 处于 b 系速度恒定的运动状态；

(2)仿真添加多组不同的安装失准角与比例因子，AUV 为变速运动。

在上述提出的仿真方案中，我们将文献[44]提出的利用奇异值分解(SVD)的最小二乘法估计标定方法作为对比。

2.4.3.1 恒速条件下仿真试验

仿真中的初始位置为[34°N 108°E 0 m]^T，n 系下的初始速度为[−5 0 0]^T m/s，初始姿态为[0 0 90°]^T。根据前文所说，人为将失准角[0.1° −0.1° 1°]^T 与比例因子 0.9 添加到仿真数据中。PSO 中的参数设置为：$c_1=2$，$c_2=2$，$V_{max}=10$，粒子数为 100，总迭代数为 $N=500$。进行 50 次蒙特卡洛试验以确保算法的有效性和可重复性。试验结果如图 2.7 所示，图 2.7(a)～(c)为 IPSO 算法估计安装失准角的估计误差，图 2.7(d)为估计比例因子 s 的估计误差，表 2.1 为试验结果统计值。

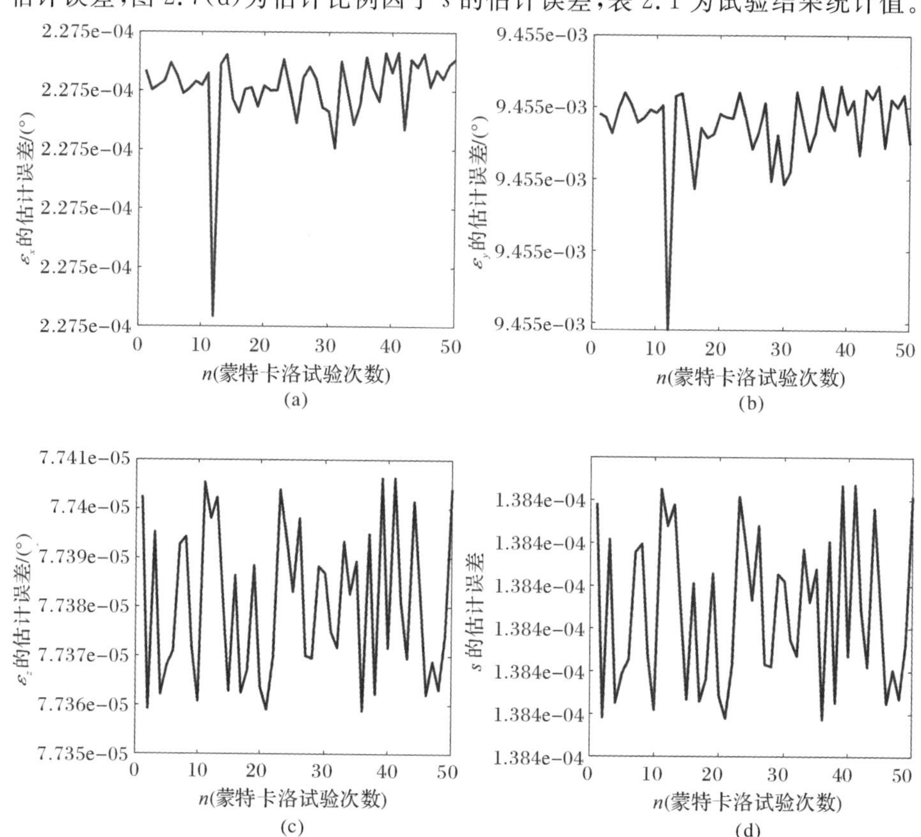

图 2.7 50 次蒙特卡洛试验估计结果

表 2.1　蒙特卡洛试验结果统计

估计参数	平均值/(°)	标准差/(°)	估计精度/(%)	参考值/(°)
ε_{mx}	0.100 2	3.3e−13	99.77	0.1
ε_{my}	−0.090 5	3.3e−11	90.54	−0.1
ε_{mz}	1.000 1	1.6e−08	99.99	1
ε_{ms}	0.900 1	3.4e−12	99.98	0.9

注：$1\ \mathrm{e}^{-1}=1\times10^{-1}$。

表 2.1 中 50 次蒙特卡洛试验的标准差计算公式如下：

$$\sigma=\sqrt{\frac{\sum_{i=1}^{50}(\varepsilon_m^i-\bar{\varepsilon}_m)}{50}} \tag{2.4.11}$$

表 2.1 中估计精度的定义如下：

$$A_c=\left(1-\left|\frac{\eta_e-\eta_r}{\eta_r}\right|\right)\times100\% \tag{2.4.12}$$

式中：η_e 代表估计值；η_r 代表真实参考值。

50 次蒙特卡洛试验的代价函数值 J 变化过程如图 2.8 所示。

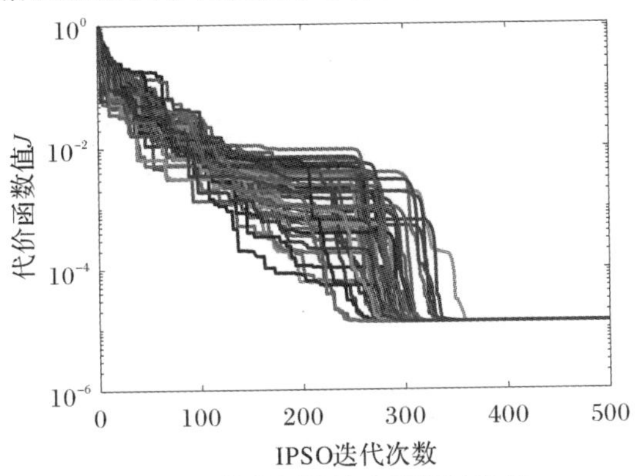

图 2.8　代价函数值 J 变化过程图

根据图 2.8 和表 2.1 可以看出，蒙特卡洛试验统计结果中，估计的结果与参考值之间的差值很小，估计准确性很高。图 2.8 说明 IPSO 方法都已经得到收敛，有着很好的稳定性和可重复性。

仿真试验的数据时长为 3 600 s。首先利用前 600 s 进行标定，再利用传统方法和本书提出的方法估计安装失准角及比例因子。当标定完成，利用修正后的 DVL 速度输出进行组合导航，可以通过对比组合导航位置误差直观体现出不同标定方法的效果与精度。

图 2.9(附彩图)比较了不同标定方法修正后的 DVL 输出速度。其中，粉色

曲线为 SINS/GNSS 组合导航结果，将这个结果作为参考值。棕色曲线为没有经过标定的 DVL 速度，蓝色曲线为利用文献[44]中的基于奇异值分解（SVD）的最小二乘估计标定方法得到的修正速度，绿色曲线为通过本书所提出的方法进行标定后得到的修正后的速度。从图 2.9 中可以看到，未经过标定输出的速度与参考值偏差很大，利用 SVD 方法标定得到的速度更加接近参考值。利用 IPSO 方法进行标定后得到的修正后的速度与参考值偏差非常小，精度最高。

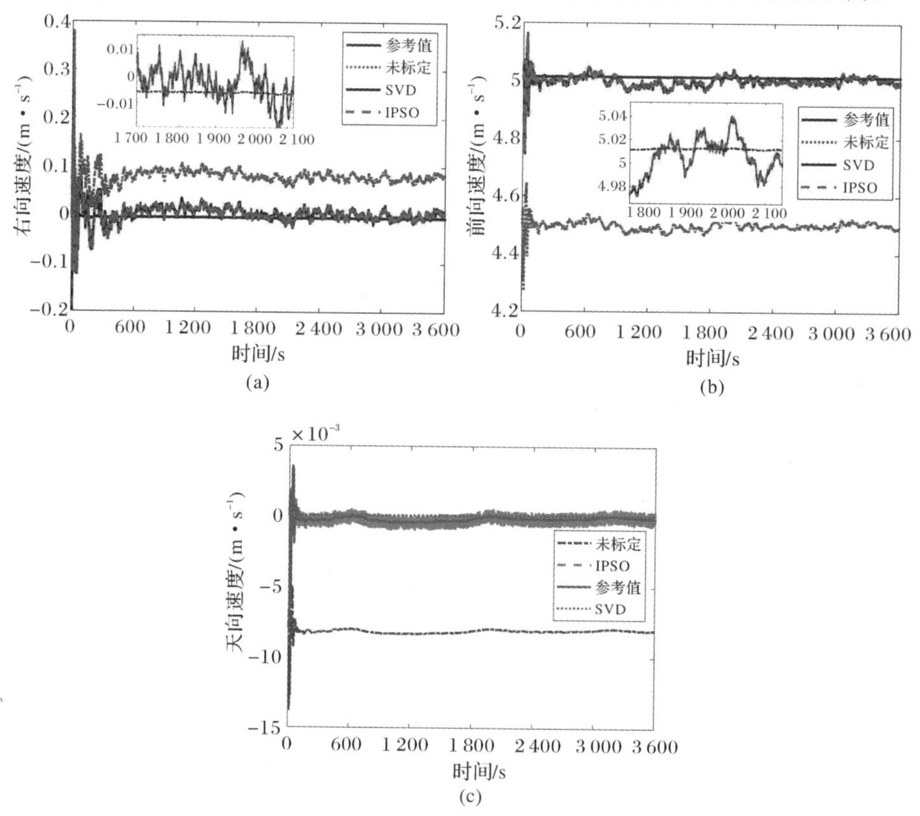

图 2.9　不同标定方法速度修正性能对比

图 2.10 为仿真试验的轨迹，可以看出未经过标定的组合导航轨迹与真实参考轨迹偏差很大。在匀速运动情况下，利用 SVD 方法和 IPSO 方法标定后的组合导航轨迹相似，都接近于真实参考轨迹。图 2.11 为组合导航位置误差，可以看到利用 SVD 和 IPSO 两种方法标定后的组合导航位置误差在 3 600 s 内都小于 25 m，未经过标定的位置误差超过了 100 m。可以得出结论，DVL 测速精度对组合导航精度影响非常大，利用本书提出的 IPSO 方法标定 DVL 的安装失准角与比例因子输出速度，可以提高 DVL 的测速精度，可以明显地抑制 SINS/

DVL 组合导航的误差,可以显著提高组合导航精度。但是从图 2.11 也可以看出,在 b 系速度不变的仿真条件下,IPSO 与 SVD 两种标定方法的对组合导航误差的抑制效果相似。

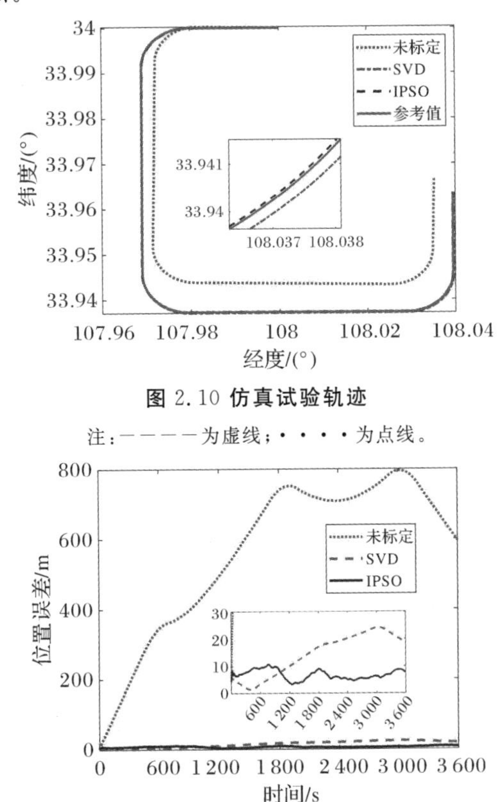

图 2.10 仿真试验轨迹

注:————为虚线;····为点线。

图 2.11 不同标定方法的组合导航位置误差对比

2.4.3.2 变速条件下仿真试验

在本节中,我们验证 IPSO 方法在任意机动变速状态下相对于传统的基于 SVD 方法的优越性。仿真设置了不同的安装失准角和比例因子,以避免该方法在特定误差值下的偶然性。

仿真实验的初始位置为[34°N 108°E 0 m],初始速度和初始姿态为[0 0 0] m/s 和[0 0 90°],AUV 进行非匀速直线机动。IPSO 的参数设置与 2.4.3.1 节相同,仅总迭代数改为 $N=1\ 000$。对不同误差情况进行 50 次蒙特卡洛试验,试验统计结果如表 2.2 所示。表 2.2 中,误差状态为人为仿真添加的安装失准角与比例因子,进行多种不同的误差的仿真试验是为了能够反映算法的普适性。

表 2.2　蒙特卡洛试验结果统计

误差状态	估计参数	估计平均值/(°)	标准差/(°)	估计精度/(%)
$\boldsymbol{\phi}=[-0.1° \ -0.1° \ 0.5°]^{\mathrm{T}}$ $s=0.9$	ε_{mx}	−0.099 9	2.3e−11	99.93
	ε_{my}	−0.095 0	2.4e−09	95.01
	ε_{mz}	0.500 1	4.3e−10	99.99
	ε_{ms}	0.900 0	8.5e−15	99.99
$\boldsymbol{\phi}=[0.2° \ 0.25° \ 1°]^{\mathrm{T}}$ $s=0.95$	ε_{mx}	0.200 2	2.5e−11	99.89
	ε_{my}	0.259 3	1.4e−09	96.27
	ε_{mz}	1.000 1	3.3e−12	99.99
	ε_{ms}	0.950 2	6.1e−13	99.98

根据表 2.2 的蒙特卡洛试验统计结果可以看出，利用 IPSO 进行 DVL 的标定的准确性是很高的，安装失准角和比例因子的估计精度都达到了 95%以上，x 轴和 z 轴的安装失准角以及比例因子的估计精度甚至达到了 99.9%以上。y 轴的估计精度比其他参数的估计精度稍低，这是因为 y 轴的可观测性较弱，但其估计精度依然达到了 95%以上。这两种不同的误差仿真状态的 IPSO 的代价函数值的进化过程如图 2.12 所示。

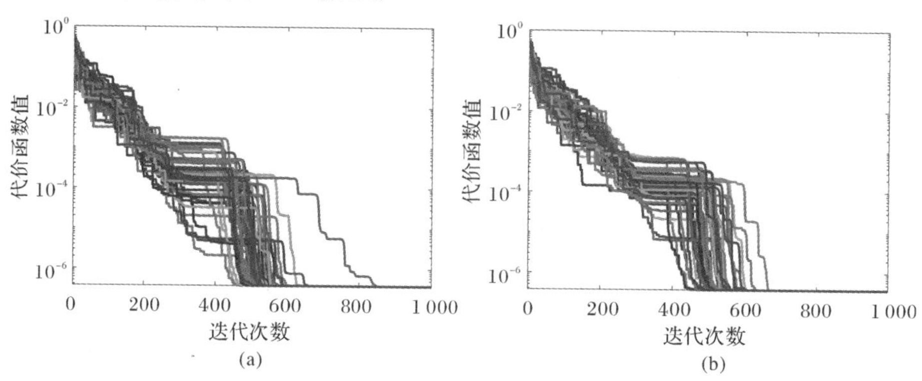

图 2.12　蒙特卡洛试验代价函数值进化过程

(a)误差状态 1；(b)误差状态 2

图 2.12 为代价函数值随着 IPSO 的迭代次数增大而减小的过程图，为了更清晰地展示其进化过程，图中 y 轴选用的是对数形式的坐标轴，更能反映数值微小的变化。从图中可以看出，在经过迭代后，代价函数值都能达到收敛状态，这就说明 IPSO 算法稳定性较好。

根据表 2.2 蒙特卡洛试验的统计结果，本书提出的方法估计精度和收敛性方面具有优异的性能。试验中，选取误差状态 1 的标定进行误差分析，当估计误差时，对 DVL 速度进行修正，修正后的 DVL 速度用于组合导航。

图 2.13 是不同标定方法估计误差并修正后的速度对比。可以看出，当 AUV 速度发生变化时，SVD 方法标定后的速度与参考值的误差较大，而 IPSO 法标定的速度在非匀速运动下仍具有较好的精度。图 2.14(附彩图)是轨迹比较。可以看出，SVD 方法标定后的组合导航轨迹发散严重，说明 SVD 方法只适用于 b 系速度恒定下运动的标定，即使用文献[44]的方法标定时，AUV 的 b 系下的速度要求保持不变。IPSO 方法标定后的组合导航轨迹非常接近真实参考值。SINS/DVL 利用惯导输出的速度与 DVL 标定后的修正速度进行组合导航的位置误差如图 2.15 所示。经过 3 600 s 组合导航后，IPSO 方法修正的位置误差小于 50 m，表现出良好的性能。由于 SVD 方法的位置误差非常大，该方法在 b 系速度发生变化时不适用。

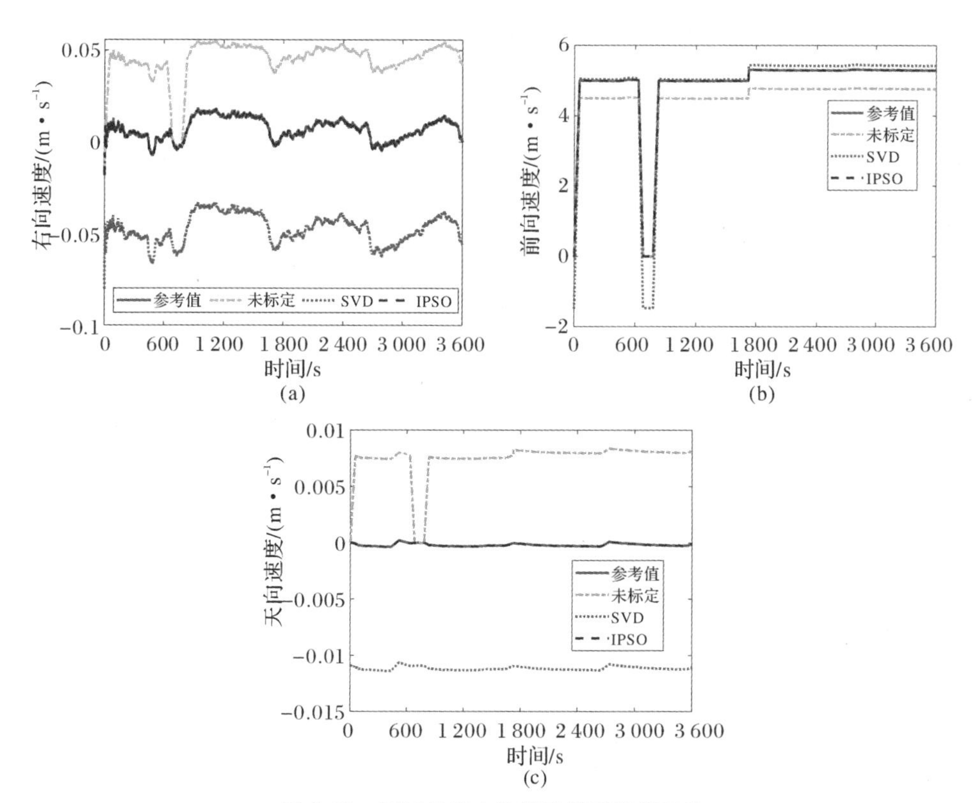

图 2.13　不同标定方法速度修正性能对比

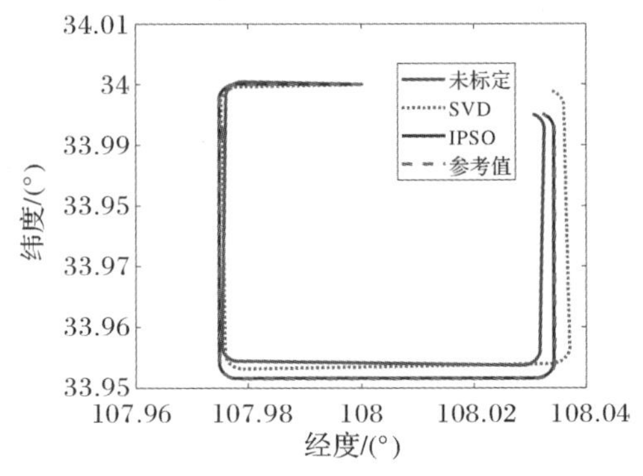

图 2.14 仿真试验轨迹图

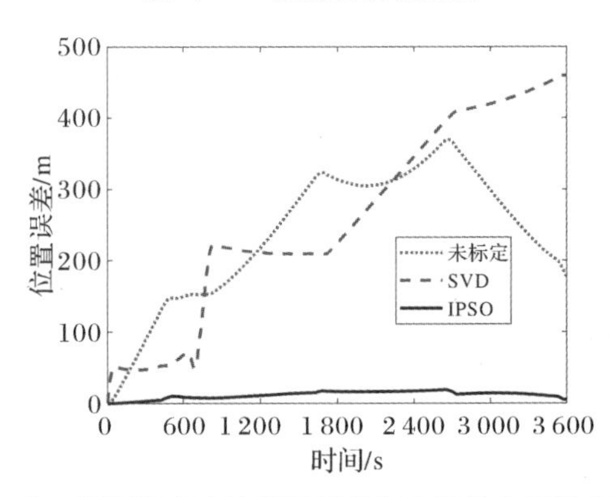

图 2.15 不同标定方法修正后的组合导航位置误差对比

2.4.3.3 船载半物理仿真试验

在本节中，我们通过船载试验系统采集试验数据，并利用收集到的试验数据来模拟和验证所提出的方法。船载试验系统包括惯性导航系统和 DVL 传感器和一套单天线 GNSS 接收设备。惯性导航系统中惯性测量单元陀螺仪和加速度计的规格参数如表 2.3 所示，DVL 的详细规格参数如表 2.4 所示[78]。

表 2.3 SINS 的规格参数

	陀螺仪	加速度计
量测范围	±200°/s	±15g
更新频率	200 Hz	200 Hz
误差等级	优于 0.02°/h(1σ)	50μg(1σ)
标度因子稳定性	$\leqslant 5\times10^{-6}$	$\leqslant 5\times10^{-6}$

表 2.4　DVL 的规格参数

量测精度	0.5%V±0.005 m/s
量测范围	−5.14～10.28 m/s
更新频率	1 Hz
声波发射频率	300 kHz
最大量测深度	300 m

本试验在长江中进行,选取 3 600 s 数据段对提出的标定方法进行验证。初始位置为[30.851 1°N　110.975 0°E],试验轨迹如图 2.16(附彩图)所示。

图 2.16　船载试验轨迹

1. 变速运动下的验证试验

仿真验证试验共计 3 600 s,利用前 600 s 数据,分别采用 SVD 方法和 IPSO 方法估计比例因子和安装失准角。标定得到的误差矩阵用于补偿 DVL 输出,再次进行组合导航进行性能对比验证。补偿后的 DVL 输出速度如图 2.17 所示,组合导航的结果如图 2.18 所示。不同校准技术得到的误差绝对值平均值——平均绝对误差(MAE)如表 2.5 所示。

在图 2.17 中,虚线是没有任何校准或补偿的 DVL 输出的原始速度;点画线是使用 GNSS 速度与 SINS 输出速度组合导航获得的 b 系下的参考速度,实线和点线分别是使用 IPSO 方法和 SVD 方法获得的校正后的 DVL 速度。可以看出,IPSO 方法得到的速度在变化趋势上比 SVD 方法得到的速度更接近参考速度。SVD 方法修正的速度会大大损失 AUV 的动态特性,可以应用于匀速运动的 AUV。然而,在恶劣的环境中, AUV 可能无法保持匀速行驶。因此,IPSO 方法更适用于组合导航系统的标定。从表 2.5 中可以看出,未标定速度的 MAE 较高。SVD 法和 IPSO 法标定的速度 MAE 显著下降。与 SVD 方法相比,IPSO 方法标定的右向速度和前向速度 MAE 较小,而天向速度 MAE 稍大。众所周知,组合导航位置解算主要取决于前向速度,所以前向速度越准确,位置误差越小。因此,所提出的 IPSO 方法比传统的 SVD 方法更有效、更准确。

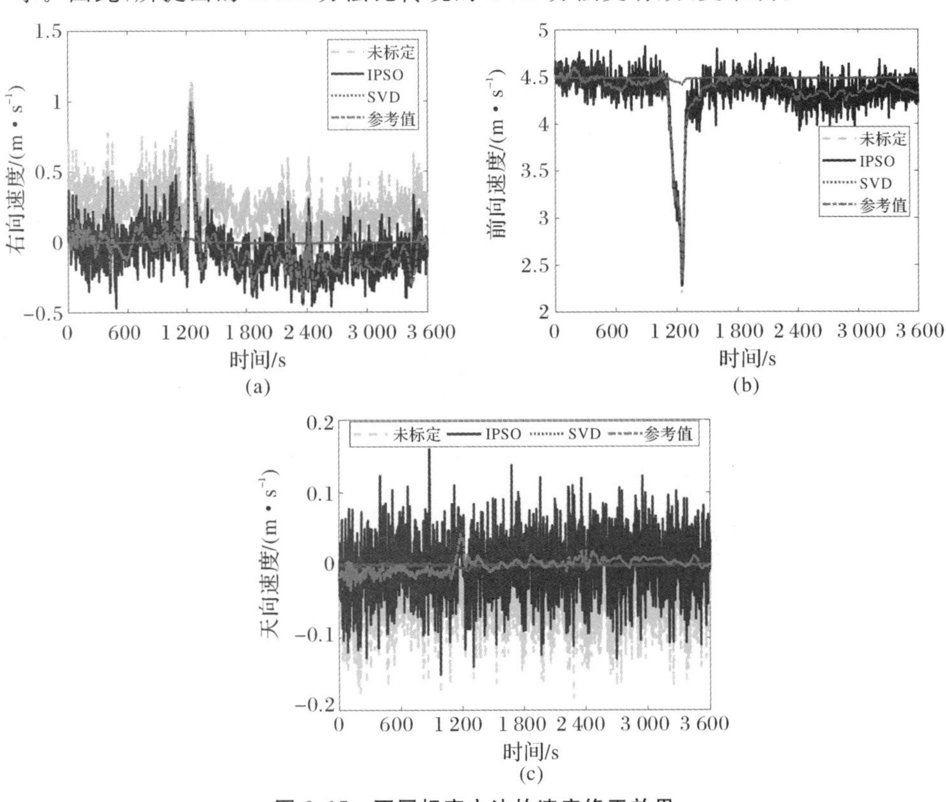

图 2.17 不同标定方法的速度修正效果

注:—·—·—为点画线。

表 2.5 不同标定方法的 MAE

标定方法	右向速度/(m·s^{-1})	前向速度/(m·s^{-1})	天向速度/(m·s^{-1})
未标定	0.330 4	0.074 8	0.053 1
IPSO	0.079 9	0.072 6	0.029 0
SVD	0.120 2	0.146 8	0.006 8

图2.18是使用标定后的速度进行组合导航的轨迹。可以看出,使用IPSO方法标定后,轨迹与参考轨迹非常接近。从未标定速度输出的组合导航得到的轨迹曲线可见,位置发散严重。SVD方法标定后的组合导航轨迹效果不是很好。图2.19是每种校准方法得到的位置误差。未标定速度与SVD方法标定的速度组合导航得到的位置误差较大。3 600 s组合导航采用IPSO法标定速度误差小于50 m。

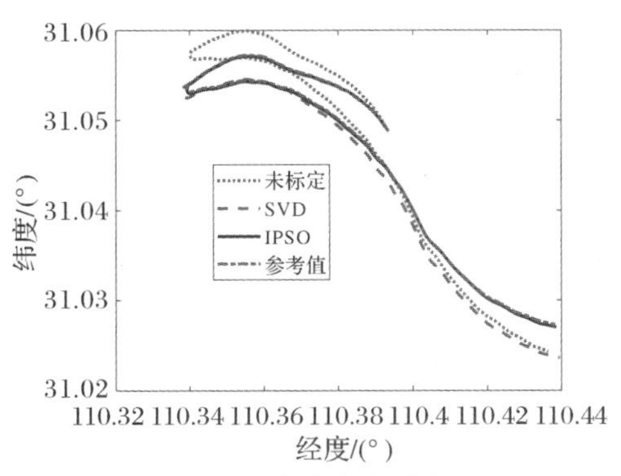

图2.18　试验轨迹对比图

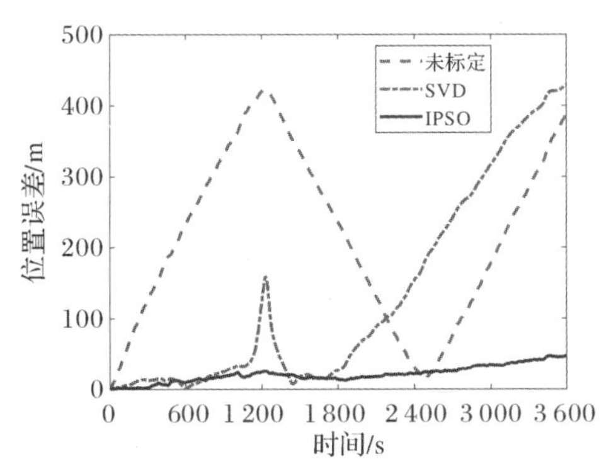

图2.19　不同标定方法修正后的组合导航位置误差

为了验证所提出方法的稳定性和可重复性,进行了50次独立的蒙特卡洛试验进行验证。将位置的均方根误差(RMSE)作为性能测量值,定义为

$$\mathrm{RMSE}=\sqrt{\frac{1}{N}\sum_{k=1}^{N}\left(x_k-\hat{x}_k\right)^2}\tag{2.4.13}$$

从图2.20可以看出,50次蒙特卡洛试验的位置RMSE范围稳定在15.35～15.41 m,其变化范围较小,这表明基于IPSO方法具有良好的稳定性和可重复性,避免了传统PSO有可能出现局部最优解的缺点。

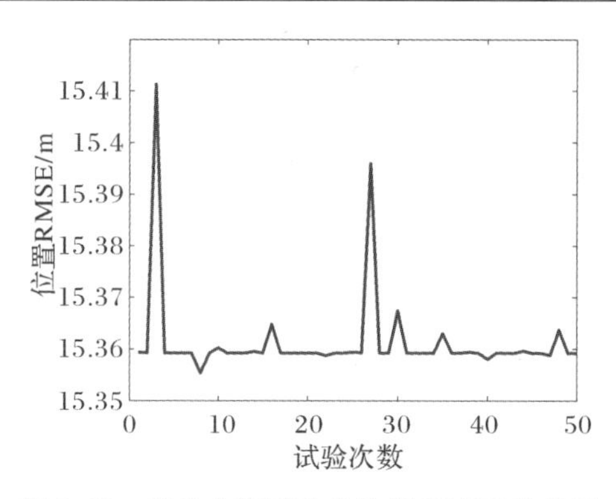

图 2.20 蒙特卡洛试验的位置 RMSE 变化图

2.收敛性与准确度验证

标定算法收敛越快,所需要可用的 GNSS 时间就越短,在实际应用中局限性也越小。本小节通过对比试验,验证了本书提出的方法的收敛速度比传统的标定方法更快。因为航向安装失准角对最终的导航精度影响最大,所以通过对比各方法的航向失准角估计过程的收敛情况可以判断哪种方法收敛性最好。选取文献[49]、文献[126]中的标定方法进行对比。文献[49]通过卡尔曼滤波方法进行标定,简记为 KF;文献[126]基于四元数法进行标定,简记为 QUA。需要注意的是,上述两种对比方法都是实时标定方法,即每更新 1 s 观测值标定就更新一次,而本书提出的基于 IPSO 的标定方法是取一段时间区间进行标定,所以,令代价函数式(2.4.9)中的时间区间长度 T 依次等于 1 s 到 600 s 并进行多次标定,以在同一维度与上述方法进行对比。在实际中,本书提出的 IPSO 方法标定方法仅需要一段速度向量即可。600 s 的航向安装失准角标定结果如图 2.21 所示。

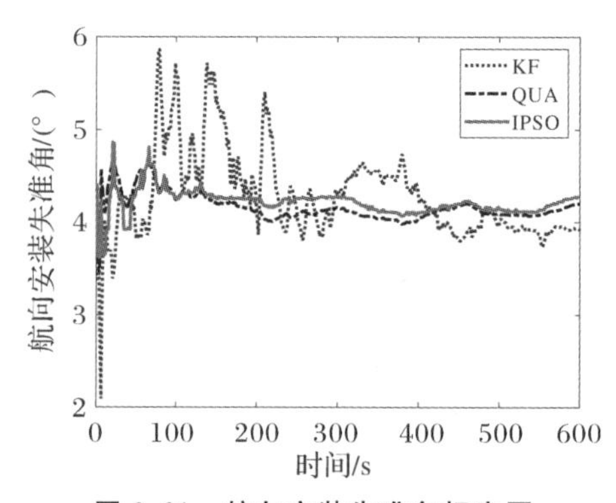

图 2.21 航向安装失准角标定图

从图 2.21 可以看出,KF 标定方法收敛性较差,直到 600 s 也没有保持平稳的收敛。QUA 方法和 IPSO 方法的收敛性相对来说较好,两种方法在 100 s 左右就能完成基本的收敛。由于在实测试验中无法得知真实的失准角,因此我们不知道 QUA 和 IPSO 这两种方法的标定结果哪个更加接近真实值,更准确。

利用标定结果修正 DVL 量测输出值,再与 SINS 进行组合导航就可以从侧面反映标定准确度。用进行了 600 s 标定得到的安装失准角与比例因子对 DVL 输出速度进行修正,然后再与 SINS 进行 3 600 s 组合导航。KF、QUA 和 IPSO 三种标定方法修正速度后的组合导航结果如图 2.21 所示。

图 2.22 中,三种标定方法 3 600 s 位置误差的平均值分别为 24.108 2 m、16.336 8 m 和 14.820 2 m。IPSO 标定方法进行速度修正后组合导航位置误差最小,说明其标定准确度最高。

通过上述对比试验,验证了本书提出的基于 IPSO 的标定方法的收敛性以及准确性。试验结果表明,本书提出的方法相对于现有的标定方法,收敛更加迅速,标定更加准确。

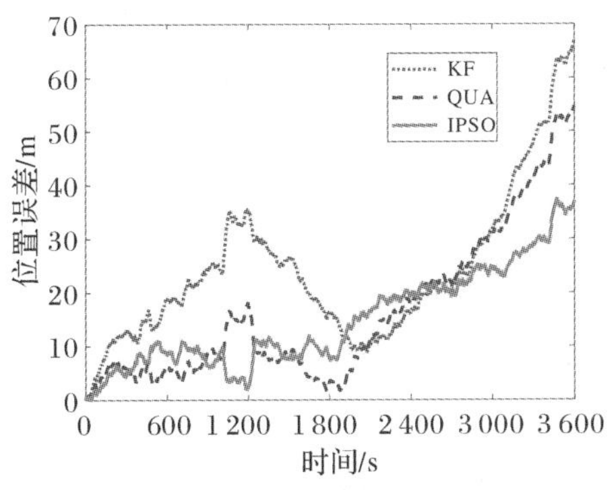

图 2.22　组合导航位置误差图

2.5　小　　结

载体系测速设备的标定是整个导航过程的基础,准确的测速数据基础是后续导航精度的保证。只有 DVL 经过准确的标定,后续过程中的动态对准和误差抑制手段的效果才能得到保证。若测速设备没有得到准确的标定,效果再好的动基座对准手段和组合导航信息融合手段都无法较好地抑制误差。标定工作主要研究 DVL 的安装失准角以及比例因子,DVL 的安装失准角和比例因子对

SINS/DVL 组合导航的精度影响很大。为了准确标定 SINS/DVL 传感器,提出了一种改进粒子群优化算法来估计安装失准角和比例因子。仿真和试验结果证明了该方法的有效性,与传统方法相比,其具有以下优点:

(1)所提出的方法不需要特定的运行轨迹,不需要保持标定过程中速度恒定,在变速运动与复杂机动情况下同样可以进行标定。

(2)仿真试验证明,该方法能够准确估计安装失准角和比例因子,具有较好的组合导航效果。对比试验表明,该方法相比于现有的标定方法收敛更快,标定准确度更高。

通过本章对载体系测速设备标定工作的研究,可以将观测速度的误差进一步降低,这对后续的动态对准、组合导航研究有着重要的作用,保证了惯性导航系统误差抑制观测数据端的可靠性。

第3章　基于逆向导航算法的改进优化对准方法

初始对准技术是SINS水下导航的关键技术之一，SINS在进行导航解算之前须进行初始对准，获取准确的初始姿态和航向信息。粗对准是初始对准的重要过程。在水下环境中，电磁波衰减很快，导致卫星、无线电等信号难以介入，难以通过获取地理坐标系下的运动观测量对AUV初始姿态进行确定，一般通过DVL等水下自主式设备为AUV提供载体系下的速度辅助信息[40,61,78]。这种速度信息一方面可通过姿态矩阵投影到导航系下用以推算位置信息；另一方面由于受到水底地形、地貌以及水流速等因素的影响，容易受到野值等非高斯噪声的污染。因此，实现AUV动态自主式粗对准是一个难题和挑战。

快速性和精度是初始对准两个十分重要又相互矛盾的指标。传统优化对准方法[85-86](Optimization-based Alignment Method，OAM)在短时间内难以获取足够多的观测信息，导致对准性能降低。针对此问题，本章提出了基于逆向导航算法的改进动基座粗对准(Improving in-Motion Coarse Alignment，IMCA)方法。通过逆向导航方法对存储的陀螺仪和加速度计数据进行虚拟延长并加以反复利用，扩展积分区间长度，以构建新的观测向量，实现对准精度的提升。由于现代计算机强大的计算能力，IMCA方法并不会降低初始对准的速度。同时，针对DVL测速信息易受到野值污染的问题，结合AUV的运动特性和DVL的输出特征，提出了一种基于逆向导航算法的抗野值鲁棒优化对准方法(Anti-outlier Robust OAM based on Backtracking navigation algorithm，BAROAM)，BAROAM能够使AUV在DVL测速受野值污染的条件下完成初始姿态确定和位置推算。相比于OAM，BAROAM具有以下优势：①通过对存储数据进行逆向处理、反复使用，可充分挖掘数据信息，有效提高数据利用率，进而在不增加原始数据长度(对准时间)的条件下提高对准精度；②有效克服DVL测速信息受野值污染的影响。

3.1 载体系优化对准的基本概念及原理

3.1.1 优化对准凝固坐标系定义

坐标系是研究导航问题的基础，常用的坐标系，如地球坐标系、导航坐标系、载体坐标系已经在第 2.1 节进行定义。图 3.1 为重画的本书常用坐标系示意图。

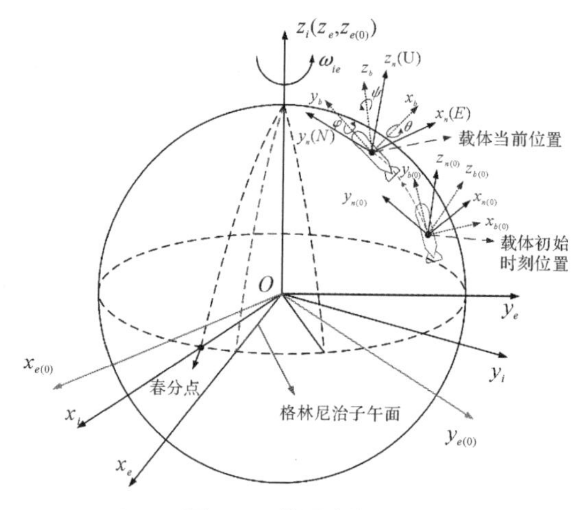

图 3.1 常用坐标系

本章研究的问题为优化对准方法，为了推导载体系下的优化对准方法，现将推导过程中用到的特殊坐标系定义如下。

(1)凝固地球坐标系 $e(0)$。初始时刻的地球坐标系，相对于 i 系固定不动。

(2)凝固导航坐标系 $n(0)$。初始时刻的地理坐标系，相对于 i 系固定不动。

(3)凝固载体坐标系 $b(0)$。初始时刻的载体坐标系，相对于 i 系固定不动。

3.1.2 载体系速度辅助的优化对准方法

SINS 优化对准的基本思路为：构建与 SINS 的初始时刻姿态矩阵相关的连续观测向量，将对初始姿态矩阵的求解问题转化为典型的 Wahba 问题，进而通过求解 Wahba 问题的最优解得到初始姿态矩阵对应的四元数，最后根据四元数与方向余弦矩阵之间的转换关系求得初始姿态阵。SINS 优化对准的基本流程如图 3.2 所示。

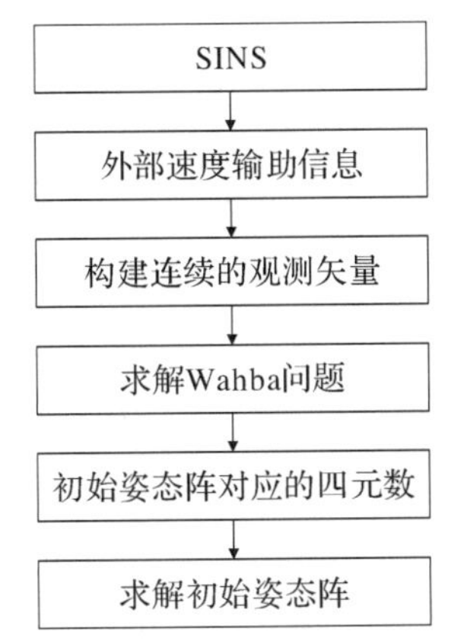

图 3.2　SINS **优化对准的基本流程**

SINS 的姿态更新方程、速度更新方程和位置更新方程分别如下：

$$\dot{\boldsymbol{C}}_b^n=\boldsymbol{C}_b^n[\boldsymbol{\omega}_{nb}^b\times] \tag{3.1.1}$$

$$\dot{\boldsymbol{v}}^n=\boldsymbol{C}_b^n\boldsymbol{f}^b-(2\boldsymbol{\omega}_{ie}^n+\boldsymbol{\omega}_{en}^n)\times\boldsymbol{v}^n+\boldsymbol{g}^n \tag{3.1.2}$$

$$\dot{L}=\frac{\boldsymbol{v}_N^n}{R_M+h},\ \dot{\lambda}=\frac{\boldsymbol{v}_E^n\sec L}{R_N+h} \tag{3.1.3}$$

式中：$\boldsymbol{C}_b^n$ 表示由 b 系至 n 系的方向余弦阵，即姿态阵；$\boldsymbol{v}^n=[v_E^n\quad v_N^n\quad v_U^n]^{\mathrm{T}}$ 表示地速，即运载体的速度；$\boldsymbol{\omega}_{nb}^b=\boldsymbol{\omega}_{ib}^b-\boldsymbol{C}_n^b\boldsymbol{\omega}_{in}^n$ 表示 b 系相对于 n 系的角速度在 b 系上的投影，$\boldsymbol{\omega}_{ie}^n$ 表示地球自转角速度在 n 系上的投影；$\boldsymbol{\omega}_{en}^n$ 表示 n 系相对于 e 系的角速度在 n 系上的投影；$\boldsymbol{g}^n$ 表示重力加速度；$\boldsymbol{\omega}_{ib}^b$ 表示陀螺仪测得的载体角速度；$\boldsymbol{f}^b$ 表示加速度计测得的比力；L、λ、h 分别表示纬度、经度和高度；R_M、R_N 分别表示地球子午圈半径、卯酉圈半径。在水下导航问题中，由于地球半径 R_e 远大于高(深)度 h，因此可以将 R_M+h、R_N+h 近似为地球半径 R_e。

假设向量 $\boldsymbol{A}=[a_1\quad a_2\quad a_3]^{\mathrm{T}}$，则$[\boldsymbol{A}\times]$的计算公式如下：

$$[\boldsymbol{A}\times]=\begin{bmatrix}0 & -a_3 & a_2\\ a_3 & 0 & -a_1\\ -a_2 & a_1 & 0\end{bmatrix} \tag{3.1.4}$$

在水下卫星信号无法传播的环境中，外部辅助速度信息是由 DVL 提供的 b 系下的速度 $\boldsymbol{v}^b$。t 时刻 n 系下的速度 $\boldsymbol{v}^n$ 与 b 系下的速度 $\boldsymbol{v}^b$ 之间的关系式为

$$\boldsymbol{v}^n(t)=\boldsymbol{C}_b^n(t)\boldsymbol{v}^b(t) \tag{3.1.5}$$

式(3.1.1)所示的姿态矩阵 $\boldsymbol{C}_b^n$ 在 t 时刻可分解为如下多个方向余弦阵连乘的形式：

$$\boldsymbol{C}_b^n(t)=\boldsymbol{C}_{e(0)}^{n(t)}\boldsymbol{C}_{b(t)}^{e(0)}=\boldsymbol{C}_{n(0)}^{n(t)}\boldsymbol{C}_{e(0)}^{n(0)}\boldsymbol{C}_{b(0)}^{e(0)}\boldsymbol{C}_{b(t)}^{b(0)} \tag{3.1.6}$$

式(3.1.6)中,$\boldsymbol{C}_{b(t)}^{b(0)}$、$\boldsymbol{C}_{n(0)}^{n(t)}$ 和 $\boldsymbol{C}_{e(0)}^{n(0)}$ 的求解表达式分别为

$$\dot{\boldsymbol{C}}_{b(t)}^{b(0)}=\boldsymbol{C}_{b(t)}^{b(0)}[\boldsymbol{\omega}_{ib}^{b}\times] \tag{3.1.7}$$

$$\dot{\boldsymbol{C}}_{n(t)}^{n(0)}=\boldsymbol{C}_{n(t)}^{n(0)}[\boldsymbol{\omega}_{in}^{n}\times],\quad \boldsymbol{C}_{n(0)}^{n(t)}=[\boldsymbol{C}_{n(t)}^{n(0)}]^{\mathrm{T}} \tag{3.1.8}$$

$$\boldsymbol{C}_{n(0)}^{e(0)}=\begin{bmatrix}-\sin\lambda_0 & -\sin L_0\cos\lambda_0 & \cos L_0\cos\lambda_0\\ \cos\lambda_0 & -\sin L_0\sin\lambda_0 & \cos L_0\sin\lambda_0\\ 0 & \cos L_0 & \sin L_0\end{bmatrix} \tag{3.1.9}$$

式中,L_0、λ_0 分别为初始时刻的纬度和经度。对式(3.1.2)两端同时左乘 $\boldsymbol{C}_n^b(t)$ 并整理可得:

$$\dot{\boldsymbol{v}}^b=\boldsymbol{f}^b-(\boldsymbol{\omega}_{ib}^b+\boldsymbol{\omega}_{en}^b)\times\boldsymbol{v}^b+\boldsymbol{g}^b \tag{3.1.10}$$

式(3.1.10)两端同时左乘 $\boldsymbol{C}_{b(t)}^{b(0)}$ 并在区间[0,t]进行积分可得

$$\int_0^t\boldsymbol{C}_{b(t)}^{b(0)}\dot{\boldsymbol{v}}^b\mathrm{d}t=\int_0^t\boldsymbol{C}_{b(t)}^{b(0)}\boldsymbol{f}^b\mathrm{d}t-\int_0^t\boldsymbol{C}_{b(t)}^{b(0)}(\boldsymbol{\omega}_{ib}^b+\boldsymbol{\omega}_{en}^b)\times\boldsymbol{v}^b\mathrm{d}t+\int_0^t\boldsymbol{C}_{b(t)}^{b(0)}\boldsymbol{g}^b\mathrm{d}t \tag{3.1.11}$$

对式(3.1.11)进行整理得

$$\boldsymbol{C}_{b(t)}^{b(0)}\boldsymbol{v}^b\Big|_0^t+\int_0^t\boldsymbol{C}_{b(t)}^{b(0)}\boldsymbol{\omega}_{en}^b\times\boldsymbol{v}^b\mathrm{d}t-\int_0^t\boldsymbol{C}_{b(t)}^{b(0)}\boldsymbol{f}^b\mathrm{d}t=\boldsymbol{C}_{e(0)}^{b(0)}\int_0^t\boldsymbol{C}_{n(0)}^{e(0)}\boldsymbol{C}_{n(t)}^{n(0)}\boldsymbol{g}^n\mathrm{d}t \tag{3.1.12}$$

由于在水下粗对准过程中,n 系相对于 e 系的转动角速度很小,可以令 $\boldsymbol{\omega}_{en}^b\approx0$。式(3.1.12)可以转化为

$$\boldsymbol{C}_{b(t)}^{b(0)}\boldsymbol{v}^b\Big|_0^t-\int_0^t\boldsymbol{C}_{b(t)}^{b(0)}\boldsymbol{f}^b\mathrm{d}t=\boldsymbol{C}_{e(0)}^{b(0)}\int_0^t\boldsymbol{C}_{n(0)}^{e(0)}\boldsymbol{C}_{n(t)}^{n(0)}\boldsymbol{g}^n\mathrm{d}t \tag{3.1.13}$$

定义 t 时刻观测向量 $\boldsymbol{\alpha}_{v,t}$ 和 $\boldsymbol{\beta}_{v,t}$ 分别如下:

$$\boldsymbol{\alpha}_{v,t}=\int_0^t\boldsymbol{C}_{n(0)}^{e(0)}\boldsymbol{C}_{n(t)}^{n(0)}\boldsymbol{g}^n\mathrm{d}t \tag{3.1.14}$$

$$\boldsymbol{\beta}_{v,t}=\boldsymbol{C}_{b(t)}^{b(0)}\boldsymbol{v}^b\Big|_0^t-\int_0^t\boldsymbol{C}_{b(t)}^{b(0)}\boldsymbol{f}^b\mathrm{d}t \tag{3.1.15}$$

结合式(3.1.13)~式(3.1.15),可将式(3.1.13)转化为如下的形式:

$$\boldsymbol{C}_{e(0)}^{b(0)}\boldsymbol{\alpha}_{v,t}=\boldsymbol{\beta}_{v,t}\quad t=1,2,\cdots \tag{3.1.16}$$

因此,初始对准问题就转化成了利用双向量 $\boldsymbol{\alpha}_{v,t}$、$\boldsymbol{\beta}_{v,t}$ 确定初始姿态阵 $\boldsymbol{C}_b^n(0)$ 的问题。对式(3.1.16)的求解问题为典型的 Wahba 问题[85],利用 q-method 方法对式(3.1.16)进行求解即可得矩阵 $\boldsymbol{C}_{e(0)}^{b(0)}$ 对应的四元数为 $\boldsymbol{q}$,进而得到初始姿

态阵 $\boldsymbol{C}_{b(0)}^{n(0)}$。具体过程如下，定义 $\boldsymbol{q}=[s\quad \boldsymbol{\eta}^{\mathrm{T}}]^{\mathrm{T}}$，则 $\boldsymbol{C}_{e(0)}^{b(0)}$ 与 $\boldsymbol{q}$ 的关系如下：

$$\boldsymbol{C}_{e(0)}^{b(0)}=(s^2-\boldsymbol{\eta}^{\mathrm{T}}\boldsymbol{\eta})\boldsymbol{I}_3+2\boldsymbol{\eta}\boldsymbol{\eta}^{\mathrm{T}}-2s(\boldsymbol{\eta}\times) \tag{3.1.17}$$

式中：s 为标量，$\boldsymbol{\eta}$ 为向量。定义四元数矩阵 $[\overset{+}{\boldsymbol{q}}]$、$[\overset{-}{\boldsymbol{q}}]$ 如下：

$$[\overset{+}{\boldsymbol{q}}]=\begin{bmatrix} s & -\boldsymbol{\eta}^{\mathrm{T}} \\ \boldsymbol{\eta} & s\boldsymbol{I}+(\boldsymbol{\eta}\times) \end{bmatrix},\ [\overset{-}{\boldsymbol{q}}]=\begin{bmatrix} s & -\boldsymbol{\eta}^{\mathrm{T}} \\ \boldsymbol{\eta} & s\boldsymbol{I}-(\boldsymbol{\eta}\times) \end{bmatrix} \tag{3.1.18}$$

则式(3.1.16)对应的实对称观测矩阵 $\boldsymbol{K}$ 为[76-77]

$$\boldsymbol{K}_t=\sum_t([\overset{+}{\boldsymbol{\beta}}_{v,t}]-[\overset{-}{\boldsymbol{\alpha}}_{v,t}])^{\mathrm{T}}([\overset{+}{\boldsymbol{\beta}}_{v,t}]-[\overset{-}{\boldsymbol{\alpha}}_{v,t}]) \tag{3.1.19}$$

根据 q-method 方法，$\boldsymbol{C}_{e(0)}^{b(0)}$ 对应的四元数 $\boldsymbol{q}$ 为矩阵 $\boldsymbol{K}_t$ 的最小特征值对应的特征向量。在实际应用中，需对式(3.1.16)和式(3.1.19)进行离散化，结果分别如下：

$$\boldsymbol{C}_{e(0)}^{b(0)}\boldsymbol{\alpha}_{v,k}=\boldsymbol{\beta}_{v,k}\quad k=0,2,\cdots,N-1 \tag{3.1.20}$$

$$\boldsymbol{K}_{N-1}=\sum_{k=0}^{N-1}([\overset{+}{\boldsymbol{\beta}}_{v,k}]-[\overset{-}{\boldsymbol{\alpha}}_{v,k}])^{\mathrm{T}}([\overset{+}{\boldsymbol{\beta}}_{v,k}]-[\overset{-}{\boldsymbol{\alpha}}_{v,k}]) \tag{3.1.21}$$

假设 SINS 和 DVL 的采样周期为 T_s，$\boldsymbol{\alpha}_{v,t}$、$\boldsymbol{\beta}_{v,t}$ 在离散条件下的求解过程如下：

$$\begin{aligned}\boldsymbol{\alpha}_{v,t}&=\boldsymbol{C}_{n(0)}^{e(0)}\int_0^t\boldsymbol{C}_{n(t)}^{n(0)}\boldsymbol{g}^n\mathrm{d}t\approx\boldsymbol{C}_{n(0)}^{e(0)}\sum_{k=0}^{N-1}\boldsymbol{C}_{n(t_k)}^{n(0)}\int_{t_k}^{t_{k+1}}[\boldsymbol{I}+(t-t_k)[\boldsymbol{\omega}_{in}^n\times]]\boldsymbol{g}^n\mathrm{d}t\\&=\boldsymbol{C}_{n(0)}^{e(0)}\sum_{k=0}^{N-1}\boldsymbol{C}_{n(t_k)}^{n(0)}\left[T\boldsymbol{I}+\frac{T^2}{2}[\boldsymbol{\omega}_{in}^n\times]\right]\boldsymbol{g}^n\end{aligned} \tag{3.1.22}$$

$$\begin{aligned}\boldsymbol{\beta}_{v,t}&=\boldsymbol{C}_{b(t)}^{b(0)}\boldsymbol{v}^b\Big|_0^t-\int_0^t\boldsymbol{C}_{b(t)}^{b(0)}\boldsymbol{f}^b\mathrm{d}t\\&\approx\boldsymbol{C}_{b(N-1)}^{b(0)}\boldsymbol{v}^b(N-1)-\boldsymbol{v}^b(0)-\sum_{k=0}^{N-1}\boldsymbol{C}_{b(t_k)}^{b(0)}\int_{t_k}^{t_{k+1}}\boldsymbol{C}_{b(t)}^{b(t_k)}\boldsymbol{f}^b\mathrm{d}t\\&=\boldsymbol{C}_{b(N-1)}^{b(0)}\boldsymbol{v}^b(N-1)-\boldsymbol{v}^b(0)-\\&\quad\sum_{k=0}^{N-1}\boldsymbol{C}_{b(t_k)}^{b(0)}\int_{t_k}^{t_{k+1}}\left[\boldsymbol{I}+\left(\int_{t_k}^t\boldsymbol{\omega}_{ib}^b\mathrm{d}\tau\right)\times\right]\boldsymbol{f}^b\mathrm{d}t\end{aligned} \tag{3.1.23}$$

式中，$T=c\cdot T_s$，c 为子样数，c 一般取 1 和 2。现分别对基于单子样算法和基于双子样算法求解 $\boldsymbol{\alpha}_{v,t}$、$\boldsymbol{\beta}_{v,t}$ 进行阐述。$\boldsymbol{C}_{n(t_k)}^{n(0)}$、$\boldsymbol{C}_{b(t_k)}^{b(0)}$ 可以分解为矩阵连乘的形式，分别如下：

$$\boldsymbol{C}_{n(t_k)}^{n(0)}=\boldsymbol{C}_{n(t_1)}^{n(0)}\boldsymbol{C}_{n(t_2)}^{n(t_1)}\cdots\boldsymbol{C}_{n(t_k)}^{n(t_k-1)} \tag{3.1.24}$$

$$\boldsymbol{C}_{b(t_k)}^{b(0)}=\boldsymbol{C}_{b(t_1)}^{b(0)}\boldsymbol{C}_{b(t_2)}^{b(t_1)}\cdots\boldsymbol{C}_{b(t_k)}^{b(t_k-1)} \tag{3.1.25}$$

3.1.2.1 基于单子样($c=1$)算法的$C_{n(t_k)}^{n(t_{k-1})}$、$C_{b(t_k)}^{b(t_{k-1})}$和$\int_{t_k}^{t_{k+1}}\left[I+\left(\int_{t_k}^{t}\omega_{ib}^{b}\mathrm{d}\tau\right)\times\right]f^b\mathrm{d}t$求解方法

记速度增量为Δv,角增量为$\Delta\theta$。则$C_{n(t_k)}^{n(t_{k-1})}$、$C_{b(t_k)}^{b(t_{k-1})}$和$\int_{t_k}^{t_{k+1}}\left[I+\left(\int_{t_k}^{t}\omega_{ib}^{b}\mathrm{d}\tau\right)\times\right]f^b\mathrm{d}t$的表达式分别为

$$C_{n(t_k)}^{n(t_{k-1})}=I+\sin(\mathrm{phin})/\mathrm{phin}\cdot[\mathbf{pn}\times]+[1-\cos(\mathrm{phin})]/\mathrm{phin}^2\cdot([\mathbf{pn}\times])^2 \tag{3.1.26}$$

$$C_{b(t_k)}^{b(t_{k-1})}=I+\sin(\mathrm{phib})/\mathrm{phib}\cdot[\mathbf{pb}\times]+[1-\cos(\mathrm{phib})]/\mathrm{phib}^2\cdot([\mathbf{pb}\times])^2 \tag{3.1.27}$$

$$\int_{t_k}^{t_{k+1}}\left[I+\left(\int_{t_k}^{t}\omega_{ib}^{b}\mathrm{d}\tau\right)\times\right]f^b\mathrm{d}t=\Delta v+\frac{1}{2}(\Delta\theta\times\Delta v) \tag{3.1.28}$$

式中:$\mathbf{pn}=\omega_{in}^{n}T_s$,$\mathrm{phin}=\|\mathbf{pn}\|_2$;$\mathbf{pb}=\Delta\theta$,$\mathrm{phib}=\|\mathbf{pb}\|_2$。

3.1.2.2 基于双子样($c=2$)算法的$C_{n(t_k)}^{n(t_{k-1})}$、$C_{b(t_k)}^{b(t_{k-1})}$和$\int_{t_k}^{t_{k+1}}\left[I+\left(\int_{t_k}^{t}\omega_{ib}^{b}\mathrm{d}\tau\right)\times\right]f^b\mathrm{d}t$求解方法

记速度增量为Δv_1、Δv_2,角增量为$\Delta\theta_1$、$\Delta\theta_2$。则$C_{n(t_k)}^{n(t_{k-1})}$、$C_{b(t_k)}^{b(t_{k-1})}$和$\int_{t_k}^{t_{k+1}}\left[I+\left(\int_{t_k}^{t}\omega_{ib}^{b}\mathrm{d}\tau\right)\times\right]f^b\mathrm{d}t$的表达式分别如下:

$$C_{n(t_k)}^{n(t_{k-1})}=I+\sin(\mathrm{phin})/\mathrm{phin}\cdot[\mathbf{pn}\times]+[1-\cos(\mathrm{phin})]/\mathrm{phin}^2\cdot([\mathbf{pn}\times])^2 \tag{3.1.29}$$

$$C_{b(t_k)}^{b(t_{k-1})}=I+\sin(\mathrm{phib})/\mathrm{phib}\cdot[\mathbf{pb}\times]+[1-\cos(\mathrm{phib})]/\mathrm{phib}^2\cdot([\mathbf{pb}\times])^2 \tag{3.1.30}$$

$$\int_{t_k}^{t_{k+1}}\left[I+\left(\int_{t_k}^{t}\omega_{ib}^{b}\mathrm{d}\tau\right)\times\right]f^b\mathrm{d}t=\Delta v_1+\Delta v_2+\frac{1}{2}(\Delta\theta_1+\Delta\theta_2)\times(\Delta v_1+\Delta v_2)+\frac{2}{3}(\Delta\theta_1\times\Delta v_2+\Delta v_1\times\Delta\theta_2) \tag{3.1.31}$$

式中:$\mathbf{pn}=\omega_{in}^{n}cT_s$,$\mathrm{phin}=\|\mathbf{pn}\|_2$;$\mathbf{pb}=\Delta\theta_1+\Delta\theta_2+\frac{2}{3}(\Delta\theta_1\times\Delta\theta_2)$,$\mathrm{phib}=\|\mathbf{pb}\|_2$。速度增量$\Delta v_1$、$\Delta v_2$,角增量$\Delta\theta_1$、$\Delta\theta_2$满足如下关系式:

$$\Delta v_1=\int_0^{T/2}f^b\mathrm{d}\tau,\ \Delta v_1+\Delta v_2=\int_0^{T}f^b\mathrm{d}\tau \tag{3.1.32}$$

$$\Delta\theta_1=\int_0^{T/2}\omega_{ib}^{b}\mathrm{d}\tau,\ \Delta\theta_1+\Delta\theta_2=\int_0^{T}\omega_{ib}^{b}\mathrm{d}\tau \tag{3.1.33}$$

在实际应用中，当惯导系统采样周期足够小时($T_s \leqslant 0.01$ s)，采用单子样算法即可满足 SINS 对解算精度的要求。

3.1.3　测速数据稀疏条件下观测向量更新策略

在 AUV 动基座初始对准过程中，各种传感器的更新率是不同的。陀螺仪和加速度计(IMU)的采样率一般在几百到几千赫兹，但是 DVL 的数据更新率一般只有几赫兹。另外，受水下复杂环境的影响或隐蔽性的要求，DVL 数据的更新可能会被打断。因此，SINS 动基座对准要求观测向量 $\boldsymbol{\alpha}_{v,t}$、$\boldsymbol{\beta}_{v,t}$ 的更新策略能够适应这种情形。将 $\boldsymbol{\beta}_{v,t}$ 拆解为两部分，分别为

$$\boldsymbol{\beta}_{v,t,\mathrm{DVL}} = \boldsymbol{C}_{b(t)}^{b(0)} \boldsymbol{v}^b \Big|_0^t \tag{3.1.34}$$

$$\boldsymbol{\beta}_{v,t,\mathrm{IMU}} = -\int_0^t \boldsymbol{C}_{b(t)}^{b(0)} \boldsymbol{f}^b \mathrm{d}t \tag{3.1.35}$$

$$\boldsymbol{\beta}_{v,t} = \boldsymbol{\beta}_{v,t,\mathrm{DVL}} + \boldsymbol{\beta}_{v,t,\mathrm{IMU}} \tag{3.1.36}$$

注意到，形如式(3.1.14)、式(3.1.15)的 $\boldsymbol{\alpha}_{v,t}$、$\boldsymbol{\beta}_{v,t}$，$\boldsymbol{\beta}_{v,t}$ 的后半部分 $\boldsymbol{\beta}_{v,t,\mathrm{IMU}}$ 和 $\boldsymbol{\alpha}_{v,t}$ 仅与陀螺仪和加速度计相关，则 $\boldsymbol{\beta}_{v,t,\mathrm{IMU}}$ 和 $\boldsymbol{\alpha}_{v,t}$ 的更新率与陀螺仪、加速度计的更新率(即 IMU 的更新率)保持一致。$\boldsymbol{\beta}_{v,t}$ 的前半部分 $\boldsymbol{\beta}_{v,t,\mathrm{DVL}}$ 仅与 DVL 相关，则 $\boldsymbol{\beta}_{v,t,\mathrm{DVL}}$ 的更新率与 DVL 的数据刷新率保持一致。因此，$\boldsymbol{\beta}_{v,t}$ 的更新率取决于 DVL 的数据刷新率。也就是说，$\boldsymbol{\beta}_{v,t,\mathrm{IMU}}$ 保持与 IMU 相同的更新率，当 DVL 的数据刷新时，再更新整个公式 $\boldsymbol{\beta}_{v,t}$。

对于形如式(3.1.14)的 $\boldsymbol{\alpha}_{v,t}$，其更新率与 IMU 的更新率保持一致。对于形如式(3.1.36)的 $\boldsymbol{\beta}_{v,t}$，其整体的更新率与 DVL 数据刷新率保持一致，即当 DVL 数据没有刷新时，只对 $\boldsymbol{\beta}_{v,t,\mathrm{IMU}}$ 进行更新，$\boldsymbol{\beta}_{v,t,\mathrm{DVL}}$ 保持不变；当 DVL 数刷新时，对 $\boldsymbol{\beta}_{v,t,\mathrm{IMU}}$ 和 $\boldsymbol{\beta}_{v,t,\mathrm{DVL}}$ 进行同时更新，即进行整体更新。当 DVL 数据刷新时，对 $\boldsymbol{\alpha}_{v,t}$、$\boldsymbol{\beta}_{v,t}$ 进行记录。

$$\boldsymbol{\alpha}_{v,t} \rightarrow \boldsymbol{\alpha}_{v,t_M} \tag{3.1.37}$$

$$\boldsymbol{\beta}_{v,t} \rightarrow \boldsymbol{\beta}_{v,t_M} \tag{3.1.38}$$

式中：$M=0,1,2\cdots$ 表示在这些时刻点对 DVL 的数据进行刷新。利用 OAM 进行初始对准的流程如图 3.3 所示。

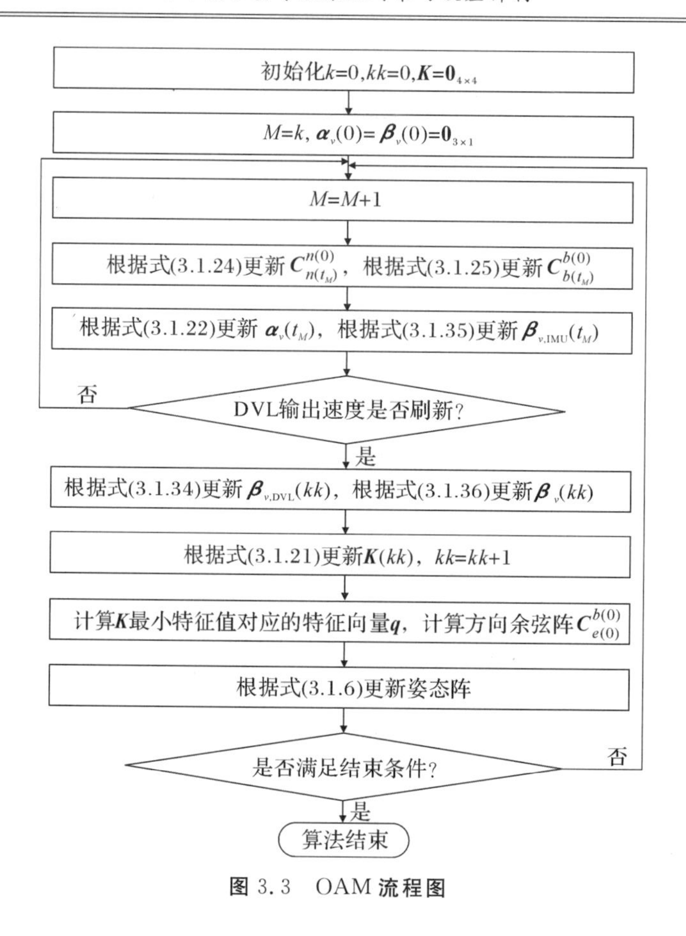

图 3.3 OAM 流程图

3.1.4 AST 初始定位误差对粗对准的影响分析

由式(3.1.6)和式(3.1.9)可以看出，基于 OAM 的水下动态粗对准要求是 AUV 初始位置信息已知。AUV 在深水中航行时无法获取来自卫星、无线电等提供的位置信息。此种情形下，使 AUV 进入 AST 作用范围，即可利用 AST 的水下定位功能为 AUV 提供一个初始位置信息。AUV 获取初始位置信息后，即可进一步利用 DVL 的测速信息完成自主式初始粗对准。由于在深水 AST 定位过程中存在声线弯曲、AST 绝对位置校准误差等影响定位精度的因素[31]，因此 AST 提供给 AUV 的初始位置不可避免地存在误差。本小节基于文献[31]、文献[38]和文献[41]对 AST 导航技术的研究成果，分析 AST 初始定位误差对水下动态粗对准的影响，并对分析结果进行半物理仿真验证。

3.1.4.1 理论分析

假设由 AST 提供给 AUV 的理想初始位置为 $\boldsymbol{P}_0=[L_0 \quad \lambda_0 \quad h_0]^{\mathrm{T}}$，位置误差为 $\delta\boldsymbol{P}=[L_e \quad \lambda_e \quad h_e]^{\mathrm{T}}$。则由 AST 提供给 AUV 的初始真实位置 $\boldsymbol{P}_{\mathrm{true}}$ 如下：

$$\boldsymbol{P}_{\mathrm{true},0}=\boldsymbol{P}_0+\delta\boldsymbol{P}=[L_0+L_e \quad \lambda_0+\lambda_e \quad h_0+h_e]^{\mathrm{T}} \tag{3.1.39}$$

式中：L_0、λ_0 和 h_0 分别为纬度、经度和高度的理想初值；L_e、λ_e 和 h_e 分别为纬度误差、经度误差和高度误差。由载体系测速辅助 OAM 的推导过程可知，初始位置误差将通过式(3.1.9)引入初始对准过程。将式(3.1.39)代入式(3.1.9)可得

$$\widetilde{\boldsymbol{C}}_{n(0)}^{e(0)}=\begin{bmatrix} -\sin(\lambda_0+\lambda_e) & -\sin(L_0+L_e)\cos(\lambda_0+\lambda_e) & \cos L_0\cos(\lambda_0+\lambda_e) \\ \cos(\lambda_0+\lambda_e) & -\sin(L_0+L_e)\sin(\lambda_0+\lambda_e) & \cos L_0\sin(\lambda_0+\lambda_e) \\ 0 & \cos(L_0+L_e) & \sin(L_0+L_e) \end{bmatrix} \tag{3.1.40}$$

对式(3.1.40)矩阵中的元素进行变换处理可得

$$\left.\begin{aligned} \sin(\lambda_0+\lambda_e)&=\sin\lambda_0\cos\lambda_e+\cos\lambda_0\sin\lambda_e \\ \cos(\lambda_0+\lambda_e)&=\cos\lambda_0\cos\lambda_e-\sin\lambda_0\sin\lambda_e \\ \sin(L_0+L_e)&=\sin L_0\cos L_e+\cos L_0\sin L_e \\ \cos(L_0+L_e)&=\cos L_0\cos L_e-\sin L_0\sin L_e \end{aligned}\right\} \tag{3.1.41}$$

由文献[31]、文献[38]和文献[41]可知，利用 AST 辅助 AUV 进行水下导航，其定位误差可控制在 200 m 以内，即最大定位误差为 200 m。假设 AST 提供给 AUV 的初始纬度方向和经度方向的位置误差分别为 D_L、D_λ，由此引起的纬度误差和经度误差为

$$L_e=\frac{D_L}{R_e}, \quad \lambda_e=\frac{D_\lambda}{R_e} \tag{3.1.42}$$

式中，D_L、D_λ 的单位为米(m)，L_e、λ_e 的单位为弧度(rad)。假设 D_L、D_λ 均为 AST 定位的最大误差 200 m，通过式(3.1.42)计算可知，初始位置最大定位误差 L_e、λ_e 均为 $3.135\,7\times10^{-5}$ rad。因此，$\sin L_e\approx0$，$\cos L_e\approx1$，$\sin\lambda_e\approx0$，$\cos\lambda_e\approx1$。将 $\sin L_e$、$\cos L_e$、$\sin\lambda_e$ 和 $\cos\lambda_e$ 代入式(3.1.40)、式(3.1.41)可得

$$\widetilde{\boldsymbol{C}}_{n(0)}^{e(0)}\approx\begin{bmatrix} -\sin\lambda_0 & -\sin L_0\cos\lambda_0 & \cos L_0\cos\lambda_0 \\ \cos\lambda_0 & -\sin L_0\sin\lambda_0 & \cos L_0\sin\lambda_0 \\ 0 & \cos L_0 & \sin L_0 \end{bmatrix}=\boldsymbol{C}_{n(0)}^{e(0)} \tag{3.1.43}$$

因此，当 AST 对 AUV 初始位置的定位误差在 0～200 m 的范围内时，初始位置定位误差对深水环境下 DVL 辅助 SINS 初始姿态粗对准结果基本没有影响。

由式(3.1.3)、式(3.1.5)和式(3.1.6)可知，在 DVL 输出的速度辅助 SINS 进行初始对准过程中，k 时刻的纬度 L_k、经度 λ_k 表达式为

$$\left.\begin{aligned} L_k &= L_{k-1} + [\boldsymbol{C}_b^n(k)\boldsymbol{v}^b(k)](2)\cdot T_s \\ \lambda_k &= \lambda_{k-1} + [\boldsymbol{C}_b^n(k)\boldsymbol{v}^b(k)](1)\cdot T_s \end{aligned}\right\} \tag{3.1.44}$$

式中：$[\cdot](1)$表示列向量$[\cdot]_{3\times1}$的第一行元素，$[\cdot](2)$表示列向量$[\cdot]_{3\times1}$的第二行元素；T_s 为 SINS 的采样周期(为了方便分析这里假设 SINS 采样周期与 DVL 采样周期相同)。当 AST 提供的初始纬度、经度存在误差时，即 $\widetilde{L}_0 = L_0 + L_e$，$\widetilde{\lambda}_0 = \lambda_0 + \lambda_e$，将$(\widetilde{L}_0, \widetilde{\lambda}_0)$代入式(3.1.44)并进行递推可得 k 时刻真实的纬度 $\widetilde{L}_k$ 和真实的经度 $\widetilde{\lambda}_k$：

$$\left.\begin{aligned} \widetilde{L}_k &= \widetilde{L}_{k-1} + [\boldsymbol{C}_b^n(k)\boldsymbol{v}^b(k)](2)\cdot T_s \\ \widetilde{\lambda}_k &= \widetilde{\lambda}_{k-1} + [\boldsymbol{C}_b^n(k)\boldsymbol{v}^b(k)](1)\cdot T_s \end{aligned}\right\} \tag{3.1.45}$$

式中，$\widetilde{L}_{k-1} = L_{k-1} + L_e$，$\widetilde{\lambda}_{k-1} = \lambda_{k-1} + \lambda_e$。因此，初始定位误差会给基于 DVL 辅助 SINS 粗对准过程中位置跟踪带来常值的位置误差，且误差大小为(L_e, λ_e)。

综上分析，可以得出结论：在初始位置定位误差范围为 0～200 m 的条件下，①AST 对 AUV 的初始位置定位误差对水下 SINS 粗对准的姿态对准结果基本没有影响；②会给水下 SINS 粗对准过程中位置跟踪带来大小为(L_e, λ_e)的常值误差。

3.1.4.2 半物理仿真验证

为了验证本小节理论分析的正确性，在车载实测数据的基础上，人为地引入初始位置定位误差。利用车载试验系统采集实验数据，车载试验系统由一台导航级激光捷联惯导、里程计(OD)和一套单天线 GPS 接收机组成，试验系统使用各个传感器的相关特性参数如下[10]。

(1)IMU(导航级激光陀螺捷联惯导)：陀螺漂移约为 0.007°/h(1σ)，加速度计零偏约为 $5\times10^{-5}g(1\sigma)$，采样率为 125 Hz。

(2)里程计(OD)：脉冲当量为 0.081 94 m/脉冲，采样率为 125 Hz。

(3)GPS：采样率为 1 Hz。

设置初始位置定位误差(D_L,D_λ)分别为(0 m,0 m)、(100 m,100 m)和(200 m,200 m),对应的初始粗对准试验分别记为"Test1""Test2"和"Test3"。选取600s 车载实测数据(初始位置为纬度 34.049 5°、经度 109.125 4°)进行初始粗对准试验,初始对准结果如图 3.4～图 3.6 所示。

由图 3.4～图 3.6 可以看出,不同的初始位置定位误差条件下的 SINS 初始姿态对准误差曲线基本重合。通过试验可知,在初始对准结束时刻,由 Test1 得到的姿态对准误差分别为−0.001 561°、0.002 210°和 0.197 8°;由 Test2 得到的姿态对准误差分别为−0.001 559°、0.002 224°和 0.197 8°;由 Test3 得到的姿态对准误差分别为−0.001 557°、0.002 237°和 0.197 8°。因此,初始位置定位误差在 200 m 范围内对粗对准的姿态对准基本没有影响。

分别利用 Test1、Test2 和 Test3 得到的姿态阵通过式(3.1.3)、式(3.1.5)和式(3.1.45)进行位置推算,推算结果如图 3.7 所示。图 3.7(a)中,虚线、点线和实线分别为 Test1、Test2 和 Test3 对应的纬度推算结果;图 3.7(b)中,虚线、点线和实线分别为 Test1、Test2 和 Test3 对应的经度推算结果。

以 Test1 对应的推算位置作为参考,Test2 和 Test3 对应的位置推算误差如图 3.8 所示。图 3.8(a)中,虚线和实线分别为 Test2 和 Test3 对应的纬度推算误差;图 3.8(b)中,虚线和实线分别为 Test2 和 Test3 对应的经度推算误差。

由图 3.8 可以明显看出,Test2 和 Test3 对应的纬度推算误差和经度推算误差在整个对准过程中都是收敛的。通过试验可知,Test2 对应的纬度推算误差为 100.009 5 m,经度推算误差为 99.945 8 m。Test3 对应的纬度推算误差为 200.210 4 m,经度推算误差为 199.955 3 m。试验结果进一步验证了初始位置定位误差会给 SINS 粗对准过程中位置跟踪带来相同大小的常值误差。

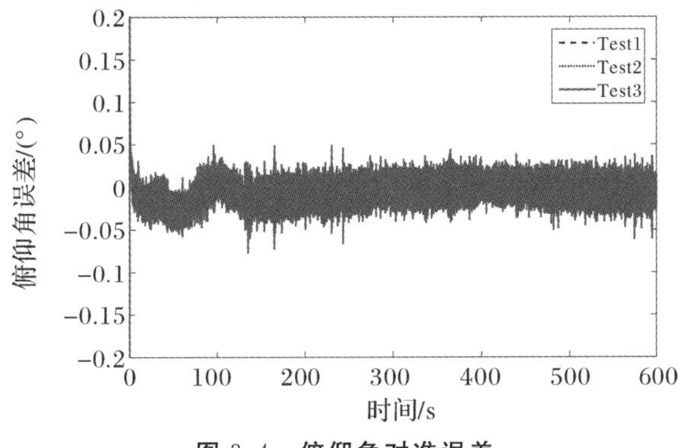

图 3.4　俯仰角对准误差

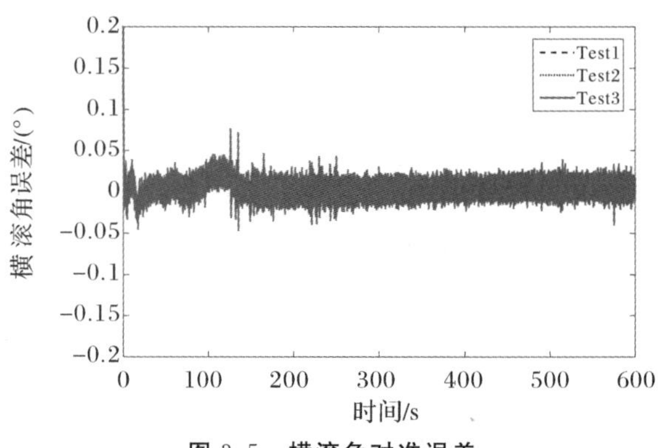

图 3.5 横滚角对准误差

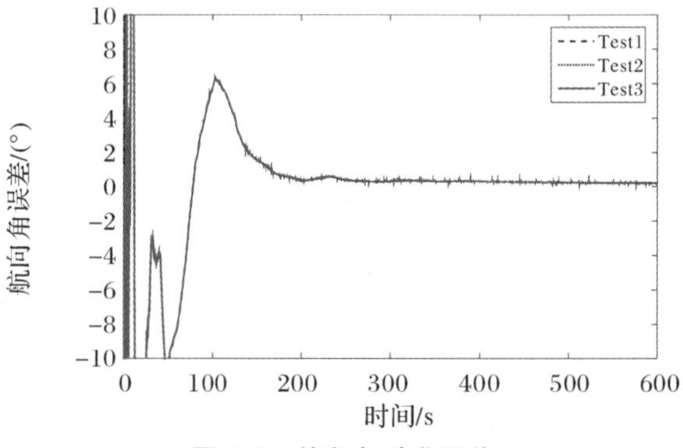

图 3.6 航向角对准误差

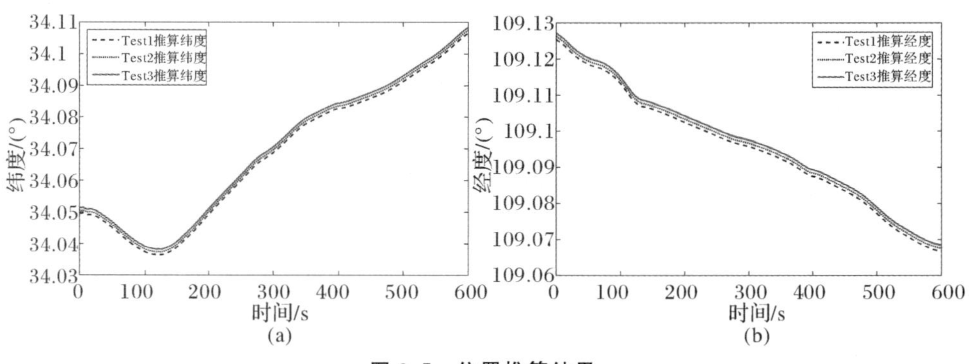

图 3.7 位置推算结果

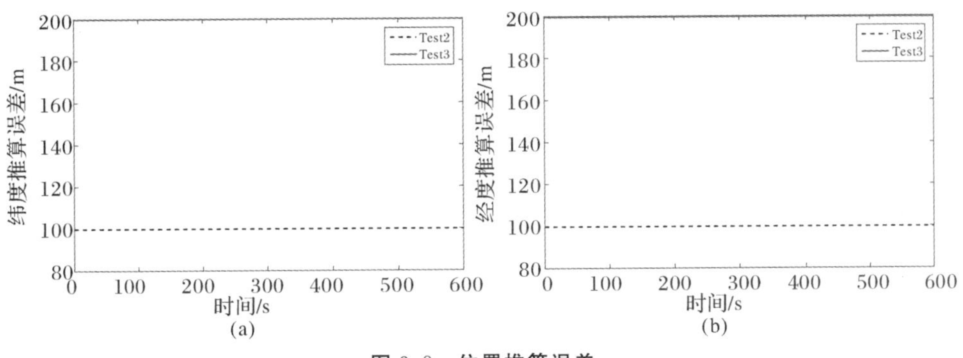

图 3.8　位置推算误差

3.2　逆向导航算法

随着科学技术的不断发展，计算机技术突飞猛进，使得逆向导航方法在 SINS 中的应用越来越广泛[63,78,87-88]。逆向导航是正向导航的反过程，它对事先存储的 SINS 原始数据进行逆向处理和逆向解算。逆向导航方法可有效提高数据利用率，充分挖掘数据信息。本节简要阐述传统逆向导航方法[89]的基本概念和原理，指出传统逆向导航方法应用于优化对准方法（OAM）中存在速度突变的弊端，并对传统逆向导航方法进行适当变换，从而克服逆向导航过程中速度突变的问题，使其适用于 OAM。

3.2.1　逆向导航基本原理

逆向导航方法的基本概念是，先将 INS 的原始数据存储下来，再对其进行逆向分析、处理和使用。逆向导航方法是由西北工业大学严恭敏等在文献[89]中提出，本章将其应用于水下动基座初始粗对准的观测向量优化中。本小节对逆向导航算法的基本原理进行简要阐述，具体如下。

逆向导航是基于计算机的数据处理过程，它利用导航解算过程中存储的角速度信息和比力信息进行反向解算，从而得到逆向的姿态、速度和位置信息[89]。式(3.1.1)～式(3.1.3)是 SINS 的基本微分方程，对式(3.1.1)～式(3.1.3)进行离散化可得：

$$\boldsymbol{C}_{b,k}^{n}=\boldsymbol{C}_{b,k-1}^{n}(\boldsymbol{I}_3+T_s[\boldsymbol{\omega}_{nb,k}^{b}\times]) \tag{3.2.1}$$

$$\boldsymbol{v}_k^n=\boldsymbol{v}_{k-1}^n+T_s[\boldsymbol{C}_{b,k-1}^n\boldsymbol{f}_k^b-(2\boldsymbol{\omega}_{ie,k-1}^n+\boldsymbol{\omega}_{en,k-1}^n)\times\boldsymbol{v}_{k-1}^n+\boldsymbol{g}^n] \tag{3.2.2}$$

$$L_k=L_{k-1}+\frac{T_s v_{N,k-1}^n}{R_M+h_{k-1}},\ \lambda_k=\lambda_{k-1}+\frac{T_s v_{E,k-1}^n\sec L_{k-1}}{R_N+h_{k-1}} \tag{3.2.3}$$

式(3.2.1)～式(3.2.3)中，

$$\boldsymbol{\omega}_{nb,k}^b=\boldsymbol{\omega}_{ib,k}^b-\boldsymbol{C}_{n,k-1}^b(\boldsymbol{\omega}_{ie,k-1}^n+\boldsymbol{\omega}_{en,k-1}^n),\boldsymbol{\omega}_{ie,k}^n=[0\quad \omega_{ie}\cos L_k\quad \omega_{ie}\sin L_k]^{\mathrm{T}} \tag{3.2.4}$$

$$\boldsymbol{\omega}_{en,k}^n=\begin{bmatrix}-\frac{v_{N,k}^n}{R_M+h_k} & \frac{v_{E,k}^n}{R_N+h_k} & \frac{v_{E,k}^n\tan L_k}{R_N+h_k}\end{bmatrix}^{\mathrm{T}}\quad (k=1,2,3,\cdots) \tag{3.2.5}$$

式(3.2.1)～式(3.2.3)称为正向导航过程。对式(3.2.1)～式(3.2.3)进行逆向处理可得

$$\boldsymbol{C}_{b,k-1}^n=\boldsymbol{C}_{b,k}^n(\boldsymbol{I}_3+T_s[\boldsymbol{\omega}_{nb,k}^b\times])^{-1}\approx\boldsymbol{C}_{b,k}^n(\boldsymbol{I}_3-T_s[\boldsymbol{\omega}_{nb,k}^b\times]) \tag{3.2.6}$$

$$\begin{aligned}\boldsymbol{v}_{k-1}^n&=\boldsymbol{v}_k^n-[\boldsymbol{C}_{b,k-1}^n\boldsymbol{f}_k^b-(2\boldsymbol{\omega}_{ie,k-1}^n+\boldsymbol{\omega}_{en,k-1}^n)\times\boldsymbol{v}_{k-1}^n+\boldsymbol{g}^n]\cdot T_s\\&\approx\boldsymbol{v}_k^n-[\boldsymbol{C}_{b,k}^n\boldsymbol{f}_{k-1}^b-(2\boldsymbol{\omega}_{ie,k}^n+\boldsymbol{\omega}_{en,k}^n)\times v_{k-1}^n+\boldsymbol{g}^n]\cdot T_s\end{aligned} \tag{3.2.7}$$

$$L_{k-1}=L_k-\frac{T_s v_{N,k-1}^n}{R_M+h_{k-1}}\approx L_k-\frac{T_s v_{N,k}^n}{R_M+h_k} \tag{3.2.8}$$

$$\lambda_{k-1}=\lambda_k-\frac{T_s v_{E,k-1}^n\sec L_{k-1}}{R_N+h_{k-1}}\approx\lambda_k-\frac{T_s v_{E,k}^n\sec L_k}{R_N+h_k} \tag{3.2.9}$$

式(3.2.6)～式(3.2.9)称为逆向导航过程。假设载体的起点位置为 P_1，终点位置为 P_2，载体通过正向导航过程从 P_1 沿路径 S_1 运动到 P_2。通过式(3.2.6)～式(3.2.9)的运算，载体便会从位置 P_2 沿路径 S_1 运动到 P_1，实现逆向导航。正、逆向导航示意图如图 3.9 所示。

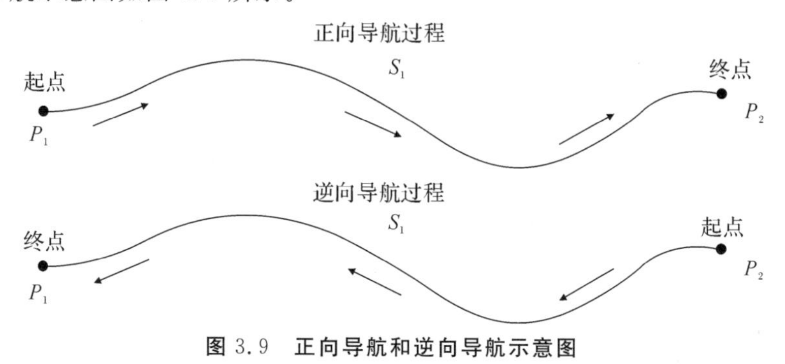

图 3.9 正向导航和逆向导航示意图

3.2.2 速度突变抑制策略

3.2.1 小节对逆向导航方法的基本概念和原理进行了阐述。由 3.2.1 小节

可知，在逆向导航过程中，速度会在正向导航切换为逆向导航的时刻点符号取反，相当于速度在此时刻点发生了突变。因为 OAM 是一种解析式的对准方法，不具备鲁棒性，因此速度突变会极大降低 OAM 的对准性能。所以，文献[89]中的逆向导航算法不能直接应用于基于 OAM 的水下动基座粗对准中。针对此问题，本小节对文献[89]中的逆向导航方法进行适当变换以保证由正向导航过程切换到逆向导航过程时，实现速度的平滑过渡。重写式(3.2.1)和式(3.2.2)如下：

$$\boldsymbol{C}_{b,k}^{n}=\boldsymbol{C}_{b,k-1}^{n}(\boldsymbol{I}_3+T_s\cdot[\boldsymbol{\omega}_{nb,k}^{b}\times]) \tag{3.2.10}$$

$$\boldsymbol{v}_{k}^{n}=\boldsymbol{v}_{k-1}^{n}+[\boldsymbol{C}_{b,k-1}^{n}\boldsymbol{f}_{k}^{b}-(2\boldsymbol{\omega}_{ie,k-1}^{n}+\boldsymbol{\omega}_{en,k-1}^{n})\times\boldsymbol{v}_{k-1}^{n}+\boldsymbol{g}^{n}]\cdot T_s \tag{3.2.11}$$

当 IMU 的采样周期很小($T_s\leqslant 0.01$ s)时，对式(3.2.10)和式(3.2.11)进行近似处理得

$$\boldsymbol{C}_{b,k-1}^{n}=\boldsymbol{C}_{b,k}^{n}(\boldsymbol{I}_3+T_s\cdot[\boldsymbol{\omega}_{nb,k}^{b}\times])^{-1}\approx\boldsymbol{C}_{b,k}^{n}(\boldsymbol{I}_3-T_s\cdot[\boldsymbol{\omega}_{nb,k}^{b}\times]) \tag{3.2.12}$$

$$\begin{aligned}\boldsymbol{v}_{k-1}^{n}&=\boldsymbol{v}_{k}^{n}-[\boldsymbol{C}_{b,k-1}^{n}\boldsymbol{f}_{k}^{b}-(2\boldsymbol{\omega}_{ie,k-1}^{n}+\boldsymbol{\omega}_{en,k-1}^{n})\times\boldsymbol{v}_{k-1}^{n}+\boldsymbol{g}^{n}]\cdot T_s\\&\approx\boldsymbol{v}_{k}^{n}-[\boldsymbol{C}_{b,k}^{n}\boldsymbol{f}_{k-1}^{b}-(2\boldsymbol{\omega}_{ie,k}^{n}+\boldsymbol{\omega}_{en,k}^{n})\times\boldsymbol{v}_{k}^{n}+\boldsymbol{g}^{n}]\cdot T_s\end{aligned} \tag{3.2.13}$$

记逆向解算过程时间参数为 $r(r=1,2,\cdots,N)$，逆向解算过程的起始/结束时刻为正向解算过程的结束/开始时刻。根据式(3.2.12)和式(3.2.13)，可假设正向解算过程与逆向解算过程中所利用的存储数据之间的关系式如下：

$$\left.\begin{aligned}&\overleftarrow{\boldsymbol{\omega}}_{ib,r}^{b}=-\boldsymbol{\omega}_{ib,N-r+1}^{b},\overleftarrow{\boldsymbol{\omega}}_{ie,r}^{b}=-\boldsymbol{\omega}_{ie,N-r+1}^{b},\\&\overleftarrow{\boldsymbol{\omega}}_{en,r}^{n}=-\boldsymbol{\omega}_{en,N-r+1}^{n},\overleftarrow{\boldsymbol{\omega}}_{nb,r}^{b}=-\boldsymbol{\omega}_{nb,N-r+1}^{b}\end{aligned}\right\} \tag{3.2.14}$$

$$\overleftarrow{\boldsymbol{C}}_{b,r}^{n}=\boldsymbol{C}_{b,N-r+1}^{n},\overleftarrow{\boldsymbol{v}_{r}^{n}}=\boldsymbol{v}_{N-r+1}^{n},\overleftarrow{\boldsymbol{f}}_{r}^{b}=-\boldsymbol{f}_{N-r+1}^{b},\overleftarrow{\boldsymbol{g}}_{r}^{n}=-\boldsymbol{g}_{N-r+1}^{n} \tag{3.2.15}$$

根据式(3.2.14)和式(3.2.15)，式(3.2.12)和式(3.2.13)可重写为

$$\overleftarrow{\boldsymbol{C}}_{b,r}^{n}=\overleftarrow{\boldsymbol{C}}_{b,r-1}^{n}(\boldsymbol{I}_3+T_s\cdot[\overleftarrow{\boldsymbol{\omega}}_{nb,r-1}^{b}\times]) \tag{3.2.16}$$

$$\overleftarrow{\boldsymbol{v}_{r}^{n}}=\overleftarrow{\boldsymbol{v}_{r-1}^{n}}+[\overleftarrow{\boldsymbol{C}}_{b,r-1}^{n}\overleftarrow{\boldsymbol{f}}_{r}^{b}-(2\overleftarrow{\boldsymbol{\omega}}_{ie,r-1}^{n}+\overleftarrow{\boldsymbol{\omega}}_{en,r-1}^{n})\times\overleftarrow{\boldsymbol{v}_{r-1}^{n}}+\overleftarrow{\boldsymbol{g}}^{n}]\cdot T_s \tag{3.2.17}$$

显然，式(3.2.16)与式(3.2.10)具有相同的形式，式(3.2.17)与式(3.2.11)具有相同的形式。根据式(3.2.14)和式(3.2.15)可知，在本章研究的逆向导航过程中，需将存储的 $\boldsymbol{\omega}_{ib}^{b}$、$\boldsymbol{f}^{b}$ 取反并逆序，将 $\boldsymbol{\omega}_{ie}^{b}$、$\boldsymbol{\omega}_{en}^{n}$、$\boldsymbol{\omega}_{nb}^{b}$ 和 $\boldsymbol{g}^{n}$ 取反并逆序，将 $\boldsymbol{v}^{n}$、$\boldsymbol{C}_{b}^{n}$ 逆序，并将正向导航结束时刻的姿态、速度和位置作为逆向导航初始时刻的姿态、速度和位置。由式(3.2.15)可知，在逆向解算过程中并没有对速度进行取反，因此在对准过程中可有效避免由速度突变引起的加速度突变。

本章研究的逆向导航概念是，将正向导航过程中存储的陀螺仪和加速度计数据同时逆序并取反，将地球自转角速度和重力加速度取反，并将正向导航结束时刻的姿态、速度和位置作为逆向导航初始时刻的姿态、速度和位置，最终实现“逆向导航”。本章研究的逆向导航与文献[89]中的逆向导航不同之处在于：①本章的逆向导航在正向导航结束时无需对速度进行取反；②本章的逆向导航不仅需要对陀螺仪数据逆序并取反，还需要对加速度计数据逆序并取反，并对重力加速度取反。为了更加直观地比较本章研究的逆向导航算法与文献[89]提出的逆向导航算法，将正向导航过程中的各个物理量在逆向导航过程中的变化情况总结到表 3.1 中。

表 3.1　各个物理量的变化情况

物理量	文献[89]的逆向导航	本章研究的逆向导航
陀螺仪原始数据	逆序取反	逆序取反
加速度计原始数据	逆序	逆序取反
地球自转角速度	取反	取反
重力加速度	符号不变	取反
正向导航结束时刻速度	取反	符号不变

需要注意的是，为了确保载体在物理上的严格逆向，本章研究的逆向导航方法中的位置更新仍然按式(3.2.8)和式(3.2.9)的形式进行，即仅在位置的逆向更新过程中对速度的符号作取反处理。

3.2.3　试验验证

本小节基于车载实测数据对 3.2.2 小节逆向导航算法的有效性进行验证。车载实测数据是基于 3.1.4 小节的车载试验系统采集的。试验过程设计为：当 SINS 开机时，载车保持 1 200 s 的静止状态；然后驶出，保持 1 800 s 的运动状态。采集的试验数据包含 IMU(陀螺仪和加速度计)的原始数据，GPS 输出的速度、位置以及 OD 的输出。通过 SINS/GPS 组合导航建立姿态参考基准、速度参考基准。

利用 200 s 实测数据分别进行正、逆向解算，得到正、逆向的姿态、速度和位置解算结果，分别如图 3.10～图 3.12 所示。

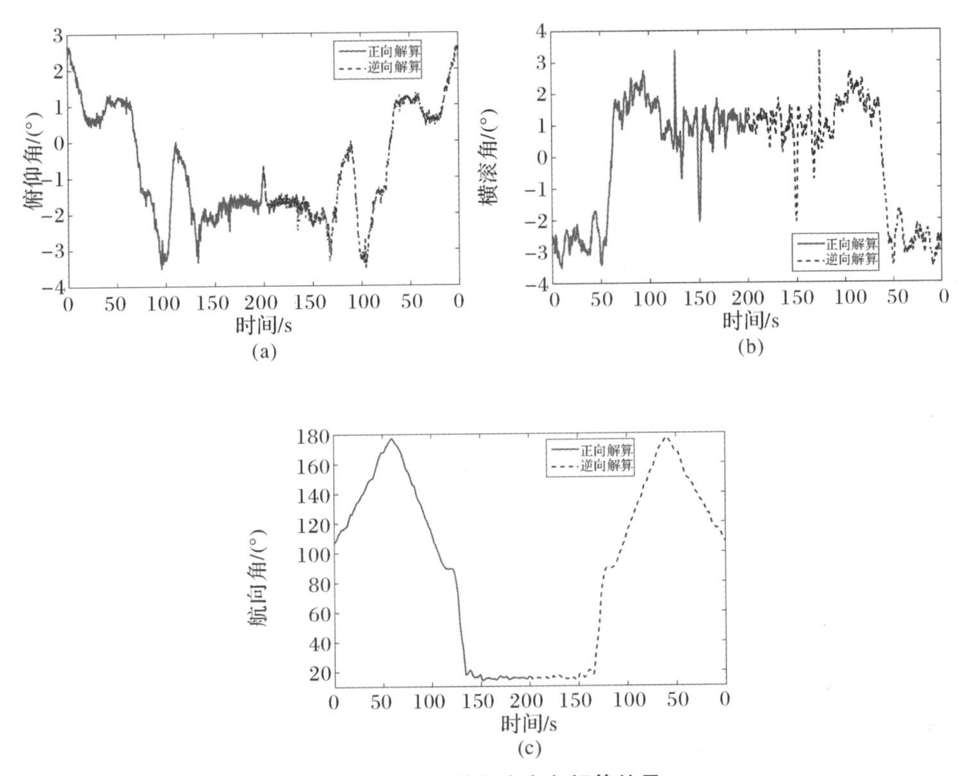

图 3.10　正、逆向姿态角解算结果

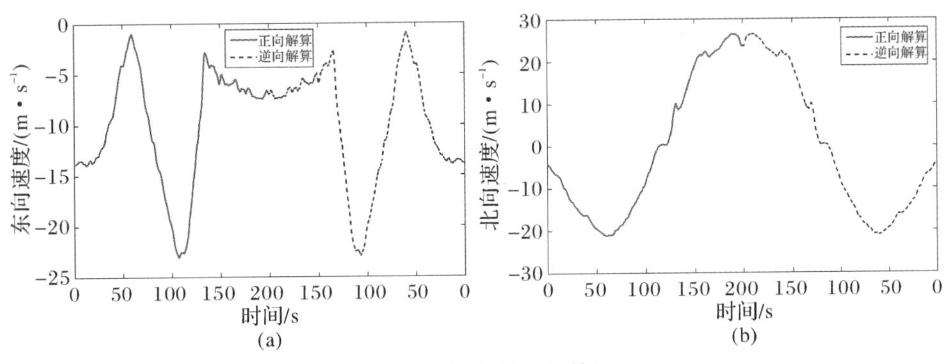

图 3.11　正、逆向速度解算结果

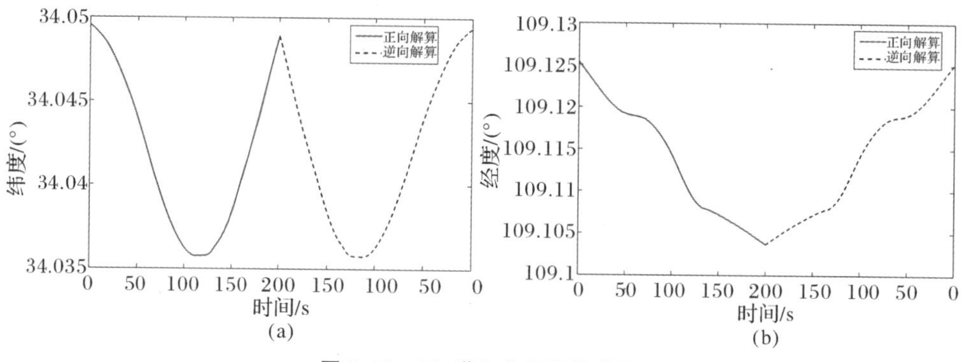

图 3.12 正、逆向位置解算结果

图 3.10～图 3.12 中，实线为正向导航过程解算结果，虚线为逆向导航过程解算结果。由图 3.10～图 3.12 可知，本章研究的逆向导航方法能够准确地复现正向导航过程中的姿态、速度和位置，即与正向导航具有相同的解算精度。由图 3.11 还可以看出，在 $t=200$ s，即由正向导航切换到逆向导航时，速度并没有发生突变。因此，本章研究的逆向导航方法可直接用于基于 OAM 的动基座对准中。

3.3 基于逆向导航算法的改进动态粗对准方法

IMCA 方法利用逆向导航方法对存储的陀螺仪及加速度计数据进行逆向处理，并对正逆向数据加以反复使用、连续时间积分，这样可在不增加原数据长度的情况下构建新的观测向量，从而提高初始对准的精度。

3.3.1 观测向量优化方法

动基座初始对准的精度和快速性直接影响 SINS 快速启动的性能。但是，使用短时间的惯导原始数据会造成 $\boldsymbol{\alpha}_{v,k}$ 和 $\boldsymbol{\beta}_{v,k}$ 包含的信息量不足，进而会导致对准精度下降。当陀螺仪的零偏较小时，即当陀螺仪零偏的累积（积分）效应较小时，增加 $\boldsymbol{\alpha}_{v,k}$ 和 $\boldsymbol{\beta}_{v,k}$ 的积分区间[0，t]长度可有效提高初始对准的精度[87-88]。通过逆向导航方法对正向过程中存储的数据进行逆向处理，并在正向积分结束后，利用逆向数据对式(3.1.14)和式(3.1.15)进行连续积分，即可实现对正向存储数据的重复使用，有效增加观测向量包含的信息量，从而实现对观测向量的“优化”。对正向数据和逆向数据进行一次积分处理的过程如图 3.13 所示。

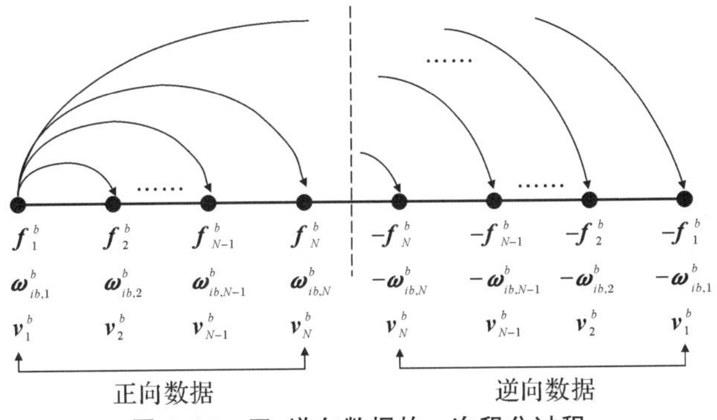

图 3.13　正、逆向数据的一次积分过程

由图 3.13 可知，逆向数据与正向数据构建成一组新的数据，长度为原数据的 2 倍。重写式(3.1.20)可得：

$$\boldsymbol{C}_{e(0)}^{b(0)}\boldsymbol{\alpha}_{v,k}=\boldsymbol{\beta}_{v,k},\quad k=0,1,\cdots,2N-1 \tag{3.3.1}$$

由式(3.3.1)可以看出，对正向数据进行一次重复使用可使得观测向量包含的信息量有效增加。也就是说，对正向数据进行一次重复使用将有利于构建新的观测向量，进而有利于提高对准精度。

3.3.2　位置更新策略

逆向解算过程初始时刻的位置是未知的，在整个过程中，逆向初始时刻的位置为利用正向数据进行初始对准确定的初始姿态阵经过航位推算得到的。当 SINS 动基座对准所需要的外部辅助速度为由 DVL 或 OD 提供的 b 系下参考速度 $\boldsymbol{v}^b$ 时，需利用姿态阵 $\boldsymbol{C}_b^n$ 将 b 系下的速度根据式(3.1.5)转化为 n 系下的速度 $\boldsymbol{v}^n$ 才能进行航位推算。由式(3.1.14)和式(3.1.15)可知，随着积分区间的不断拓展，观测向量包含的信息量不断增加，初始姿态的对准精度随之提高，故对位置推算的精度也提高。位置推算的精度将直接影响正逆向过程中 $\boldsymbol{\omega}_{in}^n$ 的求解精度，由式(3.1.8)和式(3.1.14)可以看出，$\boldsymbol{\omega}_{in}^n$ 的求解精度变化将会进一步使 $\boldsymbol{\alpha}_{v,k}$ 包含的观测信息随着积分区间长度的增加不断更新。因此，对原数据进行反复使用将有利于构建新的观测向量，从而可提高初始姿态的确定精度。对正、逆向数据进行连续 n 次积分处理的过程如图 3.14 所示。图 3.14 中，对存储的陀螺仪和加速度计数据进行反复使用的导航方式也称为回溯导航[78]方式。

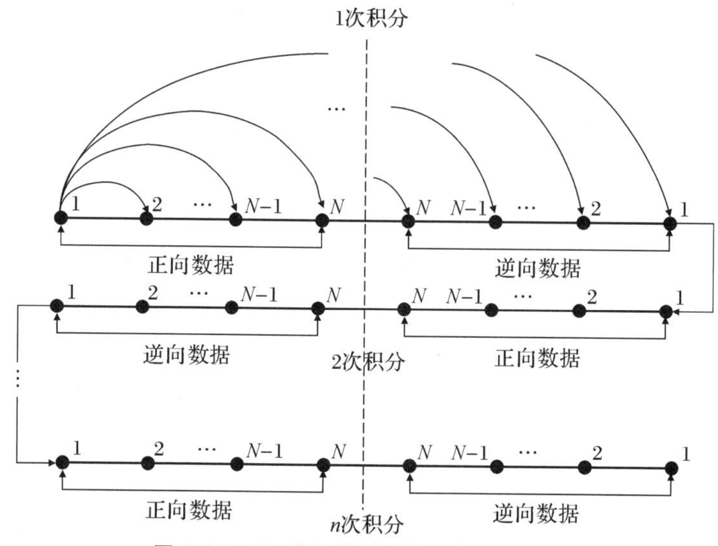

图 3.14　正、逆向数据连续 n 次积分过程

由图 3.14 可以看出，对正、逆向数据进行连续 n 次积分处理的过程为：首先利用正逆向数据进行一次积分处理，而后在逆向结束时刻再次利用正向数据进行连续积分，以此类推，直到对准结束。由正向过程切换到逆向过程时，逆向初始时刻的位置均是由对准得出的初始姿态阵利用正向数据经航位推算得到的。回溯对准过程中，载体的位置推算示意图如图 3.15 所示。

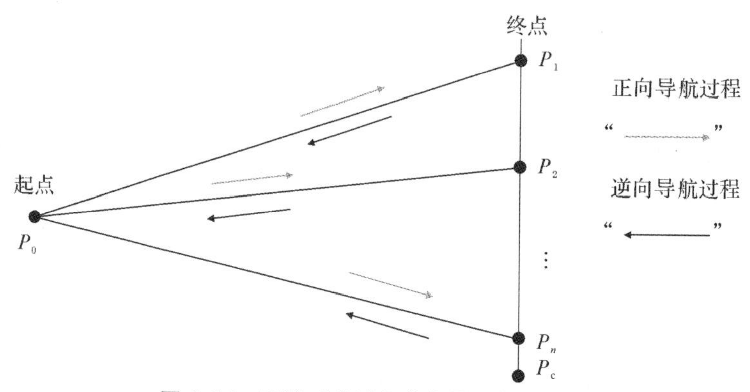

图 3.15　回溯对准过程中位置更新示意图

由图 3.15 可以看出，在对准过程中，载体的位置首先由起点 P_0 通过正向导航过程更新到终点 P_1（P_1 即为逆向导航过程的初始位置），然后通过逆向导航过程载体的位置又更新回到起点 P_0。随着初始姿态确定精度的提升，载体的位置推算精度不断提升。假设 P_c 为路径终点理想位置，由图 3.15 可看出载体通过正、逆向导航过程将使位置由起点 P_0 依次更新到终点 $P_2, P_3, \cdots, P_n$，并随着初始对准精度的提升位置更新终点逐渐接近 P_c，从而在原始数据长度不变的情况下实现载体运动路径的虚拟延长。

3.3.3　观测矩阵求解方法

由图 3.14 可知，通过连续 n 次正、逆向积分，可将数据长度扩展为原数据长度的 $2n$ 倍，n 为不为 0 的自然数。重写式(3.3.1)可得

$$\boldsymbol{C}_{e(0)}^{b(0)} \boldsymbol{\alpha}_{v,k} = \boldsymbol{\beta}_{v,k}, \quad k=0,1,\cdots,2nN-1 \tag{3.3.2}$$

定义式(3.3.2)对应的实对称观测矩阵 $\boldsymbol{K}_m$ 为

$$\boldsymbol{K}_m = \sum_{k=0}^{m} ([\overset{+}{\boldsymbol{\beta}}_{v,k}] - [\overset{-}{\boldsymbol{\alpha}}_{v,k}])^{\mathrm{T}} ([\overset{+}{\boldsymbol{\beta}}_{v,k}] - [\overset{-}{\boldsymbol{\alpha}}_{v,k}]) \tag{3.3.3}$$

式中，$m=0,1,\cdots,2nN-1$ 为数据长度，$\boldsymbol{K}_m$ 即为 IMCA 方法对应的观测矩阵。根据 q-method 方法，$\boldsymbol{C}_{e(0)}^{b(0)}$ 对应的四元数 $\boldsymbol{q}$ 为矩阵 $\boldsymbol{K}_m$ 的最小特征值对应的特征向量。随着 n 的增加，即对正向数据的重复使用，将使得 $\boldsymbol{\alpha}_{v,k}$ 和 $\boldsymbol{\beta}_{v,k}$ 包含的观测信息不断更新，这也将使得观测矩阵 $\boldsymbol{K}_m$ 包含的信息量逐渐增大。因此，对原数据进行重复使用，可在不增加原数据长度的条件下增大观测信息量，从而提高初始对准精度。由式(3.1.20)与式(3.3.3)可知，当 $m=N-1$ 时，即仅对正向数据进行一次积分处理时，$\boldsymbol{K}_{N-1}$ 为 OAM 对应的观测矩阵。也就是说，当 $m=N-1$ 时，IMCA 方法将退化为 OAM。

3.3.4　试验验证

在水下导航过程中，可借助 DVL 提供的 b 系测速辅助信息实现 SINS 动态粗对准[78,90]。而 OD 输出的速度是 b 系速度，利用 OD 测速辅助 SINS 进行动态粗对准的问题与利用 DVL 测速辅助 SINS 进行动态粗对准的问题具有一致性。因此，可利用 OD 的测速信息模拟水下 DVL 的测速信息。

本小节利用 3.2.3 小节采集的车载实测数据对 IMCA 方法进行有效性和一般性验证。图 3.16(a)(附彩图)为 OD 输出的速度数据，红色曲线为原始速度数据，可以看出 OD 采集的速度信息分辨率较差，OAM 对外部辅助速度信息非常敏感，尤其是速度突变时会极大降低 OAM 的对准性能。因此，本章还采用了文献[93]中的罗经降噪方法对 OD 输出的速度进行平滑处理，以保证 OD 提供外部辅助速度的可用性。图 3.16(a)中蓝色曲线为平滑后的速度。选取 6 组时长 180 s 的载车处于不同运动状态下的数据段(分别记数据段 1～6)对 IMCA

和 OAM 的性能进行对比验证试验，数据段 1～6 对应的 OD 的输出如图 3.16(b)所示。选取的 6 组数据还包含：各数据段对应的陀螺仪和加速度计输出的原始数据，姿态、速度和位置基准数据。

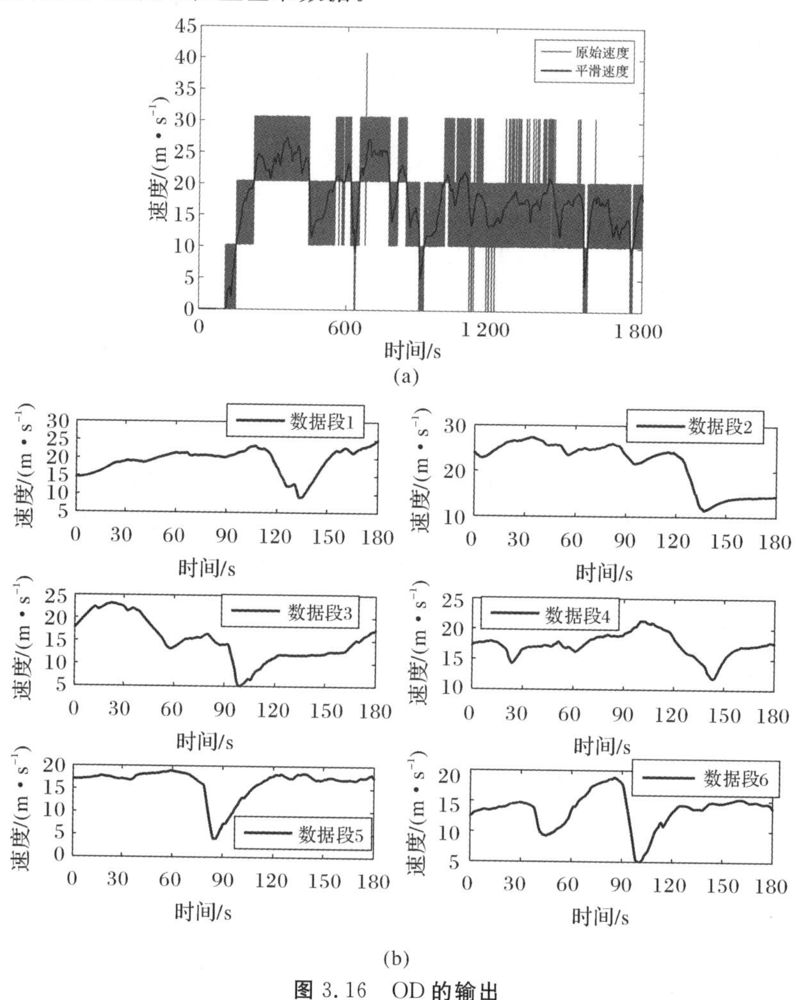

图 3.16　OD 的输出

3.3.4.1　有效性验证

为了验证 IMCA 方法的有效性，选取图 3.16(b)中数据段 1 对应的动态试验数据，分别利用 OAM 和 IMCA 方法进行动基座初始对准试验。

试验 1：利用 OAM 进行动基座初始对准试验；

试验 2：利用 IMCA 方法进行动基座初始对准试验，$n=1$；

试验 3：利用 IMCA 方法进行动基座初始对准试验，$n=2$；

试验 4：利用 IMCA 方法进行动基座初始对准试验，$n=5$；

试验 5：利用 IMCA 方法进行动基座初始对准试验，$n=10$。

由动基座初始对准试验得到的俯仰角、横滚角和航向角误差曲线分别如图 3.17～图 3.19 所示。

由图 3.17～图 3.19（附彩图）可以看出，IMCA 方法的对准性能明显优于 OAM。由图 3.17 和图 3.18 可看出，IMCA 方法得到的俯仰角和横滚角对准误差均能够迅速地收敛到区间[−0.02°，0.02°]以内。IMCA 方法得到的水平姿态角对准误差曲线和航向角对准误差曲线的平滑性和稳定性明显优于 OAM。这是因为 IMCA 通过对原数据进行反复使用来延长积分时间，有利于进一步消除随机噪声对初始对准结果的影响。

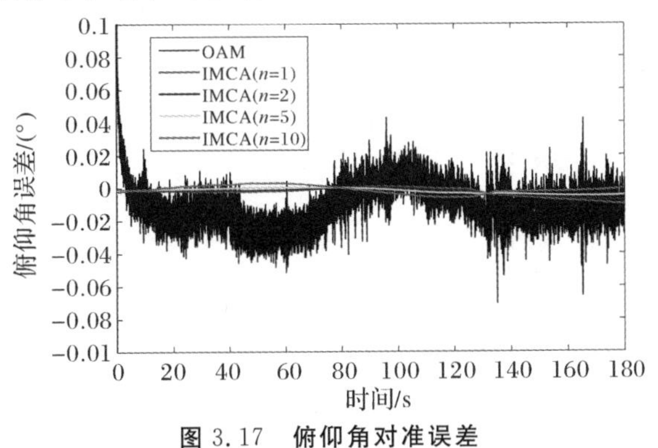

图 3.17　俯仰角对准误差

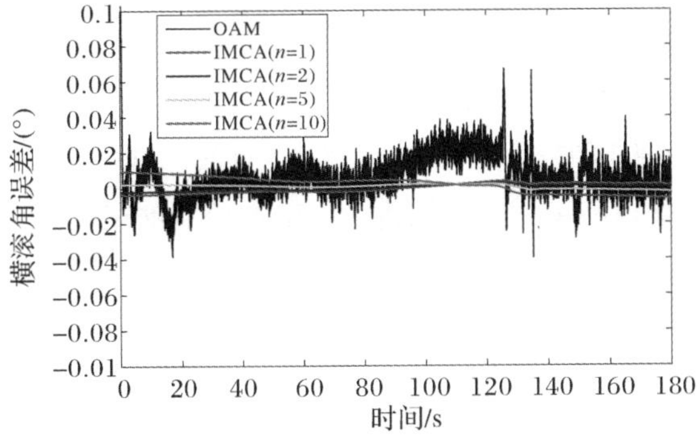

图 3.18　横滚角对准误差

根据图 3.17～图 3.19，积分区间长度（即 n）影响 IMCA 方法的对准性能。由图 3.19 可知，当 $n=2$ 时，航向角的对准精度迅速地收敛到区间[−0.15°，0.15°]以内，且对准精度明显高于 $n=1$，$n=5$ 和 $n=10$ 时的对准精度；当 $n=1$ 时，航向角的对准精度高于 $n=5$ 和 $n=10$ 时的对准精度。这是因为当 n 较小

($n\leqslant2$)时，陀螺仪零偏的累积效应较小，此时随着 n 的增加，观测向量不断更新使得观测矩阵 $\boldsymbol{K}$ 中的信息量不断增大，进而使得初始对准的精度不断提高。此时，增加积分次数 n，可有效提高航向角的对准精度。但是，当 n 较大，即 $n>2$ 时，陀螺仪零偏的累积效应对初始对准的影响不断增大，此时 n 的增大使得陀螺仪零偏的累积效应对初始对准的精度减小的贡献大于观测信息量的增加对初始对准精度提升的贡献。因此，随着对正逆向数据重复使用的次数进一步增多，即 n 进一步增大，重构数据的长度和积分区间的长度不断增大，此时陀螺仪零偏的累积效应对初始对准的结果影响将不得不被重新考虑。若要同时兼顾对准的速度和精度，应根据实际情况合理选取 n 的值。通过以上分析可知，相比于 OAM，IMCA 方法可达到更优的对准性能。因此，将 IMCA 方法应用到 b 系下动基座初始对准中是可行、有效的。

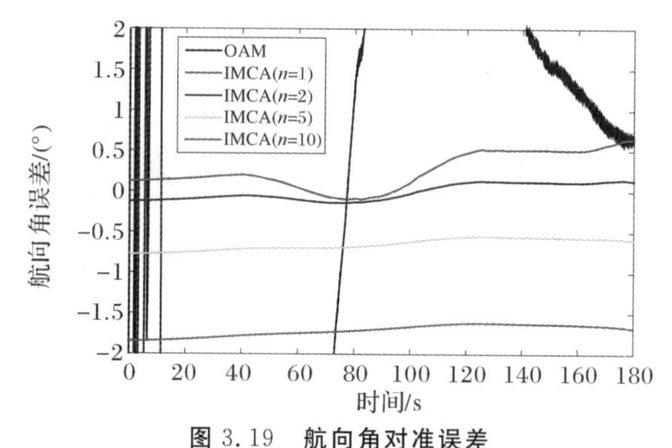

图 3.19　航向角对准误差

3.3.4.2　一般性验证

为了进一步验证 IMCA 方法的一般性，针对如图 3.16(b)对应的不同运动状态，利用 OAM 和 IMCA 方法分别进行 6 组初始对准试验。同时，为了说明积分次数 n 对初始对准结果的影响，试验中选取积分次数 n 变化范围为[1, 5]。利用 OAM 和 IMCA 方法在不同运动状态下进行动基座初始对准试验结果分别如表 3.2～表 3.7 所示。

由表 3.2～表 3.7 可知，利用 IMCA 方法进行 b 系下的动基座初始对准，其航向角对准精度明显高于 OAM。由表 3.2～表 3.7 还可以看出，OAM 对航向角的初始对准精度在某些数据段符合基于卡尔曼滤波方法精对准小失准角的要求(如数据段 1、3、4、6)。但是在某些情况下，OAM 并不能为 SINS 快速启动提供稳定、可靠的初始姿态角(如数据段 2、5 对应的运动状态，OAM 对航向角的对准误差均超过 1°)。相比于 OAM，不论载车处于什么样的运动状态，IMCA

方法均可在积分次数 n 取{2,3,4,5}时使航向角对准精度达到1°以内，能够满足基于线性卡尔曼滤波方法的精对准初始姿态小失准角的要求。

表3.2　数据段1的初始对准误差

方法	俯仰角对准误差/(′)	横滚角对准误差/(′)	航向角对准误差/(′)
OAM	−0.130 8	−0.308 5	36.528 0
IMCA(n=1)	−0.102 2	−0.169 6	7.422 0
IMCA(n=2)	−0.101 6	−0.076 4	−7.446 0
IMCA(n=3)	−0.104 0	0.010 8	−20.772 0
IMCA(n=4)	−0.107 3	0.096 4	−33.702 0
IMCA(n=5)	−0.111 1	0.181 7	−46.500 0
平均值(IMCA)	−0.105 2	−0.053 1	−20.199 6

表3.3　数据段2的初始对准误差

方法	俯仰角对准误差/(′)	横滚角对准误差/(′)	航向角对准误差/(′)
OAM	0.519 2	−0.078 6	71.640 0
IMCA(n=1)	0.453 1	−0.041 0	56.730 0
IMCA(n=2)	0.373 7	−0.009 6	43.368 0
IMCA(n=3)	0.301 9	0.014 6	32.382 0
IMCA(n=4)	0.232 0	0.037 0	22.014 0
IMCA(n=5)	0.162 8	0.058 7	11.886 0
平均值(IMCA)	0.304 7	−0.009 5	33.276 0

表3.4　数据段3的初始对准误差

方法	俯仰角对准误差/(′)	横滚角对准误差/(′)	航向角对准误差/(′)
OAM	0.169 8	0.179 6	30.264 0
IMCA(n=1)	0.164 2	0.176 8	29.034 0
IMCA(n=2)	0.143 3	0.174 7	25.716 0
IMCA(n=3)	0.124 4	0.172 1	22.842 0
IMCA(n=4)	0.105 9	0.169 5	20.082 0
IMCA(n=5)	0.087 6	0.166 8	17.376 0
平均值(IMCA)	0.125 1	0.172 0	23.010 0

表 3.5 数据段 4 的初始对准误差

方 法	俯仰角对准误差/(′)	横滚角对准误差/(′)	航向角对准误差/(′)
OAM	0.008 7	0.243 7	−8.268 0
IMCA(n=1)	0.016 4	0.228 1	−4.478 4
IMCA(n=2)	0.011 4	0.218 8	−3.542 4
IMCA(n=3)	0.003 2	0.212 4	−3.616 8
IMCA(n=4)	−0.005 9	0.206 8	−3.987 0
IMCA(n=5)	−0.015 4	0.201 6	−4.492 2
平均值(IMCA)	0.001 9	0.213 5	−4.023 4

表 3.6 数据段 5 的初始对准误差

方 法	俯仰角对准误差/(′)	横滚角对准误差/(′)	航向角对准误差/(′)
OAM	0.637 2	0.302 5	115.560 0
IMCA(n=1)	0.480 4	0.296 4	82.860 0
IMCA(n=2)	0.270 5	0.308 5	50.826 0
IMCA(n=3)	0.060 7	0.319 4	18.924 0
IMCA(n=4)	−0.148 9	0.329 0	−12.906 0
IMCA(n=5)	−0.358 7	0.337 4	−44.694 0
平均值(IMCA)	0.060 8	0.318 1	19.002 0

表 3.7 数据段 6 的初始对准误差

方 法	俯仰角对准误差/(′)	横滚角对准误差/(′)	航向角对准误差/(′)
OAM	0.371 8	0.038 9	48.504 0
IMCA(n=1)	0.328 4	0.094 3	33.858 0
IMCA(n=2)	0.287 5	0.149 1	23.226 0
IMCA(n=3)	0.246 2	0.203 7	12.618 0
IMCA(n=4)	0.204 8	0.258 1	2.026 2
IMCA(n=5)	0.163 4	0.312 5	−8.544 0
平均值(IMCA)	0.246 1	0.203 5	12.636 8

以航向角对准结果为例，由表 3.2～表 3.7 可以看出，数据段 1 对应的运动状态，其初始姿态对准误差随着积分次数的增加而不断变大；数据段 2 和数据段 3 对应的运动状态，其初始姿态对准误差随着积分次数的增加而不断减小；数据段 4～6 对应的运动状态，当 $n\leqslant 4$ 时，其初始姿态对准误差随着积分次数的增加

而不断减小。因此,IMCA 方法的对准精度不仅与积分次数有关,而且还受载车的运动状态影响。为解决此问题,选择 IMCA 在不同积分次数情况下初始对准误差的平均值作为 IMCA 最终的对准误差。定义 IMCA 的初始姿态对准误差 $\varepsilon_{\mathrm{IMCA,att}}$ 为不同积分次数条件下初始姿态对准误差 $\varepsilon_{\mathrm{att},n}$ 的平均值,即

$$\varepsilon_{\mathrm{IMCA,att}}=\frac{1}{M}\sum_{n=1}^{M}\varepsilon_{\mathrm{att},n} \tag{3.3.4}$$

式中:符号"att"可分别表示俯仰角、横滚角和航向角;n 为积分次数;M 为积分总次数,$M=5$;$\varepsilon_{\mathrm{att},n}$ 为积分次数为 n 的条件下初始姿态对准误差。

通过试验及式(3.3.4)的计算可知,在初始对准结束时,由数据段 1~6 得到的 IMCA 方法初始姿态对准误差如表 3.8 所示。

表 3.8　不同数据段对应的 IMCA 方法初始对准误差

组别	俯仰角对准误差/(′)	横滚角对准误差/(′)	航向角对准误差/(′)
1	−0.105 2	−0.053 1	−20.199 6
2	0.304 7	−0.009 5	33.276 0
3	0.125 1	0.172 0	23.010 0
4	0.001 9	0.213 5	−4.023 4
5	0.060 8	0.318 1	19.002 0
6	0.246 1	0.203 5	12.636 8

由表 3.8,在对准过程中针对不同的运动条件(不同数据段),利用 IMCA 方法对航向角对准误差的最大值为数据段 2 对应的航向角对准误差 33.276 0′;利用 IMCA 方法对航向角对准误差的最小值为数据段 4 对应的航向角对准误差 −4.023 4′。定义参数 $\lambda_{\mathrm{OAM}}=(1-|\delta\Psi_{\mathrm{IMCA}}|/|\delta\Psi_{\mathrm{OAM}}|)\times 100\%$ 为表示 IMCA 方法相比于 OAM 对航向角对准精度提升的幅度,其中 $\delta\Psi$ 表示航向角对准误差。通过表 3.2~表 3.8 及计算可知,IMCA 方法对航向角的对准精度相比于 OAM 对航向角的对准精度提升幅度如表 3.9 所示。

表 3.9　IMCA 相比 OAM 航向角对准精度提升幅度

数据段	λ_{OAM}/(%)
数据段 1	44.70
数据段 2	53.55
数据段 3	23.97
数据段 4	51.34
数据段 5	83.56
数据段 6	73.95

由表3.9可知，在不同的机动状态下，IMCA方法对航向角的对准精度均高于OAM。相比于OAM，IMCA方法在保证快速性的前提下，有效提高了SINS动基座粗对准的精度。

3.4 基于逆向导航算法的抗野值鲁棒优化对准方法

电磁波在水下衰减很快，这使得卫星或者无线电信号无法辅助完成深水AUV动基座的初始对准。DVL是一种绝对计程仪，它通过多普勒效应测量AUV相对于海底的速度，它具有自主性强、测速精度高等优点[40,78]。因此，DVL与SINS组成的导航系统可实现全天候、完全自主式的导航。在水下动基座初始对准中，外界环境是复杂多变的，如水底地形复杂变化、水流速的变化等均会影响DVL对速度的测量，因此DVL的输出不可避免地会受到野值的污染[61]。针对此问题，提出基于门限检测的抗野值鲁棒优化对准方法(Anti-outlier Robust OAM，AROAM)。同时，为了进一步提高AROAM算法的精度，将逆向导航算法引入AROAM算法中，提出基于逆向导航算法的AROAM算法(BAROAM)。

3.4.1 测速野值条件下观测向量更新策略

OAM本质上是一种通过解析方法推导出的动基座初始对准方法，因此OAM不具备鲁棒性，即当测速辅助信息受到野值等非高斯噪声污染时，OAM对准性能会降低。由式(3.1.15)可知，DVL输出的速度$\boldsymbol{v}^b$对构建观测向量$\boldsymbol{\beta}_v$发挥着不可替代的作用。因此，当DVL的输出受到野值的污染时，会直接降低观测向量的准确性，进而降低OAM的对准精度。AUV在运动过程中绝大多数情况下处于平稳的前向运动，因此DVL输出的右向速度$\boldsymbol{v}_x^b$和上向速度$\boldsymbol{v}_z^b$近似为0 m/s。AROAM选取速度门限为ζ_v，当DVL输出t时刻的右向或上向速度的绝对值超过速度门限ζ_v，即$|\boldsymbol{v}_{x,t}^b|>\zeta_v$或$|\boldsymbol{v}_{z,t}^b|>\zeta_v$时，则认为DVL的输出受到野值污染。此时对应的观测向量$\boldsymbol{\beta}_{v,t}$中的$\boldsymbol{\beta}_{v,t,\mathrm{IMU}}$正常更新，$\boldsymbol{\beta}_{v,t,\mathrm{DVL}}$不进行更

新，并令$\boldsymbol{\beta}_{v,t,\mathrm{DVL}}$等于$\boldsymbol{\beta}_{v,t-1,\mathrm{DVL}}$；观测向量$\boldsymbol{\alpha}_{v,t}$正常更新；观测矩阵$\boldsymbol{K}_t$正常更新。反之，当DVL输出$t$时刻的右向或上向速度绝对值小于速度门限$\zeta_v$，即$|v_{x,t}^b|<\zeta_v$或$|v_{z,t}^b|<\zeta_v$时，则认为DVL的输出没有受到野值污染。此时对应的观测向量$\boldsymbol{\beta}_{v,t}$正常更新，观测向量$\boldsymbol{\alpha}_{v,t}$正常更新，观测矩阵$\boldsymbol{K}_t$正常更新。即有

如果$|v_{x,t}^b|>\zeta_v$或$|v_{z,t}^b|>\zeta_v$，则

$$\boldsymbol{\alpha}_{v,t}\rightarrow\boldsymbol{\alpha}_{v,t},\boldsymbol{\beta}_{v,t,\mathrm{IMU}}\rightarrow\boldsymbol{\beta}_{v,t,\mathrm{IMU}},\boldsymbol{\beta}_{v,t,\mathrm{DVL}}\rightarrow\boldsymbol{\beta}_{v,t-1,\mathrm{DVL}},\boldsymbol{K}_t\rightarrow\boldsymbol{K}_t \tag{3.4.1}$$

否则

$$\boldsymbol{\alpha}_{v,t}\rightarrow\boldsymbol{\alpha}_{v,t},\boldsymbol{\beta}_{v,t}\rightarrow\boldsymbol{\beta}_{v,t},\boldsymbol{K}_t\rightarrow\boldsymbol{K}_t \tag{3.4.2}$$

在实际应用中，需要对式(3.4.1)和式(3.4.2)进行离散化，具体如下：

如果$|v_{x,kk}^b|>\zeta_v$或$|v_{z,kk}^b|>\zeta_v$，则

$$\boldsymbol{\alpha}_{v,k}\rightarrow\boldsymbol{\alpha}_{v,k},\boldsymbol{\beta}_{v,k,\mathrm{IMU}}\rightarrow\boldsymbol{\beta}_{v,k,\mathrm{IMU}},\boldsymbol{\beta}_{v,kk,\mathrm{DVL}}\rightarrow\boldsymbol{\beta}_{v,kk-1,\mathrm{DVL}},\boldsymbol{K}_{kk}\rightarrow\boldsymbol{K}_{kk} \tag{3.4.3}$$

否则

$$\boldsymbol{\alpha}_{v,k}\rightarrow\boldsymbol{\alpha}_{v,k},\boldsymbol{\beta}_{v,kk}\rightarrow\boldsymbol{\beta}_{v,kk},\boldsymbol{K}_{kk}\rightarrow\boldsymbol{K}_{kk} \tag{3.4.4}$$

式中：k为$\boldsymbol{\alpha}_v$的更新时刻，与IMU的采样周期相对应；kk为$\boldsymbol{\beta}_v$和$\boldsymbol{K}$的更新时刻，与DVL的采样周期相对应。当IMU与DVL的采样周期相同时，则有$k=kk$，此时$\boldsymbol{\alpha}_v$、$\boldsymbol{\beta}_v$和$\boldsymbol{K}$的更新率相同；当DVL的采样周期高于IMU时，根据3.1.3小节内容可知，$\boldsymbol{\beta}_v$和$\boldsymbol{K}$只有在DVL数据刷新时才进行一次完整的更新。

3.4.2 鲁棒优化对准方法初始对准流程

利用AROAM进行初始对准的流程如图3.20所示。由图3.20可以看出，相比于OAM，AROAM可通过速度门限辨识出DVL输出的速度野值，进而通过设计观测向量$\boldsymbol{\beta}_{v,t}$及观测矩阵$\boldsymbol{K}_t$的更新策略有效消除速度野值对初始对准结果的不良影响。由图3.3和图3.20容易看出，AROAM是基于OAM框架下的动基座初始对准方法。因此，AROAM在获取对测速野值鲁棒性的同时，也承继了OAM的缺陷，即AROAM在短时间内难以获取足够多的观测信息导致对准精度降低。利用3.2节的逆向导航算法虚拟扩展原始数据长度即可在不增加原数据长度(即保持算法快速性)的条件下提高AROAM的对准精度，由此提出BAROAM。

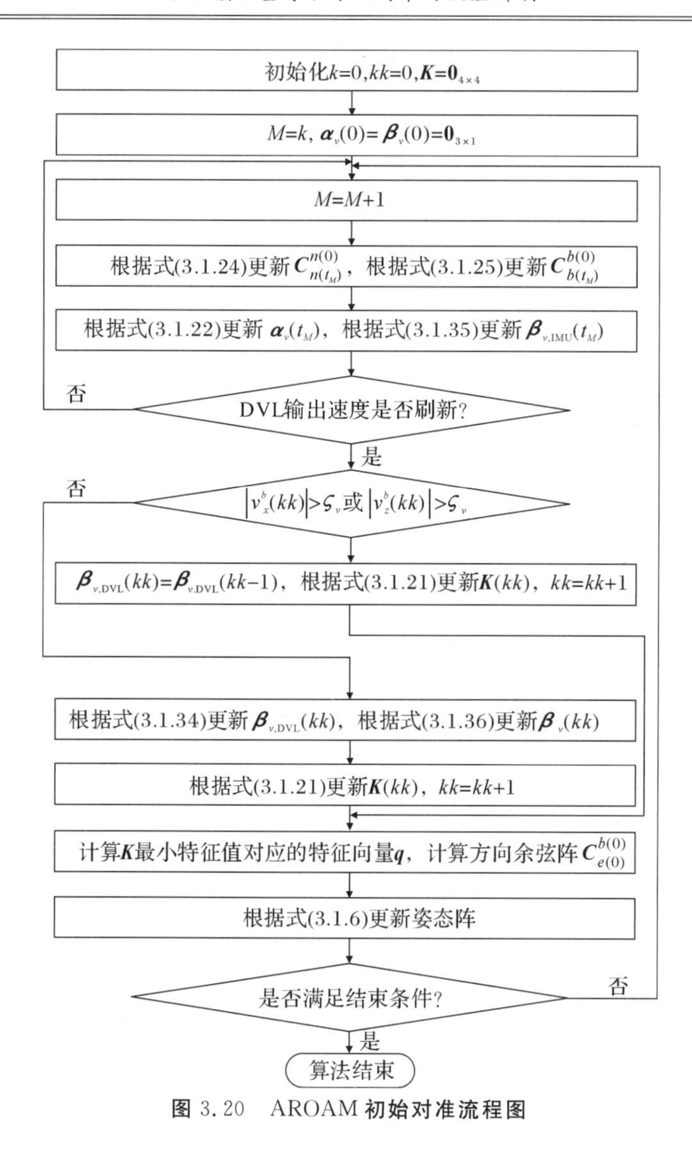

图 3.20　AROAM 初始对准流程图

3.4.3　基于逆向导航算法的鲁棒优化对准方法

BAROAM 是在 AROAM 的基础上对存储的原始数据进行虚拟延拓，进而虚拟延长运载体的运动路径，并利用回溯算法提高位置推算的精度，从而提高观测信息的精度和增加观测矩阵包含的观测信息量，进而提高对准精度。在对准过程中，当 DVL 输出的速度被野值污染时，并不能直接用来进行位置推算。此时利用初始对准得到的姿态角通过式(3.1.5)和式(3.2.3)进行位置推算，设计位置更新策略如下。

如果 $|v_{x,kk}^b|>\zeta_v$ 或 $|v_{z,kk}^b|>\zeta_v$，则

$$L_{kk}\to L_{kk-1},M_{kk}\to M_{kk-1} \tag{3.4.5}$$

否则

$$L_{kk}\to L_{kk},M_{kk}\to M_{kk} \tag{3.4.6}$$

由式(3.4.5)和式(3.4.6)可知，当速度野值出现时，运载体的位置不进行更新，且等于上一时刻的位置；当无速度野值时，运载体的位置根据式(3.1.5)和式(3.2.3)进行正常更新。

3.4.4　试验验证

本小节基于船载实测数据对提出的 AROAM 及 BAROAM 进行验证。试验数据是从一套船载实验系统中采集得到的，试验系统使用的 IMU 和 DVL 主要性能指标分别如表 3.10 和表 3.11 所示[78]。重写表 2.3 和表 2.4 分别如表 3.10 和表 3.11 所示。可以看出，IMU 数据更新率(200 Hz)明显大于 DVL 的数据更新率(1 Hz)。因此在试验中观测向量采用3.1.3小节提出的更新策略进行更新。

表 3.10　IMU 主要性能指标

主要技术指标	陀螺仪	加速度计
测量范围	±200 °/s	$\pm 15g$
更新频率	200 Hz	200 Hz
精度等级	优于 0.02 °/h(1σ)	$50\mu g(1\sigma)$
标度因子稳定性	$\leqslant 5\times 10^{-6}$	$\leqslant 5\times 10^{-6}$

试验船上同时安装了一个单天线的 GPS 接收机，输出速度和位置信息，其数据更新率为 1 Hz。利用 GPS 输出数据与 IMU 输出数据进行组合导航，生成参考姿态、速度和位置信息，分别作为实验中的姿态、速度和位置基准。船载试验在长江内进行，试验过程设计为：当试验系统开机时，试验船保持系泊状态，时长大约 15 min；然后试验船驶出，运动大约 6.4 h。记录整个运动过程中的 IMU 和 DVL 输出的原始数据、GPS 输出的速度和位置数据。从实测数据中选择时长为 180 s 受野值污染的动态数据用于 AROAM 和 BAROAM 动态粗对准性能验证试验。选取的 180 s 数据包含：陀螺仪和加速度计的原始数据，DVL 输出的速度数据，对应的姿态、速度和位置基准。其中，DVL 的输出如图 3.21(附彩图)所示。由图 3.21 可以看出，在实际应用中 DVL 输出会受到较高强度的野值

污染。

表 3.11　DVL 性能指标

测速精度	0.5%V±0.5 cm/s
测速范围	−10～20 kn
更新频率	1 Hz
发射频率	300 kHz
底跟踪深度	300 m

注：1 kn=0.514 m/s。

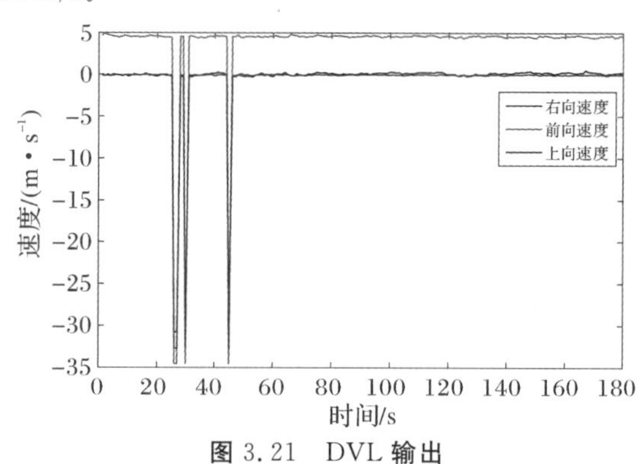

图 3.21　DVL 输出

利用 AROAM、BAROAM 及在文献[85]、文献[86]的基础上推导得出的 OAM 进行初始对准试验，试验过程中试验船的姿态(基准)变化过程如图 3.22(a)～(c)所示。由图 3.21 可知，在对准试验过程中，DVL 输出从第 25 s 开始受到野值污染。由图 3.22 可以看出，在初始对准试验过程中，试验船的俯仰角变化范围在 1.6°～1.85°之间，横滚角变化范围在−3.4°～−2.6°之间，航向角的变化范围在 64°～82°之间。对于 AUV 来说，上述试验环境相对复杂。因此，根据上述试验环境得出的试验结果可以反映 AUV 正常机动条件下所提方法的初始对准性能。在试验过程中，设置速度门限 ζ_v=5 m/s，积分次数 n=5。基于上述试验环境的初始对准结果如图 3.23～图 3.25 所示。

图 3.23(a)、图 3.24(a)和图 3.25(a)分别表示俯仰角、横滚角和航向角对准误差；图 3.23(b)、图 3.24(b)和图 3.25(b)分别表示俯仰角、横滚角和航向角对准误差局部放大图。图 3.23～图 3.25 中，虚线、点线和实线分别表示 OAM、AROAM 和 BAROAM 的对准误差。

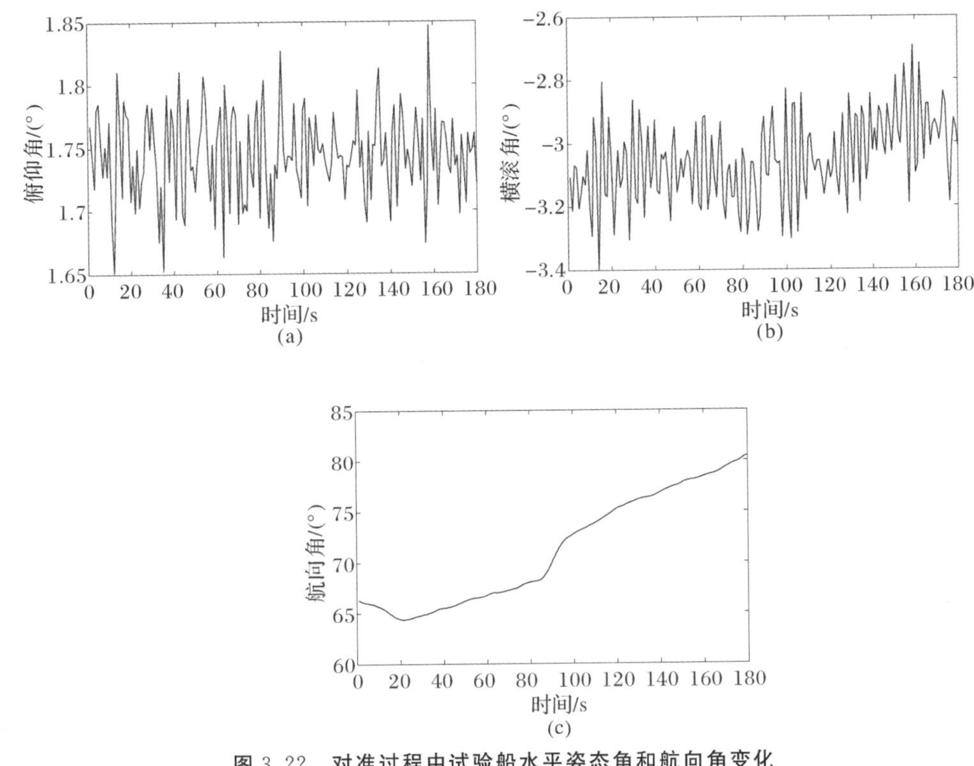

图 3.22　对准过程中试验船水平姿态角和航向角变化

如图 3.23～图 3.25 所示，在 DVL 测速信息受野值污染的情形下，OAM 对准精度下降很明显，这也说明了 OAM 对速度野值没有鲁棒性。在外部辅助信息受到野值污染的条件下，AROAM 和 BAROAM 的对准性能明显优于 OAM。BAROAM 水平姿态角对准精度与 AROAM 相当；BAROAM 航向角对准精度相比于 AROAM 有较大提升，且 BAROAM 姿态对准误差曲线收敛性明显优于 OAM、AROAM。这是因为：①AROAM 与 BAROAM 首先利用速度门限将速度野值准确地辨识出来，并通过式(3.4.3)和式(3.4.4)的更新策略将速度野值对初始对准的影响消除掉，从而相比于 OAM 实现了对准性能的提升；②相比于 AROAM，BAROAM 借助逆向导航算法虚拟拓展了原始数据长度，并对正向导航过程中存储的陀螺仪和加速度计原始数据反复使用。同时，在对准过程中，随着初始姿态确定精度的不断提升，将 DVL 输出载体系下的速度通过式(3.1.5)分解到导航系下，可使载体位置更新的精度不断提高，进而使得对准过程中观测向量不断更新，观测信息精度不断提升，观测矩阵包含的信息量不断增大，这有助于水平姿态角和航向角对准性能的提升。通过对准试验及图 3.25 可知，

AROAM 在 180 s 时刻航向角对准误差为－0.271°，且航向角误差曲线并不收敛；BAROAM 在 180 s 时刻航向角对准误差为－0.184°，且航向角误差曲线在整个对准过程中都是稳定收敛的。相比于 OAM、AROAM，BAROAM 不仅具有更高的对准精度，而且其对准误差曲线更加稳定，收敛性更好。另外，在对准过程中，基于 BAROAM 的俯仰角、横滚角和航向角对准误差峰值分别为 0.003°、0.011°和－0.202°。

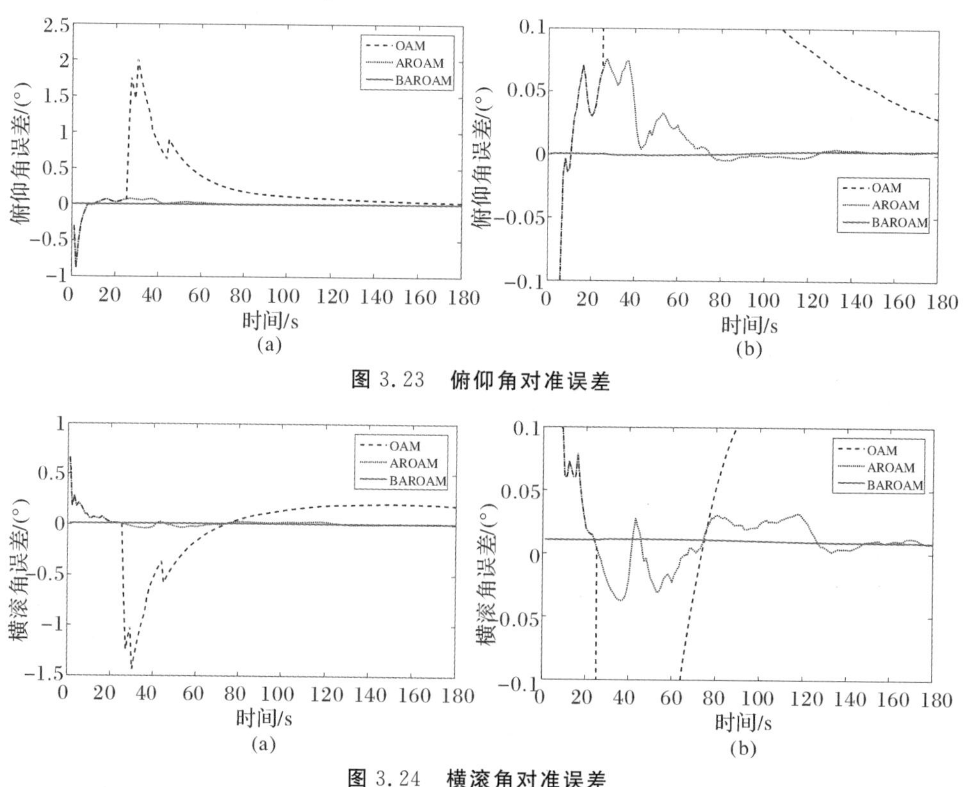

图 3.23　俯仰角对准误差

图 3.24　横滚角对准误差

试验过程中，将基于 AROAM 和 BAROAM 对准得到的姿态角推算出的位置分别记为“推算位置 1”和“推算位置 2”，推算位置的误差分别记为“推算位置误差 1”和“推算位置误差 2”。对准过程中，当 DVL 输出速度受到野值污染时，利用式(3.4.5)和式(3.4.6)的位置更新策略进行位置更新。AROAM 和 BAROAM 对位置的跟踪情况如图 3.26 和图 3.27 所示。

图 3.26(a)和图 3.27(a)中，虚线表示 INS/GPS 组合导航输出的位置，实线表示 BAROAM 推算出的位置变化过程，点线表示 AROAM 推算出的位置变化过程。

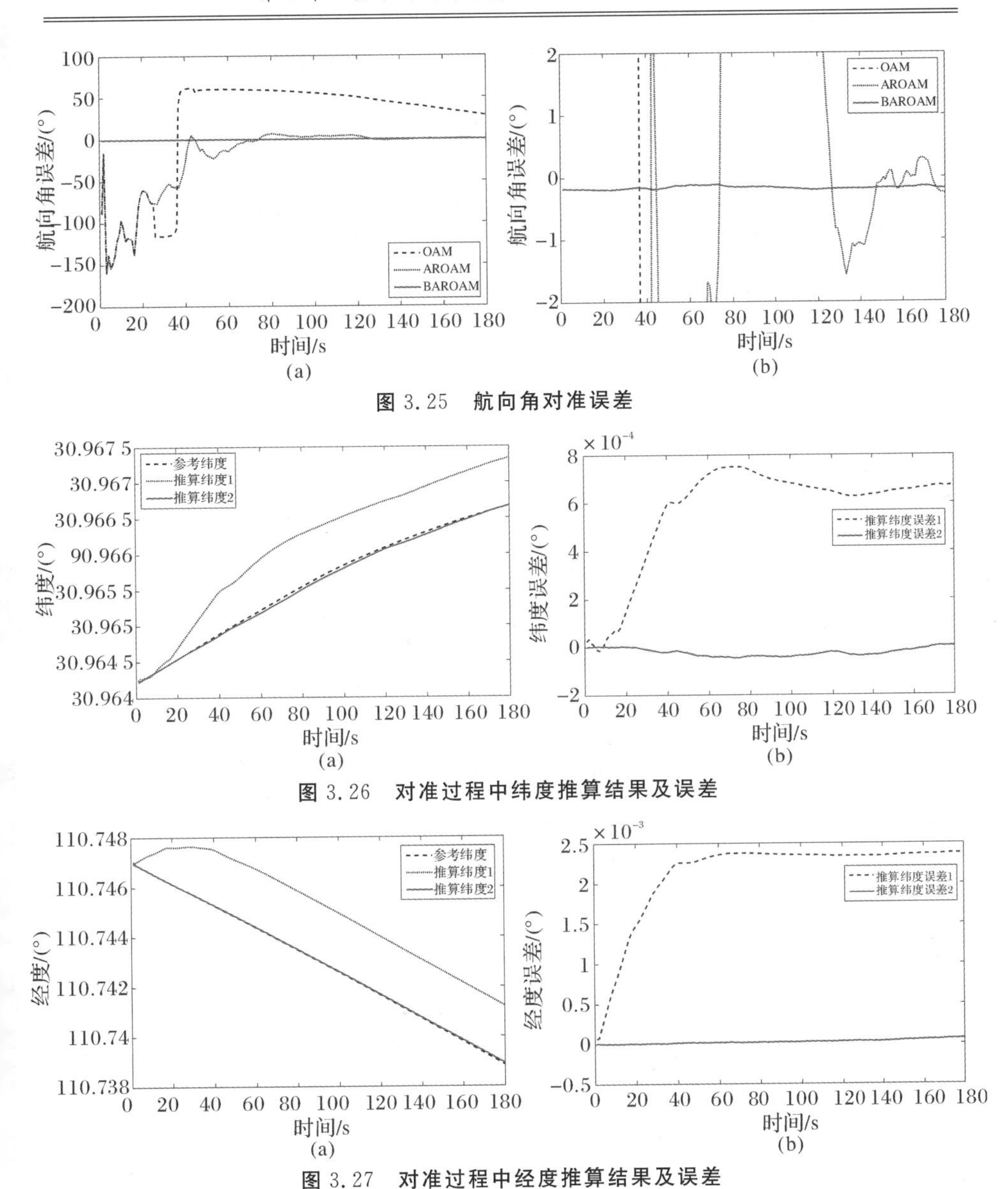

图3.25　航向角对准误差

图3.26　对准过程中纬度推算结果及误差

图3.27　对准过程中经度推算结果及误差

如图3.26和图3.27所示，AROAM的推算位置与参考位置有较大偏差，BAROAM的推算位置与参考位置重合较好。图3.26(b)和图3.27(b)分别是纬度推算误差和经度推算误差。通过试验及计算可知，在对准过程中试验船的总航程为820.37 m；AROAM推算得到的最大位置误差为241.6 m，占总航程的29.45%；BAROAM推算得到的最大位置误差为6.1 m，占总航程的0.74%。因此，相比于OAM、AROAM，基于BAROAM的自主式粗对准不仅能够在外部辅助速度受野值污染的条件下实现快速、更高精度的姿态对准，而且能够实现更高精度的位置对准。

3.5 基于投影统计算法优化对准方法鲁棒化探究

为抑制测速野值对 OAM(即 OBA)性能的影响，3.4.1 小节介绍了测速野值条件下观测向量更新策略，通过设置速度检测门限来辨识测速野值，而后设计初始姿态矩阵更新策略消除测速野值对初始对准结果的影响。但是，这种方法仅可对测速野值进行抑制，当观测量(测速信息)受到野值的干扰时，通过设置速度门限将受到污染的观测量检测出并剔除的方式，在诸如连续强干扰的影响下长时间不进行观测向量更新，将会造成初始对准误差发散。同时，对于其他类型非高斯噪声，如厚尾噪声，该方法并无抑制效果。本节尝试在卡尔曼滤波框架下，进一步探究基于投影统计(PS)算法实现优化对准鲁棒化。

3.5.1 优化对准鲁棒化思路

考虑如下离散时间 SINS 线性动态对准状态空间模型[122]：

$$\left.\begin{aligned}\boldsymbol{x}_k&=\boldsymbol{F}_{k-1}\boldsymbol{x}_{k-1}+\boldsymbol{W}_{k-1}\\ \boldsymbol{z}_k&=\boldsymbol{H}_k\boldsymbol{x}_k+\boldsymbol{V}_k\end{aligned}\right\}\tag{3.5.1}$$

式中：$\boldsymbol{F}_k$ 表示 $k(k=1,2,\cdots)$时刻状态转移矩阵；$\boldsymbol{H}_k$ 表示 k 时刻观测矩阵；$\boldsymbol{x}_k$、$\boldsymbol{z}_k$ 分别表示 k 时刻状态向量、观测向量；$\boldsymbol{W}_k\sim N(0,\boldsymbol{Q}_k)$表示系统噪声向量，一般服从高斯分布，$\boldsymbol{Q}_k$ 为系统噪声协方差矩阵；$\boldsymbol{V}_k\sim N(0,\boldsymbol{R}_k)$表示量测噪声向量，一般服从高斯分布，$\boldsymbol{R}_k$ 为量测噪声协方差矩阵。$\boldsymbol{x}_k$、$\boldsymbol{F}_k$、$\boldsymbol{z}_k$、$\boldsymbol{H}_k$ 的具体表达式可参看文献[127]，此处不再赘述。将 k 时刻标准 KF 更新方程重写如下。

(1)时间更新：

$$\hat{\boldsymbol{x}}_{k|k-1}=\boldsymbol{F}_{k-1}\hat{\boldsymbol{x}}_{k-1|k-1}\tag{3.5.2}$$

$$\boldsymbol{P}_{k|k-1}=\boldsymbol{F}_{k-1}\boldsymbol{P}_{k-1|k-1}\boldsymbol{F}_{k-1}^{\mathrm{T}}+\boldsymbol{Q}_{k-1}\tag{3.5.3}$$

式中：$\hat{\boldsymbol{x}}_{k|k-1}$表示 k 时刻状态量先验估计；$\boldsymbol{P}_{k|k-1}$表示 k 时刻状态误差协方差的先验估计。

(2)量测更新：

$$\boldsymbol{\mu}_k = \tilde{\boldsymbol{z}}_k - \boldsymbol{H}_k \hat{\boldsymbol{x}}_{k\mid k-1} \tag{3.5.4}$$

$$\boldsymbol{K}_k = \boldsymbol{P}_{k\mid k-1} \boldsymbol{H}_k^{\mathrm{T}} (\boldsymbol{H}_k \boldsymbol{P}_{k\mid k-1} \boldsymbol{H}_k^{\mathrm{T}} + \lambda_k \boldsymbol{R}_k)^{-1} \tag{3.5.5}$$

$$\hat{\boldsymbol{x}}_{k\mid k} = \hat{\boldsymbol{x}}_{k\mid k-1} + \boldsymbol{K}_k \boldsymbol{\mu}_k \tag{3.5.6}$$

$$\boldsymbol{P}_{k\mid k} = (\boldsymbol{I} - \boldsymbol{K}_k \boldsymbol{H}_k) \boldsymbol{P}_{k\mid k-1} \tag{3.5.7}$$

式中：$\boldsymbol{\mu}_k$ 表示 k 时刻信息向量；$\boldsymbol{K}_k$ 表示 k 时刻卡尔曼滤波增益；λ_k 表示膨胀因子，具体求解过程将在本书第 5 章进行详细介绍[128]；$\hat{\boldsymbol{x}}_{k\mid k}$ 表示 k 时刻状态量的后验估计；$\boldsymbol{P}_{k\mid k}$ 表示 k 时刻状态估计误差协方差的后验估计。

前面已经阐述，设置速度检测门限剔除野值将会在连续强干扰的影响下长时间不进行观测向量更新，最终造成初始对准误差发散。PS 算法是辨识观测异常点的有效方法[58,129]，对于由观测新息向量 $\{\boldsymbol{\mu}_i\}$，$i=1,2,\cdots,m$ 构成的向量矩阵 $\boldsymbol{Y}$，当 $\delta \boldsymbol{x}_{k\mid k-1}$ 等于 0 时，则有

$$\boldsymbol{Y} = [\boldsymbol{\mu}_{k-\mathrm{WL}+1} \quad \cdots \quad \boldsymbol{\mu}_{k-1} \quad \boldsymbol{\mu}_k] \tag{3.5.8}$$

式中：$\boldsymbol{\mu}_i = \tilde{\boldsymbol{z}}_i - \boldsymbol{H}_i \hat{\boldsymbol{x}}_{i\mid i-1}$ 表示长度为 WL 滑动窗中存储第 i 个新息向量，$i=\mathrm{WL},\cdots,m$，m 为观测量的个数。对于 $\boldsymbol{Y}$ 中第 j 个元素 ℓ_j，其对应的 PS 值求解流程如图 3.28 所示。

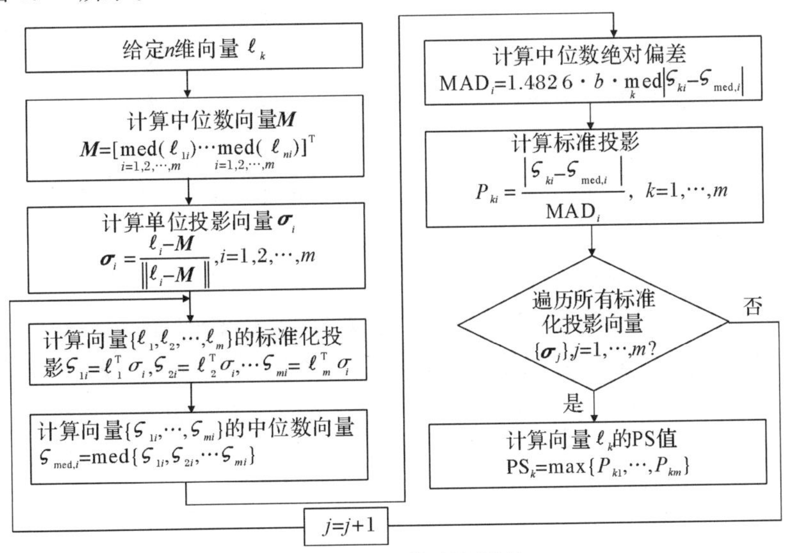

图 3.28　PS 算法流程图

根据 PS 算法计算出新息向量的 PS 值，并将 PS 值与统计门限 η 进行比较以辨识出异常的新息，认为 PS 值满足 $\mathrm{PS}>\eta$ 的新息为异常新息[122]，即 $\mathrm{PS}>\eta$ 对应的 DVL 测速为异常速度。统计门限 $\eta=\chi_{n,\alpha}$，且 $\chi_{n,\alpha}^2$ 服从自由度为 n 的卡方分布 $\chi_{n,\alpha}^2 \sim \chi^2(n)$。本书在试验过程中，设置统计门限为 $\eta=\chi_{2,0.99}=3.0332$。由

此，设置观测向量更新策略具体如下。

当 DVL 输出速度对应的 PS 值大于统计门限 η，即 PS$>\eta$ 时，认为 DVL 的输出受到野值污染。此时对应的观测向量 $\boldsymbol{\beta}_{v,t}$ 中的 $\boldsymbol{\beta}_{v,t,\mathrm{IMU}}$ 正常更新，$\boldsymbol{\beta}_{v,t,\mathrm{DVL}}$ 不进行更新，并令 $\boldsymbol{\beta}_{v,t,\mathrm{DVL}}$ 等于 $\boldsymbol{\beta}_{v,t-1,\mathrm{DVL}}$；观测向量 $\boldsymbol{\alpha}_{v,t}$ 正常更新；观测矩阵 $\boldsymbol{K}_t$ 正常更新。反之，当 DVL 输出 k 时刻速度对应的 PS 值小于统计门限 η，即 PS$\leqslant\eta$ 时，则认为 DVL 的输出没有受到野值污染。此时对应的观测向量 $\boldsymbol{\beta}_{v,t}$ 正常更新，观测向量 $\boldsymbol{\alpha}_{v,t}$ 正常更新，观测矩阵 $\boldsymbol{K}_t$ 正常更新。即有：

如果 $\mathrm{PS}_t>\eta$，则

$$\boldsymbol{\alpha}_{v,t}\rightarrow\boldsymbol{\alpha}_{v,t},\boldsymbol{\beta}_{v,t,\mathrm{IMU}}\rightarrow\boldsymbol{\beta}_{v,t,\mathrm{IMU}},\boldsymbol{\beta}_{v,t,\mathrm{DVL}}\rightarrow\boldsymbol{\beta}_{v,t-1,\mathrm{DVL}},\boldsymbol{K}_t\rightarrow\boldsymbol{K}_t \tag{3.5.9}$$

否则

$$\boldsymbol{\alpha}_{v,t}\rightarrow\boldsymbol{\alpha}_{v,t},\boldsymbol{\beta}_{v,t}\rightarrow\boldsymbol{\beta}_{v,t},\boldsymbol{K}_t\rightarrow\boldsymbol{K}_t \tag{3.5.10}$$

在实际应用中，需要对式(3.5.9)和式(3.5.10)进行离散化，具体如下：

如果 $\mathrm{PS}_k>\eta$，则

$$\boldsymbol{\alpha}_{v,k}\rightarrow\boldsymbol{\alpha}_{v,k},\boldsymbol{\beta}_{v,k,\mathrm{IMU}}\rightarrow\boldsymbol{\beta}_{v,k,\mathrm{IMU}},\boldsymbol{\beta}_{v,kk,\mathrm{DVL}}\rightarrow\boldsymbol{\beta}_{v,kk-1,\mathrm{DVL}},\boldsymbol{K}_{kk}\rightarrow\boldsymbol{K}_{kk} \tag{3.5.11}$$

否则

$$\boldsymbol{\alpha}_{v,k}\rightarrow\boldsymbol{\alpha}_{v,k},\boldsymbol{\beta}_{v,kk}\rightarrow\boldsymbol{\beta}_{v,kk},\boldsymbol{K}_{kk}\rightarrow\boldsymbol{K}_{kk} \tag{3.5.12}$$

式中：k 为 $\boldsymbol{\alpha}_v$ 的更新时刻，与 IMU 的采样周期相对应；kk 为 $\boldsymbol{\beta}_v$ 和 $\boldsymbol{K}$ 的更新时刻，与 DVL 的采样周期相对应。当 IMU 与 DVL 的采样周期相同时，则有 $k=kk$，此时 $\boldsymbol{\alpha}_v$、$\boldsymbol{\beta}_v$ 和 $\boldsymbol{K}$ 的更新率相同；当 DVL 的采样周期高于 IMU 时，根据式(3.1.14)、式(3.1.15)和式(3.1.36)可知，$\boldsymbol{\beta}_v$ 和 $\boldsymbol{K}$ 只有在 DVL 数据刷新时才进行一次完整的更新。最终，实现优化对准方法的鲁棒化，得到鲁棒优化对准方法(Robust OBA，ROBA)。

ROBA 是基于 OAM 框架下的粗对准方法，通过 PS 算法对滑动窗存储的异常新息向量进行辨识，进而通过设计观测向量 $\boldsymbol{\beta}_{v,t}$ 及观测矩阵 $\boldsymbol{K}_t$ 的更新策略有效消除异常速度对初始对准结果的不良影响。值得注意的是，在对准时间小于等于滑动窗长度，即 $kk\leqslant\mathrm{WL}$ 时，与 3.4.1 小结介绍的方法一样，ROBA 利用速度检测门限辨识非高斯噪声。实际应用中，当时间信息满足 $kk\leqslant\mathrm{WL}$ 条件时，可根据水下航行器的运动特性选取速度检测门限为 $\zeta_v=1$ m/s。

3.5.2 试验结果与分析

选取两组 180 s 船载实测数据进行水下 SINS 优化对准半物理仿真试验，数据是从 3.4 节船载惯性级惯性测量单元和 DVL 采集得到的。两组 180 s 船载

数据分别如图 3.29(a)(b)(附彩图)所示。

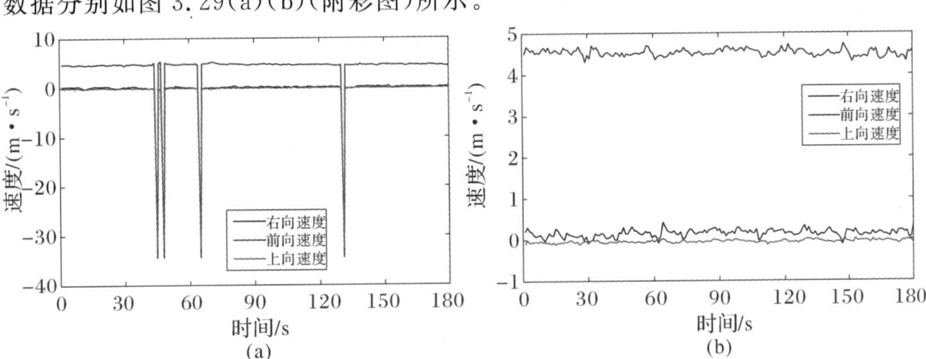

图 3.29　两组 DVL 输出速度

(a)DVL 输出速度(野值污染情形);(b)DVL 输出速度(高斯情形)

考虑到外部环境的复杂性,研究如下两种不同非高斯量测噪声情形:野值污染情形和混合高斯分布噪声污染情形。

3.5.2.1　野值污染情形

设置滑动窗的长度 WL=60 s。如图 3.29(a)所示,在时刻 69 s、72 s、89 s 和 155 s,DVL 输出速度受到野值的污染。在优化对准过程中,选取某个包含野值(69 s、72 s、89 s 对应的野值)且长度为 60 s 的滑动窗,通过 PS 算法计算存储新息的 PS 值,如图 3.30 所示。由图 3.30 可明显看出,时刻 69 s、72s 和 89 s 的存储新息向量对应的 PS 值明显大于其他时刻存储新息向量的 PS 值。通过试验及计算可知,时刻 45 s、48 s 和 65 s 对应的存储新息向量的 PS 值分别为 369.2、393.5 和 356.7,远大于统计门限 $\eta=3.0332$。因此,通过 PS 算法可准确辨识出观测新息异常点,有效检测出异常速度。

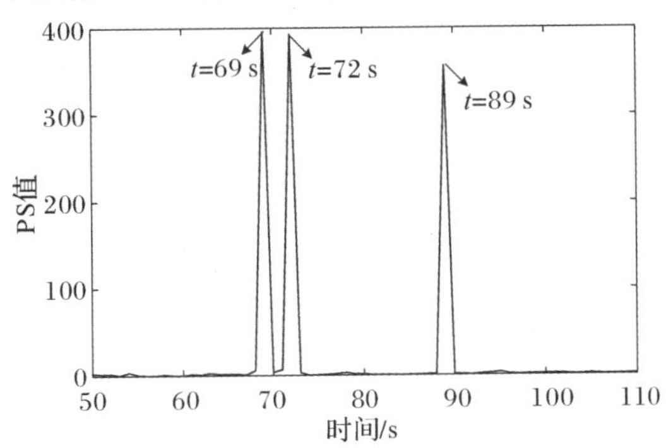

图 3.30　滑动窗中存储新息的 PS 值

基于 3.4.1 小节测速野值条件下观测向量更新策略的优化对准方法简记为 ATOBA。为了进一步验证 ROBA 在野值污染情形下的有效性和可行性,分别利用 OBA、ATOBA 和 ROBA 进行优化对准,得到的俯仰角对准误差、横滚角对准误差和航向角对准误差,分别如图 3.31(a)~(c)所示。

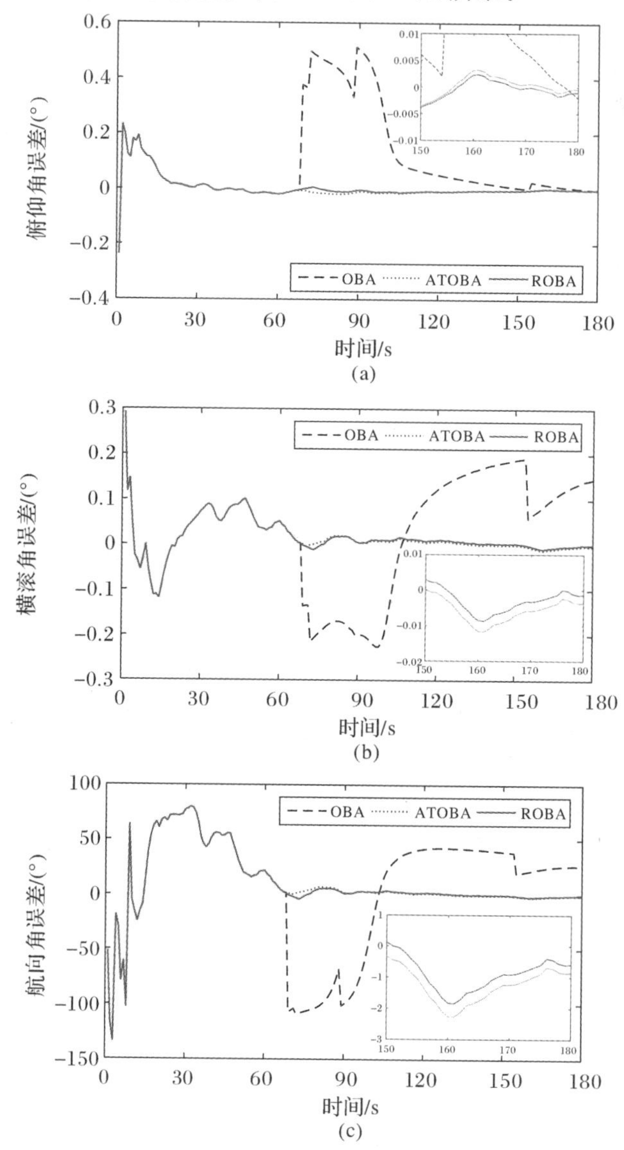

图 3.31 不同方法的对准误差

(a)俯仰角对准误差;(b)横滚角对准误差;(c)航向角对准误差

由图 3.31 可以明显看出,OBA 对非高斯噪声没有鲁棒性,在利用 OBA 进行初始对准的过程中,当 DVL 输出受野值污染时,OBA 对准误差曲线呈现发散趋势。由图 3.31 还可看出,ATOBA 和 ROBA 的初始对准性能明显优于 OBA,

且 ROBA 与 ATOBA 对准误差曲线收敛速度相当。根据试验可知，在对准结束时刻，OBA 对姿态角的对准误差分别为−0.002 0°、0.145 8°、26.437 6°；ATOBA 对姿态角的对准误差分别为−0.000 3°、−0.003 5°、−0.847 5°；ROBA 对姿态角的对准误差分别为−0.000 9°、−0.001 3°、−0.585 8°。根据试验结果，ROBA 航向角对准精度相比于 ATOBA 提升了 30.88%，相比于 OBA 提升了 97.78%。由此可看出，ROBA 的对准精度整体上优于 ATOBA，特别是横滚角和航向角对准精度均高于 ATOBA。这是因为：①相比于 OBA，当野值出现时，ROBA 首先利用 PS 算法对观测新息异常进行抑制，使得 ROBA 在 DVL 输出受非高斯噪声污染时具有更强的对准鲁棒性。②当野值出现时，ROBA 通过设计如式(3.5.9)～式(3.5.10)所示的观测向量更新策略抑制异常速度，对 IMU 输出数据进行有效利用，而 ATOBA 令污染时刻的姿态阵等效于上一时刻的姿态阵，并不对观测向量进行更新，损失了 IMU 输出的有效信息。相比于 ATOBA，ROBA 观测向量的更新策略更为合理。

3.5.2.2　混合高斯分布噪声污染情形

维纳近似定理表明，任何非高斯噪声分布可用已知概率密度的高斯噪声分布的有限和来表示或充分近似[130]。因此，设置观测噪声的实际概率分布如下：

$$\rho_{\text{actual}}=(1-\alpha)N(0,\boldsymbol{R}_{\text{c}})+\alpha N(0,\boldsymbol{R}_{\text{p}}) \tag{3.5.13}$$

式中：干扰因子 α 满足 $0\leqslant\alpha\leqslant0.1$；$\boldsymbol{R}_{\text{c}}$ 为外部辅助速度数据的量测噪声协方差阵；$\boldsymbol{R}_{\text{p}}$ 为具有较大标准偏差的干扰噪声协方差阵。试验中，设置 $\alpha=0.1$，$\boldsymbol{R}_{\text{c}}=\text{diag}(0.1^2\quad 0.1^2)(\text{m/s})^2$，$\boldsymbol{R}_{\text{p}}=100\boldsymbol{R}_{\text{c}}$。人为地将式(3.5.13)引入如图 3.30(b)所示的 DVL 输出速度中，分别利用 OBA、ATOBA 和 ROBA 进行 100 次优化对准蒙特卡洛仿真试验，结果如图 3.32 所示。

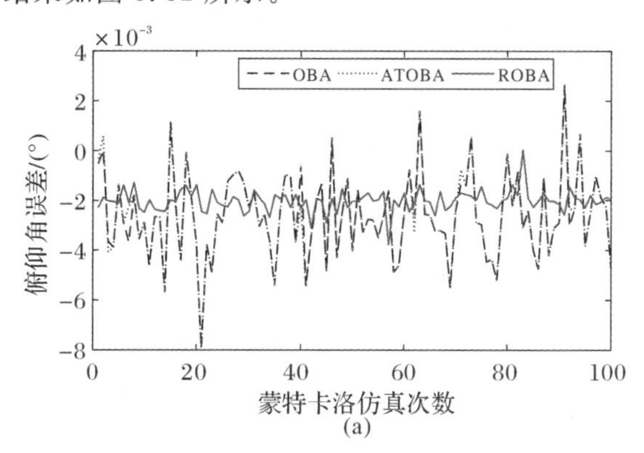

图 3.32　不同方法的对准误差(100 次蒙特卡洛仿真)

(a)俯仰角对准误差；

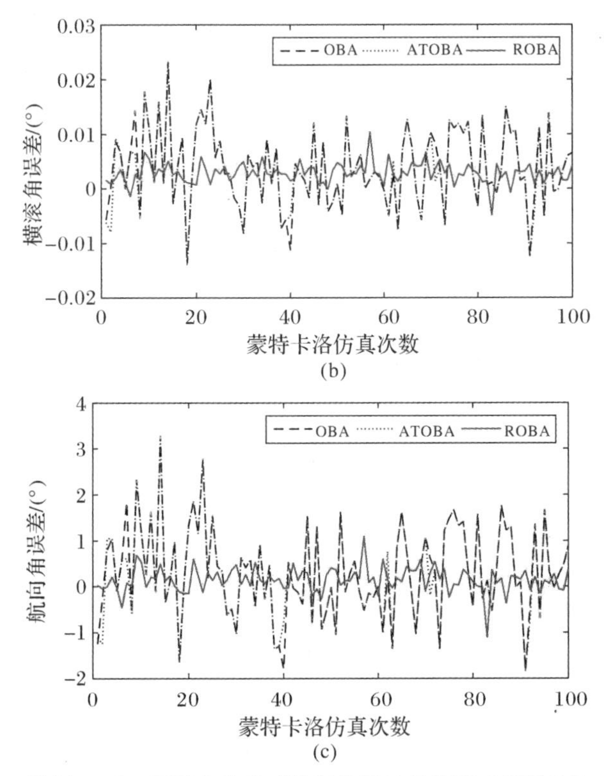

续图 3.32 不同方法的对准误差(100 次蒙特卡洛仿真)

(b)横滚角对准误差;(c)航向角对准误差

由图 3.32 可看出,当 DVL 测速受到混合高斯分布噪声干扰时,ROBA 得到的对准误差的稳定性优于 OBA 和 ATOBA。通过试验可知,100 次蒙特卡洛优化对准试验结束时刻 OBA、ATOBA 和 ROBA 得到的俯仰角对准误差绝对值的平均值分别为 0.002 7°、0.002 7°、0.002 0°;横滚角对准误差绝对值的平均值分别为 0.006 5°、0.006 4°、0.003 0°;航向角对准误差绝对值的平均值分别为 0.832 5°、0.824 5°、0.229 6°。

根据试验结果可知,在外部辅助速度受到混合高斯分布噪声干扰的条件下,ROBA 的对准精度优于 OBA 和 ATOBA;ATOBA 优化对准性能与 OBA 相当。也就是说,在此情形下 ATOBA 利用速度门限检测速度异常点的方法基本失效,其将会退化为 OBA。因此,在混合高斯分布噪声干扰的条件下,相比于 OBA 和 ATOBA,ROBA 具备更强的对准鲁棒性和更高的对准精度。

需要注意的是:在进行 DVL 异常速度数据的检测时,基于 KF 的滤波过程[式(3.5.2)~式(3.5.7)]的目的是获取 k 时刻新息向量 $\boldsymbol{\mu}_k$,从而采用 PS 算法对滑动窗内的$\boldsymbol{Y}=[\boldsymbol{\mu}_{k-\mathrm{WL}+1} \quad \cdots \quad \boldsymbol{\mu}_{k-1} \quad \boldsymbol{\mu}_k]$的统计特性进行分析，判断$\boldsymbol{\mu}_k$是否异常，滤波过程并非对准过程，姿态阵实质上还是通过式(3.1.20)和式(3.1.21)解析得到。

3.6 小　　结

动态粗对准精度和快速性对SINS快速启动有着至关重要的影响。OAM短时间内难以获取足够的观测信息导致对准精度下降及对准结果不稳定。同时，水下复杂环境导致DVL测速输出容易受到野值等非高斯噪声的污染。针对上述问题，本章提出一种基于逆向导航算法的抗野值鲁棒优化对准方法(BAROAM)。从3.4.4小节的试验结果可看出，本章提出的BAROAM能够解决OAM应用于水下动态粗对准中由对准时间短导致的对准精度降低，及DVL测速受到野值污染时对准性能下降的问题。相比于OAM，BAROAM能够实现快速更高精度的姿态对准和位置推算。

在实际应用中，水下复杂环境致使DVL测速信息也易受除野值外的其他类型非高斯噪声污染，此种非高斯噪声无法通过设置简单的门限检测出来，在此情形下本章基于OAM框架下的改进优化对准方法性能将会降低甚至失效，因此还需在卡尔曼滤波框架下对不同类型的非高斯噪声进行进一步的抑制。第4章、第5章将分别对非线性、非高斯条件下如何有效提高基于UKF的动态对准系统的抗干扰能力、自调节能力的问题进行研究。

第 4 章　基于鲁棒 UKF 的水下动态对准方法

第 3 章针对水下动态粗对准的问题进行了研究，研究方法能够在 DVL 测速受野值污染时实现水下快速粗对准。但是当 DVL 测速受其他类型非高斯噪声污染时，第 3 章研究方法的性能将会降低甚至失效，导致水下初始对准面临非线性的问题。对于水面以上有 GNSS 信号辅助下的初始对准，由于有 n 系下的位置和速度作为观测信息，其研究相对成熟[131-136]，此处不再赘述。为了在水下非高斯环境中进一步精确地获取 SINS 的姿态和航向信息，本章在无 GNSS 辅助条件下研究基于鲁棒 UKF 的水下动态对准方法。在水下动态初始对准中，外界环境是复杂多变的，如水底地形复杂变化以及水流速的变化等均会影响 DVL 对速度的测量，使得量测噪声容易受到非高斯噪声的污染[61,103]，因此量测噪声统计特性具有非高斯的特点。

鲁棒性是衡量滤波器抗干扰能力的重要指标。在水下 SINS 动态对准过程中，若事先得到较为准确的观测量先验信息，即能够较为准确地确定量测噪声协方差矩阵，则在外部环境非高斯的条件下更注重提高滤波算法的鲁棒性，以确保滤波器的滤波性能。Huber 方法是一种基于 l_1/l_2 联合范数的估计方法，该方法可以实现滤波估计的鲁棒性[137-138]。调节因子 γ 是决定 Huber 代价函数形式的重要因素，它的取值直接影响基于 Huber 方法的鲁棒 UKF 算法(Huber-based Robust Unscented Kalman Filter，HRUKF)[137] 的滤波性能。在实际应用中，γ 通常是依据经验或反复试验确定为经验值，难以获取最优的 γ 值，因此 HRUKF 在获取滤波鲁棒性的同时，在一定程度上损失了滤波精度[58]。针对此问题，本章首先分析 γ 与 HRUKF 滤波性能之间的关系，进而提出一种基于 γ 自适应的 HRUKF 算法(Adaptive HRUKF，AHRUKF)。通过再入飞行器跟踪模型数值仿真试验验证了 AHRUKF 的有效性；通过船载实测数据对 AHRUKF 应用于非高斯条件下水下动态对准中的有效性和其相比于 UKF、HRUKF 的优势进行了进一步验证。

4.1 SINS初始对准结构与模型

SINS初始对准一般分为开环对准(Open-loop Alignment,OA)和闭环对准(Closed-loop Alignment,CA)两种方式[101,103]。DVL输出的b系下速度辅助SINS开环对准结构框图如图4.1所示。

在如图4.1所示的初始对准方式中,应首先建立SINS的动态误差模型,然后根据SINS的误差模型和DVL提供的观测数据,采用非线性滤波方法实时估计状态向量。需要注意的是,DVL提供b系下的辅助速度不能直接用来作为初始对准的观测量。由图4.1可以看出,b系下速度首先通过SINS输出的姿态矩阵转化为n系下速度才可作为非线性滤波方法的观测量。

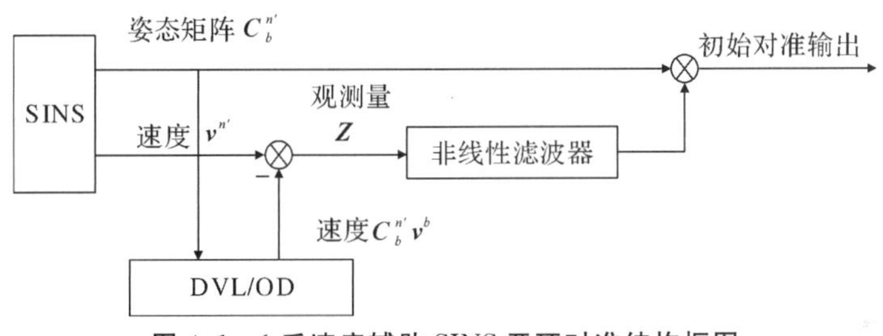

图4.1 b系速度辅助SINS开环对准结构框图

图4.1为SINS初始对准的开环对准结构图,在该对准结构中,滤波估计结果仅用于修正SINS的解算误差,由此得到的对准方法也称为开环滤波。相反地,在闭环对准结构中,滤波估计结果用于实时补偿SINS的解算误差。DVL输出的b系下速度辅助SINS闭环对准结构框图如图4.2所示。

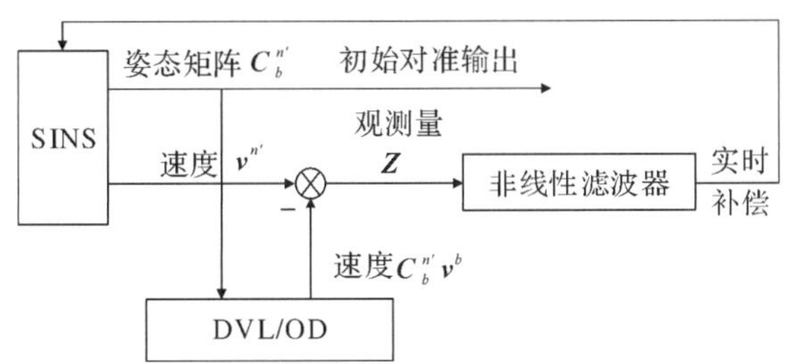

图4.2 b系速度辅助SINS闭环对准结构框图

图4.2所示的SINS闭环初始对准中,在滤波过程中使用姿态误差的估计来实时地修正SINS解算出的姿态,所得的对准方法称为闭环滤波。在这种情况下,下一时刻传播的姿态误差的估计应重置为零。同理,若采用闭环滤波方式

对速度误差和位置误差进行实时补偿，则下一时刻传播的速度误差的估计和位置误差的估计也应重置为零。

在利用非线性滤波算法进行非线性条件下初始对准时，应首先建立 SINS 非线性误差模型。SINS 非线性对准模型的详细推导过程如下。记 s_i 为欧拉平台误差角 α_i 的正弦函数，即 $s_i=\sin\alpha_i$；c_i 为欧拉平台误差角 α_i 的余弦函数，即 $c_i=\cos\alpha_i(i=x,y,z)$。在 SINS 非线性对准问题中，文献[100]定义方向余弦阵(Direction Cosine Matrix，DCM)$\boldsymbol{C}_n^{n'}=\boldsymbol{C}_{\alpha_y}\boldsymbol{C}_{\alpha_x}\boldsymbol{C}_{\alpha_z}$，其中 $\boldsymbol{C}_{\alpha_x}$、$\boldsymbol{C}_{\alpha_y}$ 和 $\boldsymbol{C}_{\alpha_z}$ 的表达式分别如下：

$$\boldsymbol{C}_{\alpha_x}=\begin{bmatrix}1 & 0 & 0\\ 0 & c_x & s_x\\ 0 & -s_x & c_x\end{bmatrix},\boldsymbol{C}_{\alpha_y}=\begin{bmatrix}c_y & 0 & -s_y\\ 0 & 1 & 0\\ s_y & 0 & c_y\end{bmatrix},\boldsymbol{C}_{\alpha_z}=\begin{bmatrix}c_z & s_z & 0\\ -s_z & c_z & 0\\ 0 & 0 & 1\end{bmatrix} \tag{4.1.1}$$

矩阵 $\boldsymbol{C}_{n'}^{n}$ 的表达式如下：

$$\boldsymbol{C}_{n'}^{n}=(\boldsymbol{C}_n^{n'})^{\mathrm{T}}=\begin{bmatrix}c_yc_z-s_xs_ys_z & -c_xs_z & s_yc_z+s_xc_ys_z\\ c_ys_z+s_xs_yc_z & c_xc_z & s_ys_z-s_xc_yc_z\\ -c_xs_y & s_x & c_xc_y\end{bmatrix} \tag{4.1.2}$$

角速度向量 $\boldsymbol{\omega}_{nn'}^{n'}$ 与欧拉平台误差角 $\boldsymbol{\alpha}$ 之间的关系如下：

$$\dot{\boldsymbol{\alpha}}=\boldsymbol{C}_\omega^{-1}\boldsymbol{\omega}_{nn'}^{n'} \tag{4.1.3}$$

式中：矩阵 $\boldsymbol{C}_\omega$ 的表达式为

$$\boldsymbol{C}_\omega=\begin{bmatrix}c_y & 0 & -s_yc_x\\ 0 & 1 & s_x\\ s_y & 0 & c_yc_x\end{bmatrix} \tag{4.1.4}$$

4.1.1 状态模型

SINS 在 n 系下的姿态更新方程为

$$\dot{\boldsymbol{C}}_b^n=\boldsymbol{C}_b^n[\boldsymbol{\omega}_{nb}^b\times] \tag{4.1.5}$$

式中：$\boldsymbol{\omega}_{nb}^b=\boldsymbol{\omega}_{ib}^b-\boldsymbol{C}_n^b\boldsymbol{\omega}_{in}^n$ 为 b 系相对于 n 系的角速度在 b 系上的投影；$\boldsymbol{\omega}_{ib}^b$ 为陀螺仪测得的载体角速度。考虑到实际应用中，SINS 还包含计算误差和测量误差。因此，式(4.1.5)可重新表示为

$$\dot{\boldsymbol{C}}_b^{n'}=\boldsymbol{C}_b^{n'}[\widetilde{\boldsymbol{\omega}}_{nb}^b\times] \tag{4.1.6}$$

式中：

$$\widetilde{\boldsymbol{\omega}}_{nb}^b=\widetilde{\boldsymbol{\omega}}_{ib}^b-\boldsymbol{C}_{n'}^b\widetilde{\boldsymbol{\omega}}_{in}^n=(\boldsymbol{\omega}_{ib}^b+\delta\boldsymbol{\omega}_{ib}^b)-\boldsymbol{C}_{n'}^b(\boldsymbol{\omega}_{in}^n+\delta\boldsymbol{\omega}_{in}^n) \tag{4.1.7}$$

式中：$\delta\boldsymbol{\omega}_{ib}^{b}$为陀螺仪的测量误差，可近似为陀螺仪的常值漂移，即$\delta\boldsymbol{\omega}_{ib}^{b}=\boldsymbol{\varepsilon}^{b}$；$\delta\boldsymbol{\omega}_{in}^{n}$为角速度$\boldsymbol{\omega}_{in}^{n}$的计算误差；符号$\tilde{*}$表示$*$的实际计算/测量值。

定义姿态阵的解算误差$\Delta\boldsymbol{C}$为

$$\Delta\boldsymbol{C}=\boldsymbol{C}_{b}^{n'}-\boldsymbol{C}_{b}^{n}=\boldsymbol{C}_{b}^{n'}-\boldsymbol{C}_{n'}^{n}\boldsymbol{C}_{b}^{n'}=(\boldsymbol{I}-\boldsymbol{C}_{n'}^{n})\boldsymbol{C}_{b}^{n'} \tag{4.1.8}$$

对(4.1.8)等号两边同时作微分可得

$$\Delta\dot{\boldsymbol{C}}=\dot{\boldsymbol{C}}_{b}^{n'}-\dot{\boldsymbol{C}}_{b}^{n}=\boldsymbol{C}_{b}^{n'}[\tilde{\boldsymbol{\omega}}_{nb}^{b}\times]-\boldsymbol{C}_{b}^{n}[\boldsymbol{\omega}_{nb}^{b}\times] \tag{4.1.9}$$

$$\Delta\dot{\boldsymbol{C}}=-\dot{\boldsymbol{C}}_{n'}^{n}\boldsymbol{C}_{b}^{n'}+(\boldsymbol{I}-\boldsymbol{C}_{n'}^{n})\boldsymbol{C}_{b}^{n'}[\tilde{\boldsymbol{\omega}}_{nb}^{b}\times] \tag{4.1.10}$$

结合式(4.1.9)和式(4.1.10)可得

$$\dot{\boldsymbol{C}}_{n'}^{n}\boldsymbol{C}_{b}^{n'}+\boldsymbol{C}_{n'}^{n}\boldsymbol{C}_{b}^{n'}[\tilde{\boldsymbol{\omega}}_{nb}^{b}\times]-\boldsymbol{C}_{b}^{n}[\boldsymbol{\omega}_{nb}^{b}\times]=0 \tag{4.1.11}$$

将$\dot{\boldsymbol{C}}_{n'}^{n}=\boldsymbol{C}_{n'}^{n}[\boldsymbol{\omega}_{nn'}^{n'}\times]$代入式(4.1.11)得

$$\boldsymbol{\omega}_{nn'}^{n'}=(\boldsymbol{I}-\boldsymbol{C}_{n}^{n'})\tilde{\boldsymbol{\omega}}_{in}^{n}+\boldsymbol{C}_{n}^{n'}\delta\boldsymbol{\omega}_{in}^{n}-\boldsymbol{C}_{b}^{n'}\delta\boldsymbol{\omega}_{ib}^{b} \tag{4.1.12}$$

将式(4.1.12)代入式(4.1.3)可得

$$\dot{\boldsymbol{\alpha}}=\boldsymbol{C}_{\omega}^{-1}[(\boldsymbol{I}-\boldsymbol{C}_{n}^{n'})\tilde{\boldsymbol{\omega}}_{in}^{n}+\boldsymbol{C}_{n}^{n'}\delta\boldsymbol{\omega}_{in}^{n}-\boldsymbol{C}_{b}^{n'}\boldsymbol{\varepsilon}^{b}] \tag{4.1.13}$$

式(4.1.13)即为SINS的非线性姿态误差方程。

SINS在n系下的速度更新方程为

$$\dot{\boldsymbol{v}}^{n}=\boldsymbol{C}_{b}^{n}\boldsymbol{f}^{b}-(2\boldsymbol{\omega}_{ie}^{n}+\boldsymbol{\omega}_{en}^{n})\times\boldsymbol{v}^{n}+\boldsymbol{g}^{n} \tag{4.1.14}$$

式中：$\boldsymbol{g}^{n}$为n系下的重力向量；$\boldsymbol{\omega}_{xy}^{z}$表示$y$系相对于$x$系的旋转角速度在$z$系上的投影；$\boldsymbol{v}^{n}=[\boldsymbol{v}_{E}\quad \boldsymbol{v}_{N}\quad \boldsymbol{v}_{U}]^{\mathrm{T}}$为地速，即运载体$b$系相对于$e$系的速度在$n$系上的投影；$\boldsymbol{f}^{b}$为加速度计测得的比力。

考虑到实际应用中SINS存在计算和测量误差，式(4.1.14)可重新表示为

$$\dot{\tilde{\boldsymbol{v}}}^{n}=\boldsymbol{C}_{b}^{n'}\tilde{\boldsymbol{f}}^{b}-(2\tilde{\boldsymbol{\omega}}_{ie}^{n}+\tilde{\boldsymbol{\omega}}_{en}^{n})\times\tilde{\boldsymbol{v}}^{n}+\tilde{\boldsymbol{g}}^{n} \tag{4.1.15}$$

式中：

$$\tilde{\boldsymbol{v}}^{n}=\boldsymbol{v}^{n}+\delta\boldsymbol{v}^{n},\tilde{\boldsymbol{f}}^{b}=\boldsymbol{f}^{b}+\delta\boldsymbol{f}^{b},\tilde{\boldsymbol{\omega}}_{ie}^{n}=\boldsymbol{\omega}_{ie}^{n}+\delta\boldsymbol{\omega}_{ie}^{n} \tag{4.1.16}$$

式(4.1.16)中，$\delta\boldsymbol{f}^{b}$为加速度计的量测误差，此处设置为$\delta\boldsymbol{f}^{b}=\boldsymbol{\nabla}^{b}$。

$$\tilde{\boldsymbol{\omega}}_{en}^{n}=\boldsymbol{\omega}_{en}^{n}+\delta\boldsymbol{\omega}_{en}^{n},\tilde{\boldsymbol{g}}^{n}=\boldsymbol{g}^{n}+\delta\boldsymbol{g}^{n} \tag{4.1.17}$$

式中，$\delta\boldsymbol{g}^{n}$在实际应用中近似为0。

由式(4.1.15)减式(4.1.14)得

$$\begin{aligned}\delta\dot{\boldsymbol{v}}^{n}=&(\boldsymbol{I}-\boldsymbol{C}_{n'}^{n})\boldsymbol{C}_{b}^{n'}\tilde{\boldsymbol{f}}^{b}-(2\tilde{\boldsymbol{\omega}}_{ie}^{n}+\tilde{\boldsymbol{\omega}}_{en}^{n})\times\delta\boldsymbol{v}^{n}+\boldsymbol{C}_{n'}^{n}\boldsymbol{C}_{b}^{n'}\boldsymbol{\nabla}^{b}-\\&(2\delta\boldsymbol{\omega}_{ie}^{n}+\delta\boldsymbol{\omega}_{en}^{n})\times(\tilde{\boldsymbol{v}}^{n}-\delta\boldsymbol{v}^{n})+\delta\boldsymbol{g}^{n}\end{aligned} \tag{4.1.18}$$

式中

$$\boldsymbol{\omega}_{ie}^{n}=[0\quad \omega_{ie}\cos L\quad \omega_{ie}\sin L]^{\mathrm{T}} \tag{4.1.19}$$

$$\delta\boldsymbol{\omega}_{ie}^{n}=[0\quad -\omega_{ie}\sin\tilde{L}\delta L\quad \omega_{ie}\cos\tilde{L}\delta L]^{\mathrm{T}} \tag{4.1.20}$$

$$\boldsymbol{\omega}_{en}^{n}=\left[-v_{N}^{n}\quad v_{E}^{n}\quad v_{E}^{n}\tan L\right]^{\mathrm{T}}/R_{e} \tag{4.1.21}$$

$$\delta\boldsymbol{\omega}_{en}^{n}=\left[-\delta v_{N}^{n}\quad \delta v_{E}^{n}\quad \tan\tilde{L}\delta v_{E}^{n}+\tilde{v}_{E}^{n}\sec^{2}\tilde{L}\delta L\right]^{\mathrm{T}}/R_{e} \tag{4.1.22}$$

式中：L 为纬度；ω_{ie} 为地球自转角速度；R_e 为地球半径。式(4.1.18)即为 SINS 非线性速度误差方程。

SINS 在 n 系下的位置更新方程为

$$\dot{L}=\frac{v_N}{R_M},\dot{\lambda}=\frac{v_E}{R_N\cos L} \tag{4.1.23}$$

考虑到实际应用中 SINS 存在计算和测量误差，式(4.1.23)可重新表示为如下形式：

$$\dot{\tilde{L}}=\frac{\tilde{v}_N}{R_M},\dot{\tilde{\lambda}}=\frac{\tilde{v}_E}{R_N\cos\tilde{L}}=\frac{\tilde{v}_E\sec\tilde{L}}{R_N} \tag{4.1.24}$$

式中，$\tilde{L}=L+\delta L$，$\tilde{\lambda}=\lambda+\delta\lambda$，$R_M=R_N=R_e$。式(4.1.24)减去式(4.1.23)可得

$$\delta\dot{L}=\delta v_N^n/R_e,\delta\dot{\lambda}=(\delta v_E^n\sec\tilde{L}+\tilde{v}_E^n\sec\tilde{L}\tan\tilde{L}\delta L)/R_e \tag{4.1.25}$$

式(4.1.25)即为 SINS 非线性位置误差方程。

SINS 动基座初始对准非线性状态空间模型如下：

$$\left.\begin{aligned}
&\delta\dot{L}=\delta v_N^n/R_e\\
&\delta\dot{\lambda}=(\delta v_E^n\sec\tilde{L}+\tilde{v}_E^n\sec\tilde{L}\tan\tilde{L}\delta L)/R_e\\
&\dot{\boldsymbol{\alpha}}=\boldsymbol{C}_{\omega}^{-1}\left[(\boldsymbol{I}-\boldsymbol{C}_{n}^{n'})\tilde{\boldsymbol{\omega}}_{in}^{n}+\boldsymbol{C}_{n}^{n'}\delta\boldsymbol{\omega}_{in}^{n}-\boldsymbol{C}_{b}^{n'}\boldsymbol{\varepsilon}^{b}\right]\\
&\delta\dot{\boldsymbol{v}}^{n}=(\boldsymbol{I}-\boldsymbol{C}_{n'}^{n})\boldsymbol{C}_{b}^{n'}\tilde{\boldsymbol{f}}^{b}-(2\tilde{\boldsymbol{\omega}}_{ie}^{n}+\tilde{\boldsymbol{\omega}}_{en}^{n})\times\delta\boldsymbol{v}^{n}+\\
&\qquad\boldsymbol{C}_{n'}^{n}\boldsymbol{C}_{b}^{n'}\nabla^{b}-(2\delta\boldsymbol{\omega}_{ie}^{n}+\delta\boldsymbol{\omega}_{en}^{n})\times(\tilde{\boldsymbol{v}}^{n}-\delta\boldsymbol{v}^{n})+\delta\boldsymbol{g}^{n}\\
&\dot{\nabla}^{b}=\boldsymbol{0}\\
&\dot{\boldsymbol{\varepsilon}}^{b}=\boldsymbol{0}
\end{aligned}\right\} \tag{4.1.26}$$

4.1.2 观测模型

选取东向速度误差 δv_E 和北向速度误差 δv_N 作为观测量。当外部辅助速度为 DVL 或 OD 提供的 b 系速度时，观测模型公式如下：

$$\begin{aligned}
\boldsymbol{Z}&=\tilde{\boldsymbol{v}}_{\mathrm{SINS}}^{n}-\tilde{\boldsymbol{v}}_{\mathrm{DVL/OD}}^{n}=\tilde{\boldsymbol{v}}_{\mathrm{SINS}}^{n}-\boldsymbol{C}_{n'}^{n}\boldsymbol{C}_{b}^{n'}\boldsymbol{C}_{d}^{b}\tilde{\boldsymbol{v}}_{\mathrm{DVL/OD}}^{d}\\
&=\boldsymbol{v}_{\mathrm{SINS}}^{n}+\delta\boldsymbol{v}_{\mathrm{SINS}}^{n}-(\boldsymbol{C}_{b}^{n}\boldsymbol{C}_{d}^{b}\tilde{\boldsymbol{v}}_{\mathrm{DVL/OD}}^{d}+\Delta\boldsymbol{C}\boldsymbol{C}_{d}^{b}\tilde{\boldsymbol{v}}_{\mathrm{DVL/OD}}^{d})\\
&=\delta\boldsymbol{v}_{\mathrm{SINS}}^{n}-\Delta\boldsymbol{C}\boldsymbol{C}_{d}^{b}\tilde{\boldsymbol{v}}_{\mathrm{DVL/OD}}^{d}=\delta\boldsymbol{v}_{\mathrm{SINS}}^{n}-(\boldsymbol{I}-\boldsymbol{C}_{n'}^{n})\boldsymbol{C}_{b}^{n'}\boldsymbol{C}_{d}^{b}\tilde{\boldsymbol{v}}_{\mathrm{DVL/OD}}^{d}\\
&=\delta\boldsymbol{v}_{\mathrm{SINS}}^{n}-(\boldsymbol{I}-\boldsymbol{C}_{n'}^{n})\boldsymbol{C}_{b}^{n'}\boldsymbol{v}_{\mathrm{DVL/OD}}^{b}
\end{aligned} \tag{4.1.27}$$

式中：$\boldsymbol{v}_{\mathrm{DVL/OD}}^{b}=\boldsymbol{C}_{d}^{b}\tilde{\boldsymbol{v}}_{\mathrm{DVL/OD}}^{d}$ 为 DVL/OD 测得的载体系速度；$\boldsymbol{C}_{d}^{b}$ 为 DVL 的安装误差

矩阵，在实际应用中可通过事先标定的方式获取[78]。因此，观测量 $\boldsymbol{z}$ 的表达式为

$$\boldsymbol{z}=\begin{bmatrix}\delta v_E \\ \delta v_N\end{bmatrix}=[\boldsymbol{Z}]_{2\times1} \tag{4.1.28}$$

式中，$[\cdot]_{2\times1}$ 表示向量 $[\cdot]_{3\times1}$ 的前两行。

在水下导航过程中，SINS 可借助 DVL 提供的 b 系测速辅助信息实现动态初始对准或组合导航。由式(4.1.27)可以看出，DVL 提供 b 系测速辅助 SINS 进行初始对准或组合导航的问题与 OD 提供 b 系测速辅助 SINS 进行初始对准或组合导航的问题具有一致性。因此，可利用车载、船载实测数据模拟水下 DVL 测速辅助 SINS 进行初始对准或组合导航。

为了将滤波方法应用于 SINS 动基座对准中，应首先对式(4.1.26)和式(4.1.27)进行离散化。式(4.1.26)和式(4.1.27)的离散时间形式的表达式如下：

$$\left.\begin{aligned}
&\delta L_k=\delta L_{k-1}+(\delta v_{N,k-1}^n/R_e)\cdot T_s\\
&\delta\lambda_k=\delta\lambda_{k-1}+[(\delta v_{E,k-1}^n\sec\tilde{L}_{k-1}+\tilde{v}_{E,k-1}^n\sec\tilde{L}_{k-1}\cdot\\
&\qquad\tan\tilde{L}_{k-1}\delta L_{k-1})/R_e]\cdot T_s\\
&\boldsymbol{\alpha}_k=\boldsymbol{\alpha}_{k-1}+\{\boldsymbol{C}_{\omega,k-1}^{-1}[(\boldsymbol{I}-\boldsymbol{C}_{n,k-1}^{n'})\tilde{\boldsymbol{\omega}}_{in,k-1}^n+\\
&\qquad\boldsymbol{C}_{n,k-1}^{n'}\delta\boldsymbol{\omega}_{in,k-1}^n-\boldsymbol{C}_{b,k-1}^{n'}\boldsymbol{\varepsilon}_{k-1}^b]\}\cdot T_s\\
&\delta\boldsymbol{v}_k^n=\delta\boldsymbol{v}_{k-1}^n+[(\boldsymbol{I}-\boldsymbol{C}_{n',k-1}^n)\boldsymbol{C}_{b,k-1}^{n'}\tilde{\boldsymbol{f}}_k^b-(2\tilde{\boldsymbol{\omega}}_{ie,k-1}^n+\tilde{\boldsymbol{\omega}}_{en,k-1}^n)\times\\
&\qquad\delta\boldsymbol{v}_{k-1}^n+\boldsymbol{C}_{n',k-1}^n\boldsymbol{C}_{b,k-1}^{n'}\boldsymbol{\nabla}_{k-1}^b-(2\delta\boldsymbol{\omega}_{ie,k-1}^n+\delta\boldsymbol{\omega}_{en,k-1}^n)\times\\
&\qquad(\tilde{\boldsymbol{v}}_{k-1}^n-\delta\boldsymbol{v}_{k-1}^n)+\delta\boldsymbol{g}_{k-1}^n]\cdot T_s\\
&\boldsymbol{\nabla}_k^b=\boldsymbol{\nabla}_{k-1}^b\\
&\boldsymbol{\varepsilon}_k^b=\boldsymbol{\varepsilon}_{k-1}^b
\end{aligned}\right\} \tag{4.1.29}$$

$$\boldsymbol{Z}_k=\delta\boldsymbol{v}_{\mathrm{SINS},k}^n-(\boldsymbol{I}-\boldsymbol{C}_{n',k}^n)\boldsymbol{C}_{b,k}^{n'}\boldsymbol{v}_{\mathrm{DVL/OD},k}^b \tag{4.1.30}$$

由于 SINS 的高度通道是独立、发散的，其高度通道信息可借助外部传感器如气压计或水压计等准确获得。因此，本书选取的状态量不考虑高度通道的速度和位置信息。选取的状态量为

$$\boldsymbol{x}=[\delta L\quad \delta\lambda\quad \delta v_E\quad \delta v_N\quad \alpha_x\quad \alpha_y\quad \alpha_z\quad \varepsilon_x^b\quad \varepsilon_y^b\quad \varepsilon_z^b\quad \nabla_x^b\quad \nabla_y^b\quad \nabla_z^b]^{\mathrm{T}} \tag{4.1.31}$$

式中：δL、$\delta\lambda$ 分别为纬度误差、经度误差；δv_E、δv_N 分别为东向速度误差、北向速度误差；$\boldsymbol{\alpha}=[\alpha_x\quad \alpha_y\quad \alpha_z]^{\mathrm{T}}$ 为欧拉平台误差角；$\boldsymbol{\varepsilon}^b=[\varepsilon_x^b\quad \varepsilon_y^b\quad \varepsilon_z^b]^{\mathrm{T}}$ 为陀螺仪常值漂移；$\boldsymbol{\nabla}^b=[\nabla_x^b\quad \nabla_y^b\quad \nabla_z^b]^{\mathrm{T}}$ 为加速度计零偏。

事实上，对于水面船或水下潜器来说，初始对准时间较短，其位置变化对初

始对准结果影响不大，在水面船或水下潜器运动基座对准过程中，位置的变化可以忽略不计[103]。但是，这种“可忽略不计的位置变化”是以事先已获取较为准确的初始位置信息为前提的。由式(4.1.18)～式(4.1.26)可以明显看出，若初始位置信息不准确，则会直接影响基于DVL测速辅助SINS动态对准模型的准确性，进而影响对准效果。水下环境中可利用AST为AUV提供较为准确的初始定位信息。4.2节内容将针对AST初始定位误差对基于DVL测速辅助UKF的水下动态对准的影响进行分析、验证。

4.2 基于UKF算法的非线性对准方法

4.1节指出，SINS水下动态对准需要较为准确的初始定位信息，AUV可通过与AST进行问答获取初始位置信息。由于声波在水中传播引起的误差不可避免地会影响AST对AUV的定位精度。因此，与3.1.4小节相同，本节在初始定位误差为200 m以内的条件下，分析、验证AST初始定位误差对基于UKF的动态对准的影响。

4.2.1 UKF基本原理

考虑如下离散时间非线性动态对准状态空间模型：

$$\left.\begin{aligned} \boldsymbol{x}_k &= f(\boldsymbol{x}_{k-1})+\boldsymbol{W}_{k-1} \\ \boldsymbol{z}_k &= h(\boldsymbol{x}_k)+\boldsymbol{V}_k \end{aligned}\right\} \tag{4.2.1}$$

式中：$f(\cdot)$表示非线性的过程模型函数，$f(\cdot)$具体推导过程如式(4.1.1)～式(4.1.26)所示；$h(\cdot)$表示非线性观测模型函数，$h(\cdot)$具体推导过程如式(4.1.27)所示；$\boldsymbol{x}_k\in\mathbf{R}^n$表示$n$维状态向量；$\boldsymbol{z}_k\in\mathbf{R}^m$表示$m$维观测向量；$\boldsymbol{W}_k$表示系统噪声向量，一般服从高斯分布，即$\boldsymbol{W}_k\sim N(0,\boldsymbol{Q}_k)$，$\boldsymbol{Q}_k$为系统噪声协方差矩阵；$\boldsymbol{V}_k$表示量测噪声向量，一般服从高斯分布，即$\boldsymbol{V}_k\sim N(0,\boldsymbol{R}_k)$，$\boldsymbol{R}_k$为量测噪声协方差矩阵。$\boldsymbol{W}_k$、$\boldsymbol{V}_k$满足如下关系式：

$$E(\boldsymbol{V}_k\boldsymbol{V}_l^{\mathrm{T}})=\boldsymbol{R}_k\delta_{kl},E(\boldsymbol{W}_k\boldsymbol{W}_l^{\mathrm{T}})=\boldsymbol{Q}_k\delta_{kl},E(\boldsymbol{W}_k\boldsymbol{V}_k^{\mathrm{T}})=\mathbf{0},E(\boldsymbol{V}_k\boldsymbol{W}_k^{\mathrm{T}})=\mathbf{0} \tag{4.2.2}$$

式中，δ_{kl}为Kronecker函数。类似于KF算法，UKF算法主要分为两步：①时间更新；②量测更新。k时刻离散UKF的时间更新方程和量测更新方程如下。

(1)时间更新方程。计算Sigma点$\boldsymbol{\chi}_{k-1|k-1}$和传递Sigma点$\boldsymbol{\chi}_{i,k-1|k-1}^{*}$：

$$\boldsymbol{\chi}_{k-1|k-1}=[\hat{\boldsymbol{x}}_{k-1|k-1}\quad \hat{\boldsymbol{x}}_{k-1|k-1}+\sqrt{(n+\kappa)\boldsymbol{P}_{k-1|k-1}}\quad \hat{\boldsymbol{x}}_{k-1|k-1}-\sqrt{(n+\kappa)\boldsymbol{P}_{k-1|k-1}}] \tag{4.2.3}$$

$$\boldsymbol{\chi}^{*}_{i,k|k-1}=f(\boldsymbol{\chi}_{k-1|k-1}) \tag{4.2.4}$$

计算状态量的先验估计 $\hat{\boldsymbol{x}}_{k|k-1}$，状态误差协方差的先验估计 $\boldsymbol{P}_{k|k-1}$：

$$\hat{\boldsymbol{x}}_{k|k-1}=\sum_{i=0}^{2n}W_i\boldsymbol{\chi}^{*}_{i,k|k-1} \tag{4.2.5}$$

$$\boldsymbol{P}_{k|k-1}=\sum_{i=0}^{2n}W_i(\boldsymbol{\chi}^{*}_{i,k|k-1}-\hat{\boldsymbol{x}}_{k|k-1})(\boldsymbol{\chi}^{*}_{i,k|k-1}-\hat{\boldsymbol{x}}_{k|k-1})^{\mathrm{T}}+\boldsymbol{Q}_k \tag{4.2.6}$$

(2)量测更新方程。利用 $\hat{\boldsymbol{x}}_{k|k-1}$ 和 $\boldsymbol{P}_{k|k-1}$ 分别替换 $\hat{\boldsymbol{x}}_{k-1|k-1}$ 和 $\boldsymbol{P}_{k-1|k-1}$，并根据式(4.2.3)计算得到 Sigma 点 $\boldsymbol{\chi}_{k|k-1}$，计算传递 *Sigma* 点 $\boldsymbol{\chi}^{*}_{i,k|k-1}$：

$$\boldsymbol{\chi}^{*}_{i,k|k-1}=h(\boldsymbol{\chi}_{k|k-1}) \tag{4.2.7}$$

计算观测量的先验估计 $\hat{\boldsymbol{z}}_{k|k-1}$、量测误差协方差的先验估计 $\boldsymbol{P}_{zz,k|k-1}$，新息协方差的先验估计 $\boldsymbol{P}_{ee,k|k-1}$，以及状态量和观测量互协方差的先验估计 $\boldsymbol{P}_{xz,k|k-1}$：

$$\hat{\boldsymbol{z}}_{k|k-1}=\sum_{i=0}^{2n}W_i\boldsymbol{\chi}^{*}_{i,k|k-1} \tag{4.2.8}$$

$$\boldsymbol{P}_{zz,k|k-1}=\sum_{i=0}^{2n}W_i(\boldsymbol{\chi}^{*}_{i,k|k-1}-\hat{\boldsymbol{z}}_{k|k-1})(\boldsymbol{\chi}^{*}_{i,k|k-1}-\hat{\boldsymbol{z}}_{k|k-1})^{\mathrm{T}} \tag{4.2.9}$$

$$\begin{aligned}\boldsymbol{P}_{ee,k|k-1}&=\sum_{i=0}^{2n}W_i(\boldsymbol{\chi}^{*}_{i,k|k-1}-\hat{\boldsymbol{z}}_{k|k-1})(\boldsymbol{\chi}^{*}_{i,k|k-1}-\hat{\boldsymbol{z}}_{k|k-1})^{\mathrm{T}}+\boldsymbol{R}_k\\&=\boldsymbol{P}_{zz,k|k-1}+\boldsymbol{R}_k\end{aligned} \tag{4.2.10}$$

$$\boldsymbol{P}_{xz,k|k-1}=\sum_{i=0}^{2n}W_i(\boldsymbol{\chi}^{*}_{i,k|k-1}-\hat{\boldsymbol{x}}_{k|k-1})(\boldsymbol{\chi}^{*}_{i,k|k-1}-\hat{\boldsymbol{z}}_{k|k-1})^{\mathrm{T}} \tag{4.2.11}$$

计算卡尔曼滤波增益 $\boldsymbol{K}_k$、状态量后验估计 $\hat{\boldsymbol{x}}_{k|k}$，及状态误差协方差后验估计 $\boldsymbol{P}_{k|k}$：

$$\boldsymbol{K}_k=\boldsymbol{P}_{xz,k|k-1}(\boldsymbol{P}_{zz,k|k-1}+\boldsymbol{R}_k)^{-1} \tag{4.2.12}$$

$$\hat{\boldsymbol{x}}_{k|k}=\hat{\boldsymbol{x}}_{k|k-1}+\boldsymbol{K}_k(\tilde{\boldsymbol{z}}_k-\hat{\boldsymbol{z}}_{k|k-1})=\hat{\boldsymbol{x}}_{k|k-1}+\boldsymbol{K}_k\boldsymbol{\mu}_k \tag{4.2.13}$$

$$\boldsymbol{P}_{k|k}=\boldsymbol{P}_{k|k-1}-\boldsymbol{K}_k\boldsymbol{P}_{ee,k|k-1}\boldsymbol{K}_k^{\mathrm{T}} \tag{4.2.14}$$

式中：$\boldsymbol{\mu}_k=\tilde{\boldsymbol{z}}_k-\hat{\boldsymbol{z}}_{k|k-1}$ 为 k 时刻的新息向量；W_i 为 Sigma 点的权值系数，$W_0=\kappa/(n+\kappa)$，$W_i=1/[2(n+\kappa)]$，$i=1,2,\cdots,2n$；n 为状态空间维数；κ 为调节参数，κ 的具体选取规则可参考文献[139]。

4.2.2 AST初始定位误差对非线性对准的影响分析

DVL由于其自身优势可为SINS提供b系下的速度辅助信息,若要在不浮出水面(提高隐蔽性)的条件下,对SINS进行初始对准,则需AST提供给AUV一个初始定位信息。3.1.4小节针对AST初始位置定位误差(200 m以内)对SINS水下动态粗对准的影响进行了理论分析和半物理仿真验证。本小节将对AST初始定位误差(200 m以内)对基于UKF水下动态对准的影响进行理论分析和半物理仿真验证。

4.2.2.1 理论分析

AUV运动到AST作用范围内,AST即可为AUV的初始对准提供初始位置辅助信息$\boldsymbol{P}_0$。假设$\boldsymbol{P}_0=[L_0 \quad \lambda_0 \quad h_0]^{\mathrm{T}}$,初始位置的定位误差为$\delta\boldsymbol{P}=[L_e \quad \lambda_e \quad h_e]^{\mathrm{T}}$,则由AST提供给AUV的初始真实位置为

$$\boldsymbol{P}_{\mathrm{true},0}=\boldsymbol{P}_0+\delta\boldsymbol{P}=[L_0+L_e \quad \lambda_0+\lambda_e \quad h_0+h_e]^{\mathrm{T}} \tag{4.2.15}$$

由式(4.1.24)可知,初始位置误差始终会给惯导解算带来常值误差$\delta\boldsymbol{P}$。SINS/DVL(OD)动基座初始对准的实质是b系下速度辅助对准,导航解算的位置误差明显不可观测[140]。重写式(4.2.13)得

$$\hat{\boldsymbol{x}}_{k|k}=\hat{\boldsymbol{x}}_{k|k-1}+\boldsymbol{K}_k(\tilde{\boldsymbol{z}}_k-\hat{\boldsymbol{z}}_{k|k-1}) \tag{4.2.16}$$

式中,$\tilde{\boldsymbol{z}}_k$可根据式(4.1.30)计算得到。由式(4.2.16)可知,当观测量$\tilde{\boldsymbol{z}}_k$为东向速度误差δv_E和北向速度误差δv_N时,$\tilde{\boldsymbol{z}}_k$对位置误差对应的状态分量无明显的修正作用,因此初始定位误差$\delta\boldsymbol{P}$也是不可观测的。这将会造成$\delta\boldsymbol{P}$污染$\hat{\boldsymbol{x}}_{k|k-1}$,使得$\hat{\boldsymbol{x}}_{k|k-1}$"跟踪"$\delta\boldsymbol{P}$,也就是说经滤波估计修正后的位置仍然会包含$\delta\boldsymbol{P}$,即滤波器对位置的估计误差中始终存在大小为$\delta\boldsymbol{P}$的常值误差。

利用AST辅助UV进行水下导航,其定位误差可控制在200 m以内[31,38,41],即最大定位误差为200 m。由3.1.4小节可知,位置在纬度方向、经度方向200 m的定位误差会造成3.1357×10^{-5} rad(6.467 8″)的纬度误差、经度误差。结合式(4.1.13)~式(4.1.22),可以得出初步结论:在初始位置定位误差范围为0~200 m的条件下,①AST对AUV的初始位置定位误差对水下SINS初始对准的姿态对准结果基本没有影响;②初始对准过程中滤波器对位置的估计误差中始终包含AUV初始位置的定位误差$\delta\boldsymbol{P}$。

4.2.2.2 半物理仿真验证

为了进一步验证4.2.2.1小节理论分析的正确性,选取600 s船载实测数

据利用 UKF 进行不同初始位置定位误差、不同对准结构条件下的初始对准试验。在试验过程中，设置初始位置定位误差（D_L，D_λ）分别为（0 m，0 m）、（100 m，100 m）和（200 m，200 m），对应的开环初始对准实验分别记为“Test1-OA”、“Test2-OA”和“Test3-OA”，对应的闭环初始对准试验分别记为“Test 1-CA”、“Test 2-CA”和“Test 3-CA”。初始对准结果分别如图 4.3～图 4.5（附彩图）所示。

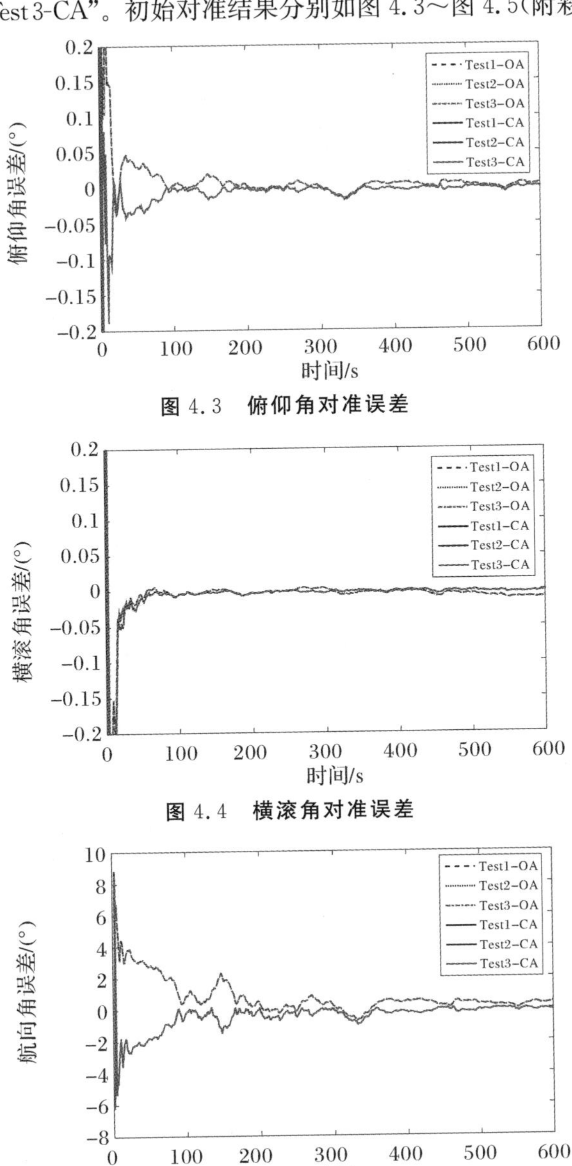

图 4.3　俯仰角对准误差

图 4.4　横滚角对准误差

图 4.5　航向角对准误差

由图 4.3～图 4.5 可以看出，在不同的初始位置定位误差条件下，UKF 的初始姿态对准误差曲线重合很好。特别地，在初始对准结束时刻，不同初始位置定位误差、不同对准结构条件下的初始姿态对准结果如表 4.1 所示。

由图 4.3～图 4.5 及表 4.1 可知，当 AST 对 AUV 的初始定位误差范围为 0～200 m 时，基于 UKF 的初始对准过程中姿态对准结果基本不受影响。通过试验可知，在初始对准结束时刻 UKF 对位置的估计误差如表 4.2 所示。

表 4.1 对准结束时刻的姿态对准误差

单位：(°)

	Test1-OA	Test2-OA	Test3-OA	Test1-CA	Test2-CA	Test3-CA
俯仰角	0.004 148	0.004 147	0.004 146	−0.001 208	−0.001 207	−0.001 206
横滚角	−0.009 352	−0.009 351	−0.009 350	−0.000 851	−0.000 850	−0.000 849
航向角	0.373 2	0.373 2	0.373 2	−0.130 1	−0.130 1	−0.130 1

表 4.2 对准结束时刻位置估计误差

单位：m

	Test1-OA	Test2-OA	Test3-OA	Test1-CA	Test2-CA	Test3-CA
纬度方向	−22.83	76.99	176.80	−12.23	87.59	187.40
经度方向	4.83	104.60	204.40	10.88	110.70	210.50

由表 4.2 可以看出，当 AST 初始定位误差为 0 m 时，利用 UKF 进行开环对准/闭环对准得到的位置估计误差分别为−22.83 m/4.83 m、−12.23 m/10.88 m。以 Test 1 对应的位置估计误差作为参考，通过表 4.2 及计算可知，Test 2-OA 和 Test 2-CA 的位置估计误差分别为 99.82 m/99.77 m 和 99.82 m/99.82 m；Test 3-OA 和 Test 3-CA 的位置估计误差分别为 199.63 m/199.57 m 和 199.63 m/199.62 m。半物理仿真试验进一步验证了初始位置定位误差会使基于 UKF 的初始对准过程中位置估计误差始终包含与初始定位误差相同大小的常值误差。

4.3 基于调节因子自适应的鲁棒 UKF 算法

UKF 是基于 KF 框架下的最优估计算法，UKF 本身不具备鲁棒性。在水下 SINS 动态对准过程中，观测量易受到干扰噪声、野值等非高斯噪声的污染[61,102,141]，观测信息中含有非高斯噪声会导致高斯分布假设不再满足，从而会降低UKF的滤波性能，甚至会导致滤波发散。为了解决非线性、非高斯的问题，Lubin Chang等基于广义极大似然法的Huber M估计通过结合l_1范数估计和l_2范数估计实现了对UKF的鲁棒化，提出了HRUKF算法[137]，HRUKF有效避免了统计线性化近似带来的线性化误差。本节首先介绍HRUKF的基本原理，分析调节因子与HRUKF滤波性能之间的关系，指出HRUKF存在选取调节因子为常值会损失滤波精度的问题；而后根据量测噪声特性设计调节因子自适应调整策略，进而提出AHRUKF算法；最后基于“再入飞行器跟踪问题模型”仿真试验和基于船载实测数据初始对准试验对AHRUKF算法的有效性和优势进行验证。

4.3.1 鲁棒UKF算法原理

Huber代价函数是Huber M估计中应用最广泛的代价函数[142-143]，其具体形式如下：

$$\rho(\tau)=\begin{cases}0.5\tau^2, & |\tau|\leqslant\gamma\\ \gamma|\tau|-0.5\gamma^2, & |\tau|>\gamma\end{cases} \tag{4.3.1}$$

式中：γ为调节因子，一般取经验值1.345[144]；$\boldsymbol{\tau}_k=\boldsymbol{R}_k^{-1/2}[\boldsymbol{z}_k-h(\boldsymbol{x}_{k|k-1})]$。定义$\phi(\cdot)=\rho'(\cdot)$，则Huber影响函数为

$$\phi(\tau)=\begin{cases}\tau, & |\tau|\leqslant\gamma\\ \mathrm{sgn}(\tau)\gamma, & |\tau|>\gamma\end{cases} \tag{4.3.2}$$

式中，sgn(·)为符号函数，其定义如下：

$$\mathrm{sgn}(\tau)=\begin{cases}1, & \tau>0\\ -1, & \tau<0\end{cases} \tag{4.3.3}$$

定义$\Psi(\tau)=\phi(\tau)/\tau$，则Huber权值函数的表达式如下：

$$\Psi(\tau)=\frac{\phi(\tau)}{\tau}=\begin{cases}1, & |\tau|\leqslant\gamma\\ \gamma/|\tau|, & |\tau|>\gamma\end{cases} \tag{4.3.4}$$

令$\widetilde{\boldsymbol{\Psi}}(\tau)=\mathrm{diag}[\phi(\tau)/\tau]=\mathrm{diag}(\widetilde{\boldsymbol{\Psi}}_z,\widetilde{\boldsymbol{\Psi}}_x)$，利用$\widetilde{\boldsymbol{\Psi}}(\tau)$对量测噪声协方差阵$\boldsymbol{R}_k$进行修正，得到修正后的量测噪声协方差阵如下：

$$\widetilde{\boldsymbol{R}}_k=(\boldsymbol{R}_k)^{1/2}[\widetilde{\boldsymbol{\Psi}}(\tau)]^{-1}[(\boldsymbol{R}_k)^{\frac{1}{2}}]^{\mathrm{T}} \tag{4.3.5}$$

类似于UKF，HRUKF算法分为时间更新和量测更新。HRUKF的时间更新过程与UKF相同，HRUKF与UKF的主要区别在于量测更新过程。用$\widetilde{\boldsymbol{R}}_k$

取代 $\boldsymbol{R}_k$ 对式(4.2.1)进行标准 UKF 滤波，即可实现对标准 UKF 的鲁棒化，得到 HRUKF 算法[137]。k 时刻 HRUKF 量测更新过程如下：

(1)计算 Sigma 点，如式(4.2.3)所示，计算传递 Sigma 点 $\boldsymbol{\chi}_{i,k|k-1}^{*}$，如式(4.2.7)所示。

(2)计算观测量的先验估计 $\hat{\boldsymbol{z}}_{k|k-1}$、量测误差协方差的先验估计 $\boldsymbol{P}_{zz,k|k-1}$、新息协方差的先验估计 $\boldsymbol{P}_{ee,k|k-1}$，以及状态量和观测量互协方差的先验估计 $\boldsymbol{P}_{xz,k|k-1}$，分别如式(4.2.8)～式(4.2.11)所示。

(3)根据式(4.3.4)计算权值矩阵 $\widetilde{\boldsymbol{\Psi}}_k=\mathrm{diag}(\widetilde{\boldsymbol{\Psi}}_{z,k},\widetilde{\boldsymbol{\Psi}}_{x,k})$，并对量测噪声协方差阵进行修正，如式(4.3.5)所示。

(4)重新计算新息协方差的先验估计，具体如下：

$$\widetilde{\boldsymbol{P}}_{ee,k|k-1}=\boldsymbol{P}_{zz,k|k-1}+\widetilde{\boldsymbol{R}}_k \tag{4.3.6}$$

(5)计算卡尔曼滤波增益 $\boldsymbol{K}_k$、状态量的后验估计 $\hat{\boldsymbol{x}}_{k|k}$，以及状态误差协方差的后验估计 $\boldsymbol{P}_{k|k}$：

$$\boldsymbol{K}_k=\boldsymbol{P}_{xz,k|k-1}(\boldsymbol{P}_{zz,k|k-1}+\widetilde{\boldsymbol{R}}_k)^{-1} \tag{4.3.7}$$

$$\hat{\boldsymbol{x}}_{k|k}=\hat{\boldsymbol{x}}_{k|k-1}+\boldsymbol{K}_k(\tilde{\boldsymbol{z}}_k-\hat{\boldsymbol{z}}_{k|k-1})=\hat{\boldsymbol{x}}_{k|k-1}+\boldsymbol{K}_k\boldsymbol{\mu}_k \tag{4.3.8}$$

$$\boldsymbol{P}_{k|k}=\boldsymbol{P}_{k|k-1}-\boldsymbol{K}_k\widetilde{\boldsymbol{P}}_{ee,k|k-1}\boldsymbol{K}_k^{\mathrm{T}} \tag{4.3.9}$$

实际上，由于真实状态是未知的，所以残差 $\delta\boldsymbol{x}_{k|k-1}$ 置零，可得 $\widetilde{\boldsymbol{\Psi}}_{x,k}=\boldsymbol{I}$[58,135]。因此，基于固定值调节因子 HRUKF 算法的本质是：当观测量受到非高斯噪声污染时，通过利用 Huber 权值函数 $\widetilde{\boldsymbol{\Psi}}_k$ 修正量测噪声协方差阵，从而使得标准 UKF 具有鲁棒性。

考虑如下情形：噪声 υ 服从假设模型 M_0，其累积分布函数(Cumulative Distribution Function，CDF)和概率密度函数(Probability Density Function，PDF)分别为 F_0 和 f_0。但是在实际中，υ 会受到干扰噪声或野值的污染。假设干扰噪声服从模型 M_c，其累积分布函数和概率密度函数分别为 F_c 和 f_c。因此，噪声 υ 真实的 CDF 表达式如下[145]：

$$\begin{aligned}F_\upsilon(\omega)&=P(\upsilon\leqslant\omega)=(1-\varepsilon)P(M_0\leqslant\omega)+\varepsilon P(M_c\leqslant\omega)\\&=(1-\varepsilon)F_0(\omega)+\varepsilon F_c(\omega)\end{aligned} \tag{4.3.10}$$

式中，$P(\upsilon\leqslant\omega)$ 表示事件 $\upsilon\leqslant\omega$ 的概率。对式(4.3.10)两端同时取微分可得 υ 的 PDF 如下：

$$f_\upsilon(\omega)=(1-\varepsilon)f_0(\omega)+\varepsilon f_c(\omega) \tag{4.3.11}$$

在式(4.3.10)和式(4.3.11)中，函数 $F_c(\omega)$、$f_c(\omega)$ 可为任意函数，且并不一

定是对称函数；ε 为污染比或干扰因子。式(4.3.10)和式(4.3.11)也称为粗差模型[146]。假设噪声 $\boldsymbol{v}$ 的中心分布是高斯分布，文献[146]指出在某些正则条件下，对于给定的干扰因子 ε 存在一个且只有一个分布使得其 Fisherian 信息[即 $I(F)=\int (f'/f)^2 \mathrm{d}\omega$] 在整个集合上最小，这个分布的 PDF 如下：

$$f_{IF}=\frac{1-\varepsilon}{\sqrt{2\pi}}\mathrm{e}^{-\rho_{IF}(\omega)} \tag{4.3.12}$$

式(4.3.12)对应的影响函数为

$$\rho_{IF}(\omega)=\begin{cases} 0.5\omega^2, & |\omega|\leqslant\gamma \\ \gamma|\omega|-0.5\gamma^2, & |\omega|>\gamma \end{cases} \tag{4.3.13}$$

式中，调节因子 γ 的取值由干扰因子 ε 决定，γ 与 ε 的理论关系如下[145]：

$$\frac{\varepsilon}{1-\varepsilon}=\frac{2}{\gamma}F_0(\gamma)-2F_0(-\gamma) \tag{4.3.14}$$

式中，ε 和 γ 的取值范围分别为(0,1)和(0,∞)。从式(4.3.14)可以看出，调节因子 γ 与高斯混合模型中的污染比 ε 具有理论关系。然而，在实际的高斯混合模型中污染比是未知的[146]，因此无法从理论上确定调节因子 γ。传统上，γ 主要由经验或反复试验确定，通常分配 γ 一个经验值。在实际应用中，由于目标模型存在非高斯特性，因此有必要设计一种针对 γ 的参数整定方案以满足不同噪声特性的要求，从而使滤波器达到更优的滤波性能。

4.3.2　调节因子自适应策略

当观测量受到野值的干扰时，传统的方法为降低干扰的影响，多通过一定门限将受到污染的观测量(或观测新息)检测出并剔除。但是这种方式在诸如连续强干扰的影响下长时间无法进行滤波更新，而且对于干扰中存在的大量有效信息的剔除也会造成滤波发散。PS 算法是辨识观测异常点的有效方法[58,129]，利用 PS 算法辨识异常点的示意图如图 4.6 所示。

新息向量 $\boldsymbol{\mu}_k$ 的权值定义为[147]

$$\omega_k=\min(1,\eta^2/\mathrm{PS}_k^2) \tag{4.3.15}$$

式中，统计门限 $\eta=\chi_{n,\alpha}$，且 $\chi_{n,\alpha}^2$ 服从自由度为 n 的卡方分布 $\chi_{n,\alpha}^2\sim\chi^2(n)$。由图 4.6 及式(4.3.15)可以看出，当 α 减小时，正常的新息会被误判为异常点；反之，当 α 增加时，异常的新息会被误判为正常点。在 AHRUKF 算法中，统计门限 η 取 $\chi_{2,0.95}=2.447\ 4$。

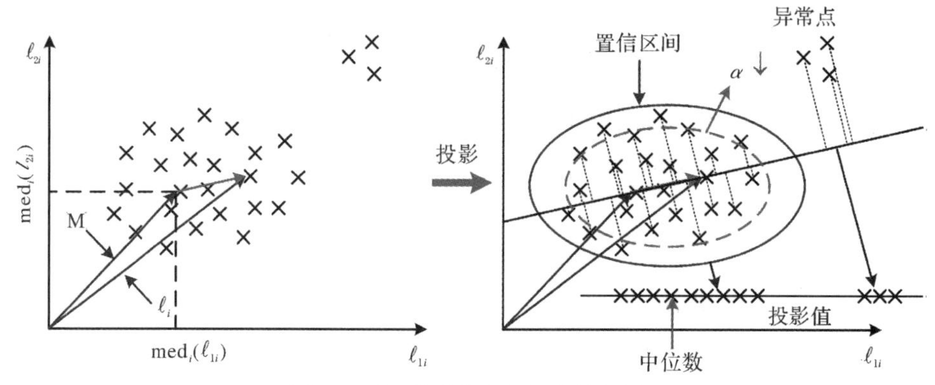

图 4.6 PS 算法辨识异常点示意图

由式(4.3.1)可以看出,调节因子 γ 是决定 Huber 代价函数形式的核心因素,因此 γ 的取值直接影响滤波器的精度和鲁棒性。考虑如下两种情况:

(1)当 γ 趋于无穷大($\gamma \to \infty$)时,$|\tau| < \gamma$ 恒成立。如式(4.3.1)的代价函数将退化为 $\rho(\tau) = 0.5\tau^2$ 的形式,将会进一步使 $\Psi_{z,k} = 1$,此时 AHRUKF 将退化为标准的 UKF,修正后的量测噪声阵为 $\widetilde{\boldsymbol{R}}_k = \boldsymbol{R}_k^{1/2} \widetilde{\boldsymbol{\Psi}}_{z,k}^{-1} [(\boldsymbol{R}_k)^{\frac{1}{2}}]^{\mathrm{T}} = \boldsymbol{R}_k$。

(2)当 γ 趋于 0($\gamma \to 0$)时,$|\tau| \geqslant \gamma$ 恒成立。如式(4.3.1)的权值函数将退化为 $\rho(\tau) = \gamma|\tau| - 0.5\gamma^2$ 的形式,将会进一步使 $\Psi_{z,k} = \gamma/|\tau|$,修正后的量测噪声阵为 $\widetilde{\boldsymbol{R}}_k = \boldsymbol{R}_k^{1/2} \widetilde{\boldsymbol{\Psi}}_{z,k}^{-1} [(\boldsymbol{R}_k)^{\frac{1}{2}}]^{\mathrm{T}}$。$\gamma$ 值对 HRUKF 的精度和鲁棒性的影响如图 4.7 所示。

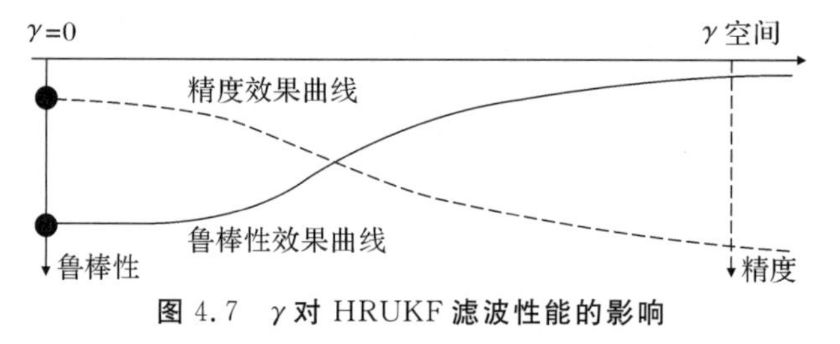

图 4.7 γ 对 HRUKF 滤波性能的影响

图 4.7 中,虚线表示滤波器的精度,实线表示滤波器的鲁棒性。显然,HRUKF 的滤波性能可以由两个具有相反趋势的效果曲线来表示。特别地,当观测量的误差统计特性为高斯分布时,调节因子 γ 一般取经验值 1.345[148]。由于在实际应用中量测噪声存在非高斯特性,因此自适应地调整 γ 值以实现滤波精度和鲁棒性的折中是在不同形式噪声条件下提高滤波性能的重要途径。

从图 4.7 可以看出,增大 γ 值将导致 HRUKF 的滤波精度逐渐提高及滤波鲁棒性逐渐降低。相反,γ 值的减小将导致 HRUKF 的滤波精度逐渐降低及滤波鲁棒性逐渐提高。类似于文献[148]，定义时变参数 α_k、β_k 分别如下：

$$\alpha_k=\beta_k-\beta_{k-1} \tag{4.3.16}$$

$$\beta_k=\|\hat{\boldsymbol{x}}_k-\hat{\boldsymbol{x}}_{k|k-1}\|=\|\boldsymbol{K}_k(\boldsymbol{z}_k-\hat{\boldsymbol{z}}_{k|k-1})\| \tag{4.3.17}$$

式中：β_k 表示观测量受污染的程度，即 β_k 越大，观测量受污染程度越严重。给定调节因子初值为 γ_0，考虑如下两种特殊情况：

(1)目标系统在 $k-1$ 时刻得到正常观测值，在 k 时刻得到异常观测值，则观测量的预测平均值 $\hat{\boldsymbol{z}}_{k-1|k-2}$、$\hat{\boldsymbol{z}}_{k|k-1}$ 分别为

$$\hat{\boldsymbol{z}}_{k-1|k-2}=h(\hat{\boldsymbol{x}}_{k-1|k-2}) \tag{4.3.18}$$

$$\hat{\boldsymbol{z}}_{k|k-1}=h(\hat{\boldsymbol{x}}_{k|k-1}) \tag{4.3.19}$$

式中：$\hat{\boldsymbol{x}}_{k|k-1}$ 表示 k 时刻状态量的预测平均值(即先验估计)，$\hat{\boldsymbol{x}}_{k|k-1}$ 的表达式为

$$\hat{\boldsymbol{x}}_{k|k-1}=f(\hat{\boldsymbol{x}}_{k-1|k-1}) \tag{4.3.20}$$

假设在 $k-2$ 时刻和 $k-1$ 时刻基于 Huber 方法的鲁棒滤波算法是有效的，则 $k-2$ 时刻状态量的后验估计 $\hat{\boldsymbol{x}}_{k-2|k-2}$ 和 $k-1$ 状态量的后验估计 $\hat{\boldsymbol{x}}_{k-1|k-1}$ 均接近真实的状态量，由式(4.3.18)～式(4.3.20)，k 时刻观测量的先验估计 $\hat{\boldsymbol{z}}_{k|k-1}$ 接近真实的观测量。此时 β_k 突变为较大的值，进而导致 $\alpha_k>0$。因此，调节因子 γ_k 的值应当减小，使得 Huber 代价函数退化为 $\rho(\tau)=\gamma|\tau|-0.5\gamma^2$ 的形式。最终，γ_k 被赋予较小的值，将会进一步增强 HRUKF 的鲁棒性。

(2)类似于情形(1)，当目标系统在 $k-1$ 时刻得到异常观测值，在 k 时刻得到正常观测值时，β_k 突变为较小的值，进而导致 $\alpha_k<0$。此时调节因子 γ_k 的值应当增大，使得 Huber 代价函数退化为 $\rho(\tau)=0.5\tau^2$ 的形式。最终，γ_k 被赋予较大的值，将会进一步提高 HRUKF 的精度。定义 γ_k 与 γ_{k-1} 关系式如下：

$$\gamma_k=\begin{cases}\gamma_{k-1}+\bar{\omega}_1\mathrm{PS}_k|\alpha_k|, & \mathrm{PS}_k\leqslant\eta\\ \gamma_{k-1}\exp(-\bar{\omega}_2\mathrm{PS}_k|\alpha_k|), & \mathrm{PS}_k>\eta\end{cases} \tag{4.3.21}$$

式中：$\bar{\omega}_1$、$\bar{\omega}_2$ 为缩放系数，决定调节因子 γ_k 增大或减小的速度。利用估计出的 γ_k 通过式(4.3.4)求解权值矩阵，再通过式(4.3.5)对量测噪声协方差阵进行修正，利用修正后的量测噪声阵对式(4.2.1)进行标准 UKF 滤波即可得到 AHR-UKF 算法。由式(4.3.21)可知，k 时刻新息向量 $\boldsymbol{\mu}_k$ 的 PS 值满足 $\mathrm{PS}_k\leqslant\eta$ 将会使 γ_k 增加，则 ARHUKF 将会具有更高的估计精度；反之，k 时刻 $\boldsymbol{\mu}_k$ 的 PS 值满足 $\mathrm{PS}_k>\eta$ 将会使 γ_k 减小，则 ARHUKF 将会具有更强的鲁棒性。在 ARHUKF 中，设置调节因子 γ_k 值为 1.345，直至时间参数 k 满足 $k\geqslant \mathrm{WL}+1$。长度为 WL 的滑动窗作用于时变参数 γ_k 示意图如图 4.8 所示[58]。

由图 4.8 可以看出，滑动窗能够充分利用每一时刻的数据，且可实现对 γ 的

实时估计和调整，有效提高 AHRUKF 的实时性。

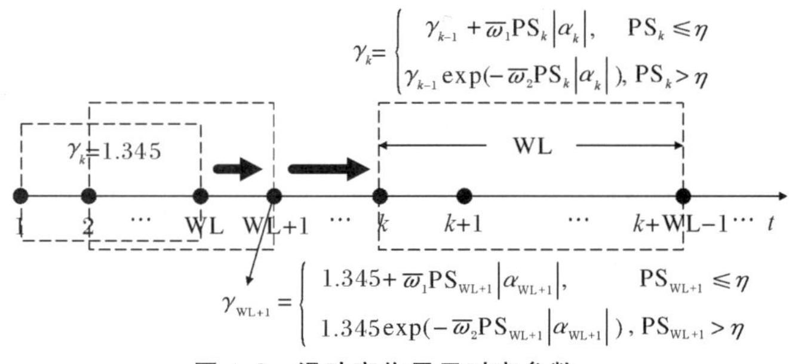

图 4.8　滑动窗作用于时变参数 γ_k

需要注意的是，AHRUKF 与 HRUKF 具有相同的时间更新过程，它们的区别在于量测更新过程。k 时刻 AHRUKF 的量测更新过程如下：

(1)计算 Sigma 点，如式(4.2.3)所示，计算传递 Sigma 点 $\boldsymbol{\chi}_{i,k|k-1}^{*}$，如式(4.2.7)所示。

(2)计算观测量的先验估计 $\hat{\boldsymbol{z}}_{k|k-1}$、量测误差协方差的先验估计 $\boldsymbol{P}_{zz,k|k-1}$、新息协方差的先验估计 $\boldsymbol{P}_{ee,k|k-1}$，以及状态量和观测量互协方差的先验估计 $\boldsymbol{P}_{xz,k|k-1}$，分别如式(4.2.8)～式(4.2.11)所示。

(3)计算卡尔曼滤波增益 $\boldsymbol{K}_k$，如式(4.3.7)所示。

(4)若 $k<\mathrm{WL}+1$，令 $\gamma_k=1.345$，进入步骤(6)；若 $k\geqslant\mathrm{WL}+1$，根据图 4.6 计算存储新息的 PS 值，根据式(4.3.16)和式(4.3.17)计算 β_k 和 α_k。

(5)若 $\mathrm{PS}_k>\eta$，$\gamma_k=\gamma_{k-1}\exp(-\overline{\omega}_2\mathrm{PS}_k|\alpha_k|)$；若 $\mathrm{PS}_k\leqslant\eta$，$\gamma_k=\gamma_{k-1}+\overline{\omega}_1\mathrm{PS}_k|\alpha_k|$。

(6)根据式(4.3.4)计算权值矩阵 $\widetilde{\boldsymbol{\Psi}}_k=\mathrm{diag}(\widetilde{\boldsymbol{\Psi}}_{z,k},\widetilde{\boldsymbol{\Psi}}_{x,k})$，并对量测噪声协方差阵 $\boldsymbol{R}_k$ 进行修正，如式(4.3.5)所示。

(7)重新计算新息协方差的先验估计 $\widetilde{\boldsymbol{P}}_{ee,k|k-1}$，如式(4.3.6)所示。

(8)计算卡尔曼滤波增益 $\boldsymbol{K}_k$、状态量的后验估计 $\hat{\boldsymbol{x}}_{k|k}$，以及状态误差协方差的后验估计 $\boldsymbol{P}_{k|k}$，分别如式(4.3.7)～式(4.3.9)所示。

4.3.3　仿真分析与验证

本节通过再入飞行器跟踪问题模型[149]考察 HRUKF 和 AHRUKF 的性能。再入飞行器跟踪问题模型具有很强的非线性，它是经常被用来检验非线性滤波算法性能的基准模型。为了验证 AHRUKF 精度和鲁棒性的优势，分别比较以下三种算法：标准 UKF、基于固定值 γ 的 HRUKF 和 AHRUKF。

4.3.3.1 再入飞行器跟踪模型

再入飞行器跟踪问题中，雷达用来跟踪高空、高速进入大气层的航天器。再入飞行器跟踪状态模型如下[149]：

$$\left.\begin{aligned}\dot{x}_1(t)&=x_3(t)\\ \dot{x}_2(t)&=x_4(t)\\ \dot{x}_3(t)&=D(t)x_3(t)+G(t)x_1(t)+w_1(t)\\ \dot{x}_4(t)&=D(t)x_4(t)+G(t)x_2(t)+w_2(t)\\ \dot{x}_5(t)&=w_3(t)\end{aligned}\right\}\tag{4.3.22}$$

式中：状态量 $\boldsymbol{x}(t)=[x_1(t)\ \ x_2(t)\ \ x_3(t)\ \ x_4(t)\ \ x_5(t)]^{\mathrm{T}}$，$x_1(t)$ 和 $x_2(t)$ 表示位置，$x_3(t)$ 和 $x_4(t)$ 表示速度，$x_5(t)$ 表示气动特性参数；$\boldsymbol{w}(t)=[w_1(t)\ \ w_2(t)\ \ w_3(t)]^{\mathrm{T}}$ 表示过程噪声向量；$D(t)$ 表示曳力；$G(t)$ 表示重力。$D(t)$ 和 $G(t)$ 的表达式为

$$\left.\begin{aligned}D(t)&=\beta(t)\exp\left\{\frac{[R_0-R(t)]}{H_0}\right\}V(t)\\ G(t)&=-\frac{Gm_0}{R^3(t)}\\ \beta(t)&=\beta_0\exp x_5(t)\end{aligned}\right\}\tag{4.3.23}$$

式中：$R(t)=\sqrt{x_1^2(t)+x_2^2(t)}$ 表示载体与地球中心的距离；$V(t)=\sqrt{x_3^2(t)+x_4^2(t)}$ 表示载体的速度。为了将滤波算法应用到再入飞行器模型中，应首先对式(4.2.22)进行离散化，文献[149]给出了详细的离散化过程，在此不再赘述。记离散化的状态量为 $\boldsymbol{x}(k)$。

再入飞行器跟踪问题的观测模型为

$$\left.\begin{aligned}r_k&=\sqrt{[x_1(k)-s_x]^2+[x_2(k)-s_y]^2}+q_1(k)\\ \theta_k&=\arctan\left[\frac{x_2(k)-s_y}{x_1(k)-s_x}\right]+q_2(k)\end{aligned}\right\}\tag{4.3.24}$$

式中：$q_1(k)$ 和 $q_2(k)$ 表示量测噪声；$(s_x,s_y)=(R_0,0)$ 是用来测量距离 r_k 和方位 θ_k 的雷达的位置。

4.3.3.2 仿真结果与分析

滤波器参数设置如下：

(1) $\beta_0=-0.597\ 83$，$H_0=13.406$，$Gm_0=3.986\ 0\times10^5$，$R_0=6\ 374$；

(2) 状态估计的初值为 $\hat{\boldsymbol{x}}_{0|0}=[6\ 500.4\quad 349.14\quad -1.809\ 3\quad -6.796\ 7\ \ 0]^{\mathrm{T}}$；

(3) 状态误差协方差矩阵的初值为 $\hat{\boldsymbol{P}}_{0|0}=\mathrm{diag}(10^{-6}\quad 10^{-6}\quad 10^{-6}\quad 10^{-6}\quad 1)$；

(4) 量测噪声协方差矩阵为 $\boldsymbol{R}_c=\mathrm{diag}[(10^{-3})^2\quad (0.17\times10^{-3})^2]$；

(5)过程噪声协方差矩阵为 $\boldsymbol{Q}_c=\mathrm{diag}(2.4064\times10^{-5}\quad 2.4064\times10^{-5}\quad 10^{-6})/0.1$；

(6)滑动窗的长度为 WL=100，仿真时间 t 为 200 s，Monte Carlo 仿真实验次数为 100。

为了进一步比较 UKF、基于固定值 γ 的 HRUKF 和 AHRUKF 在不同量测噪声类型条件下的滤波性能，设置调节因子 γ 的取值范围为[1.345，500]，并依次设置 γ 值为 1.345、5、10、25、50、100、500。选取位置、速度和气动特性参数的均方根误差（Root Mean-Square Errors，RMSE）和均方根误差的时间平均值（Time-averaged RMSE，TRMSE）作为评判滤波性能的指标。定义位置、速度及气动特性参数的 RMSE 分别如下：

$$\mathrm{PRMSE}(k)=\sqrt{\frac{1}{M}\sum_{m=1}^{M}\{[x_1^m(k)-\hat{x}_1^m(k)]^2+[x_2^m(k)-\hat{x}_2^m(k)]^2\}}\tag{4.3.25}$$

$$\mathrm{VRMSE}(k)=\sqrt{\frac{1}{M}\sum_{m=1}^{M}\{[x_3^m(k)-\hat{x}_3^m(k)]^2+[x_4^m(k)-\hat{x}_4^m(k)]^2\}}\tag{4.3.26}$$

$$\mathrm{CRMSE}(k)=\sqrt{\frac{1}{M}\sum_{m=1}^{M}[x_5^m(k)-\hat{x}_5^m(k)]^2}\tag{4.3.27}$$

式(4.3.25)~(4.3.27)中，$x^m(k)$ 为第 m 次 Monte Carlo 试验 k 时刻的状态估计。定义位置、速度及气动特性参数的 TRMSE 分别为

$$\mathrm{TPRMSE}=\frac{1}{T_2-T_1}\sum_{k=T_1+1}^{T_2}\mathrm{PRMSE}(k)\tag{4.3.28}$$

$$\mathrm{TVRMSE}=\frac{1}{T_2-T_1}\sum_{k=T_1+1}^{T_2}\mathrm{VRMSE}(k)\tag{4.3.29}$$

$$\mathrm{TCRMSE}=\frac{1}{T_2-T_1}\sum_{k=T_1+1}^{T_2}\mathrm{CRMSE}(k)\tag{4.3.30}$$

仿真实验中，为了对比 UKF、基于固定值 γ 的 HRUKF 和 AHRUKF 的性能，设置量测噪声服从如下两种不同（高斯或非高斯）形式的分布。

1. 干扰高斯分布噪声形式

量测噪声 $\boldsymbol{v}_k$ 的分布形式如下：

$$\boldsymbol{v}_k\sim(1-\alpha)N(0,\boldsymbol{R}_c)+\alpha N(0,200\boldsymbol{R}_c)\tag{4.3.31}$$

式中，α 为干扰因子，且 $\alpha=0.3$。式(4.3.31)表示 $\boldsymbol{v}_k$ 主要服从噪声阵为 $\boldsymbol{R}_c$ 的高斯分布，并受噪声阵幅值为 $200\boldsymbol{R}_c$ 的干扰噪声污染。在 AHRUKF 中，缩放系数 $\bar{\omega}_1=0.15$，$\bar{\omega}_2=0.95$。利用 UKF、基于固定值 γ 的 HRUKF 和 AHRUKF 进行

100次Monte Carlo试验，得到位置、速度及气动特性参数的TRMSE，如表4.3所示。

表4.3　UKF、HRUKF和AHRUKF对应的

单位：10^{-5}

方法	γ值	TPRMSE	TVRMSE	TCRMSE
AHRUKF	—	45.540	65.012	80.399
基于固定值γ的HRUKF	1.345	45.110	66.526	83.664
	5	49.135	100	160
	10	52.018	120	180
	25	52.823	120	180
	50	52.823	120	180
	100	52.823	120	180
	500	52.823	120	180
UKF	—	52.823	120	180

由表4.3可以看出，当γ满足$\gamma\geqslant25$时，UKF与HRUKF具有相同的滤波精度。为了说明AHRUKF精度上的优势，定义参数λ_p表示AHRUKF相比于基于固定值γ的HRUKF和UKF精度提升的幅度，有

$$\lambda_{p,\mathrm{UKF}}=\left(1-\frac{\mathrm{TRMSE}_{\mathrm{AHRUKF}}}{\mathrm{TRMSE}_{\mathrm{UKF}}}\right)\times100\% \tag{4.3.32}$$

$$\lambda_{p,\mathrm{HRUKF}}=\left(1-\frac{\mathrm{TRMSE}_{\mathrm{AHRUKF}}}{\mathrm{TRMSE}_{\mathrm{HRUKF}}}\right)\times100\% \tag{4.3.33}$$

通过仿真试验结果及式(4.3.32)、式(4.3.33)的计算，AHRUKF相比于基于固定值γ的HRUKF和UKF精度提升幅度分别如表4.4所示。图4.9显示了最后一次Monte Carlo实验过程中自适应γ值随时间的变化结果。

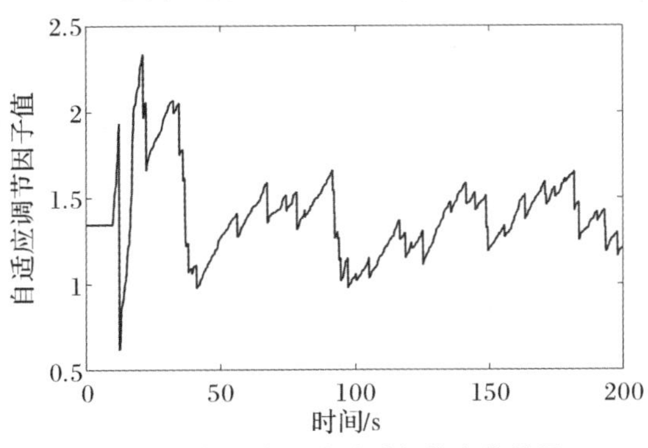

图4.9　自适应γ值随时间的变化结果

表 4.4 AHRUKF 相比于 HRUKF 和 UKF 精度提升幅度

方 法	γ 值	TPRMSE	TVRMSE	TCRMSE
基于固定值 γ 的 HRUKF	1.345	−0.95%	2.28%	3.90%
	5	7.32%	34.99%	49.75%
	10	12.45%	45.82%	55.33%
	25	13.79%	45.82%	55.33%
	50	13.79%	45.82%	55.33%
	100	13.79%	45.82%	55.33%
	500	13.79%	45.82%	55.33%
UKF	—	13.79%	45.82%	55.33%

由图 4.9 及表 4.4 可明显看出，自适应调整 γ 值将有利于提高 HRUKF 的精度。由表 4.4 可知，AHRUKF 的 TVRMSE 和 TCRMSE 分别相比于基于 $\gamma=1.345$ 的 HRUKF 下降了 2.28% 和 3.90%；AHRUKF 的 TPRMSE、TVRMSE 和 TCRMSE 分别相比于标准 UKF 下降了 13.79%、45.82% 和 55.33%。仿真试验结果表明，在 $\boldsymbol{\upsilon}_k$ 受到干扰高斯分布噪声污染时，AHRUKF 的精度与基于 $\gamma=1.345$ 的 HRUKF 的精度相当，或略高于基于 $\gamma=1.345$ 的 HRUKF；AHRUKF 的精度高于基于固定值 γ（$\gamma>1.345$）的 HRUKF 及标准 UKF。

2. 高斯分布噪声形式

量测噪声 $\boldsymbol{\upsilon}_k$ 的分布形式如下：

$$\boldsymbol{\upsilon}_k \sim N(0, \boldsymbol{R}_c) \tag{4.3.34}$$

式中，$\boldsymbol{\upsilon}_k$ 服从噪声阵为 $\boldsymbol{R}_c$ 的高斯分布。缩放因子设置为 $\bar{\omega}_1=1, \bar{\omega}_2=1$。图 4.10(a)～(c)（附彩图）表示 AHRUKF、基于 $\gamma=1.345$ 的 HRUKF 和 UKF 通过 100 次 Monte Carlo 仿真试验得到的位置、速度和气动特性参数的 RMSE。

由图 4.10 可以看出，AHRUKF、基于 $\gamma=1.345$ 的 HRUKF 和 UKF 的性能基本相同，但是由图 4.10(a)(b) 可看出，HRUKF 的精度略低于 UKF 和 AHRUKF。为了进一步比较这三种算法的精度，根据式(4.3.28)～式(4.3.30)计算这三种算法得到的 TRMSE，如表 4.5 所示。

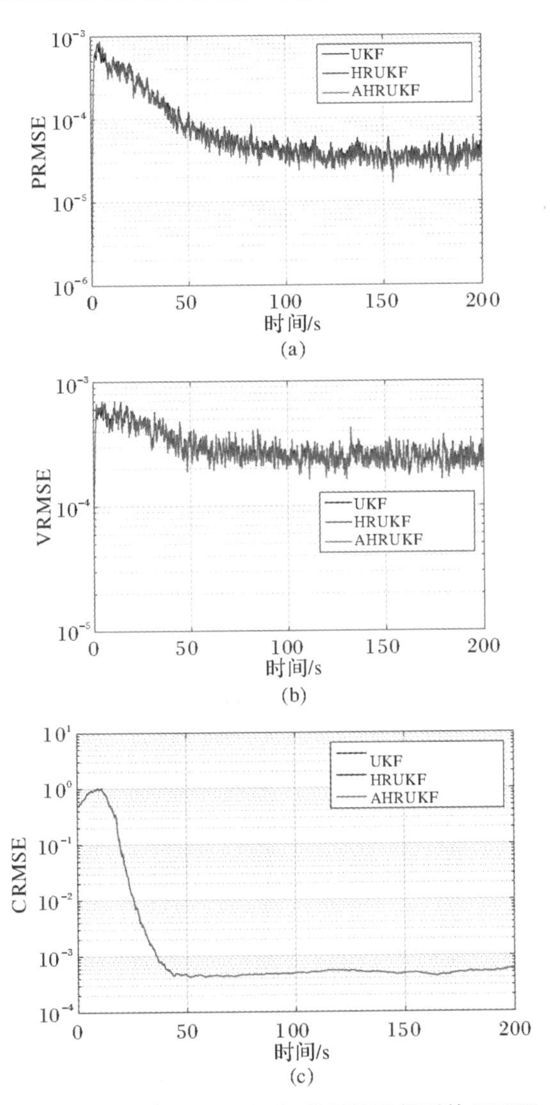

图 4.10　100 **次** Monte Carlo **仿真试验得到的** RMSE

由表 4.5 可以看出，在高斯条件下，基于 $\gamma=1.345$ 的 HRUKF 的精度低于标准 UKF 和 AHRUKF，且 AHRUKF 的精度与 UKF 的精度基本相同。这是因为在高斯条件下，HRUKF 仍会以精度为代价换取鲁棒性的效果；而 AHRUKF 可根据测量噪声的分布特性自适应地调整 γ 值。进而自适应地调整 Huber 代价函数的形式，从而自适应地切换滤波模式以保证滤波精度。图 4.11 显示了最后一次 Monte Carlo 试验过程中 γ 值随时间的变化情况。

表 4.5 AHRUKF、HRUKF 和 UKF 的 TRMSE

单位:10^{-5}

评判指标	UKF	HRUKF	AHRUKF
TPRMSE	3.474 3	3.867 5	3.474 3
TVRMSE	24.2	24.966	24.199
TCRMSE	52.2	52.222	52.222

由图 4.11 可以看出,γ 值随时间不断增大,这将会导致 AHRUKF 退化为标准 UKF。也就是说,在量测噪声服从高斯分布的条件下 AHRUKF 具有与 UKF 相当的滤波性能。仿真试验结果表明,相比于 HRUKF,AHRUKF 可以根据量测噪声特性自适应地调整 γ 值,进而自适应地切换滤波模式以达到更优的滤波性能。仿真试验结果与 4.3.2 小节的理论分析一致。

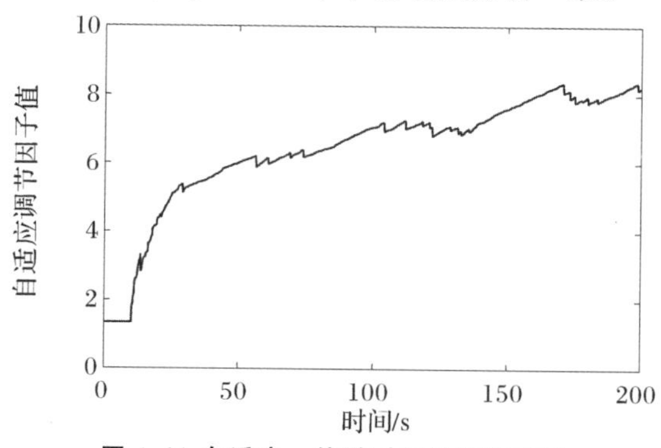

图 4.11 自适应 γ 值随时间的变化结果

4.3.4 试验验证

利用 3.4.4 小节的船载实测数据对 AHRUKF 的有效性和优势进行检验。选取 600 s 受野值污染的试验数据进行初始对准试验,选取的 600 s 数据包含:陀螺仪和加速度计的原始数据,对应的姿态、速度和位置基准,对应的 DVL 输出。其中,DVL 输出如图 4.12(附彩图)所示。由 SINS/GPS 组合导航生成的姿态、速度和位置基准分别如图 4.13~图 4.15 所示。

由图 4.12 可以看出,DVL 输出速度在绝大多数情况下服从高斯分布。但是,由于受到外部环境的影响,在时刻 104 s、455 s、458 s、475 s 和 541 s,DVL 输出速度受到野值的污染。初始对准试验中,设置 AHRUKF 的参数:缩放系数为 $\bar{\omega}_1=1$,$\bar{\omega}_2=0.1$,调节因子初始为 $\gamma_0=1.345$,滑动窗长度为 90 s。设置 HRUKF 参数:调节因子为 $\gamma=1.345$。设置初始失准角为$[10° \quad 10° \quad 10°]^{\mathrm{T}}$;量

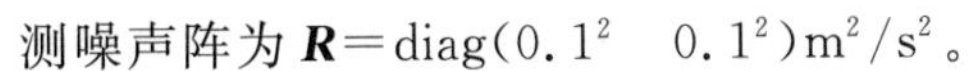
测噪声阵为 $\boldsymbol{R}=\mathrm{diag}(0.1^2\quad 0.1^2)\mathrm{m}^2/\mathrm{s}^2$。

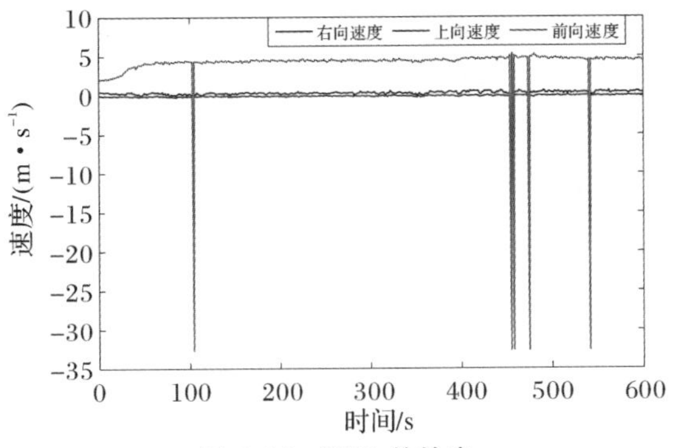

图 4.12　DVL 的输出

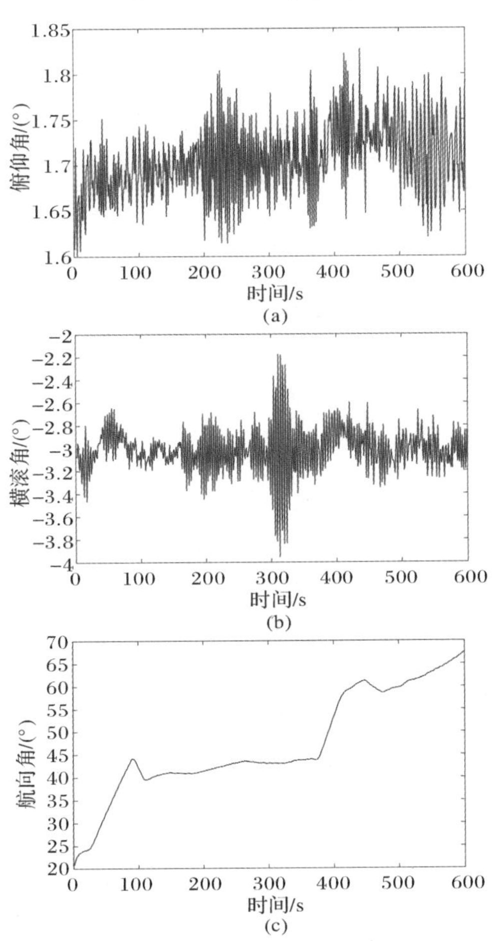

图 4.13　初始对准过程中试验船姿态角与方位基准

在初始对准过程中，选取某个包含野值(455 s、458 s、475 s 对应的野值)且长度为 90 s 的滑动窗，通过 PS 算法计算存储新息的 PS 值，如图 4.16(a)所示。根据式(4.3.15)计算存储新息向量对应的权值 ω，如图 4.16(b)所示。由图4.16可以明显看出，时刻 455 s、458 s 和 475 s 的存储新息向量对应的 PS 值明显大于其他时刻存储新息向量的 PS 值，且时刻 455 s、458 s 和 475 s 的存储新息向量对应的权值近似为 0。通过试验及计算可知，时刻 455 s、458 s 和 475 s 对应的存储新息向量的 PS 值分别为 344.7、343.8 和 341.4，远大于统计门限 $\eta=2.447\ 4$。因此，通过 PS 算法可有效辨识出观测新息异常点。

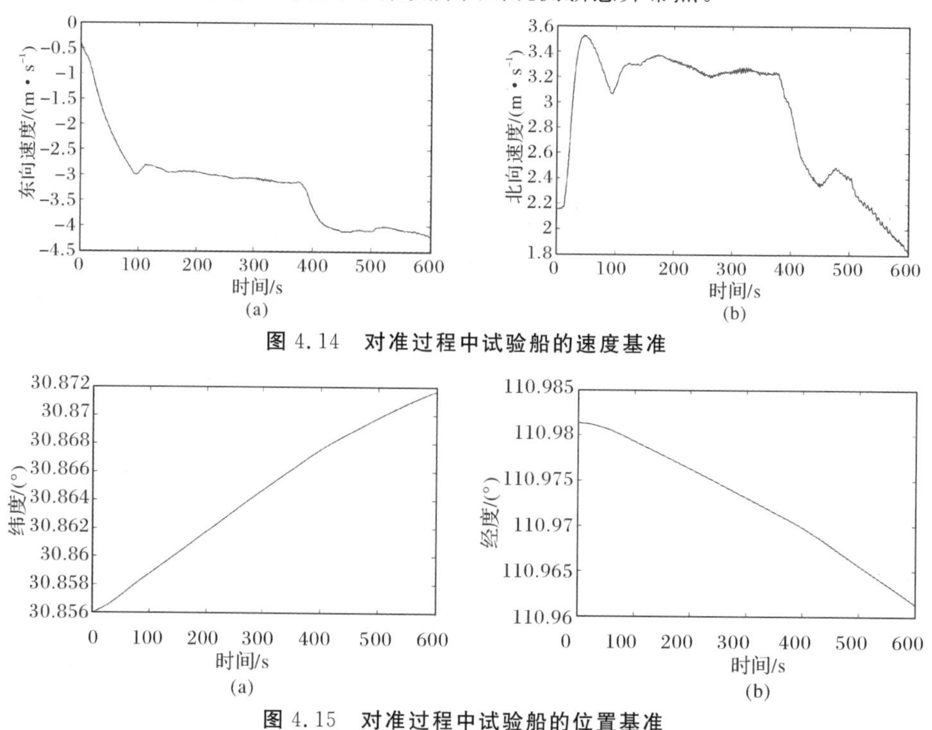

图 4.14　对准过程中试验船的速度基准

图 4.15　对准过程中试验船的位置基准

利用标准 UKF、HRUKF 和 AHRUKF，分别采用图 4.1 和图 4.2 所示的对准结构进行 DVL 输出 b 系下速度辅助的初始对准试验。其中，利用 UKF、HRUKF 和 AHRUKF 进行开环对准分别简记为 UKF-OA、HRUKF-OA 和 AHRUKF-OA；利用 UKF、HRUKF 和 AHRUKF 进行闭环对准分别简记为 UKF-CA、HRUKF-CA 和 AHRUKF-CA。初始对准试验结果如图 4.17～图 4.19(附彩图)所示。试验过程中，γ 值随时间的变化情况如图 4.20 所示。图 4.17～图 4.19 中，黑色实线/虚线表示利用 UKF 进行开环/闭环初始对准误差曲线；红色实线/虚线表示利用 HRUKF 进行开环/闭环初始对准误差曲线；蓝色实线/虚线表示利用 AHRUKF 进行开环/闭环初始对准误差曲线。

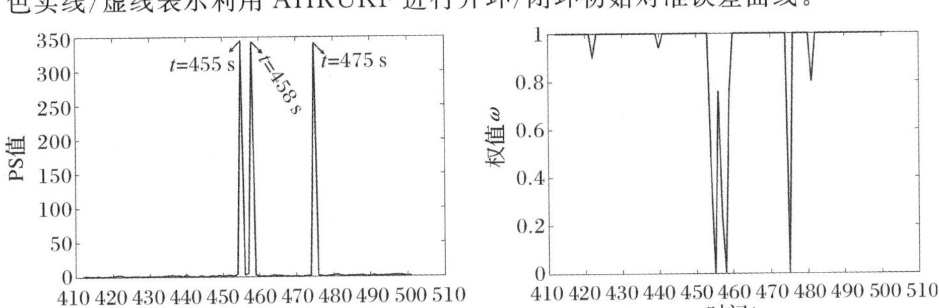

图 4.16　滑动窗中存储新息的 PS 值及对应的权值

由图 4.17～图 4.19 可明显看出，UKF 对非高斯噪声无鲁棒性，在利用 UKF 进行初始对准的过程中，当 DVL 输出受非高斯噪声污染时，UKF 对准误差曲线呈现发散趋势。由图 4.19 还可看出，AHRUKF 的初始对准性能明显优于 HRUKF 和 UKF。在进行航向角初始对准的过程中，当 DVL 输出受非高斯噪声污染时，HRUKF-OA 对准曲线呈现发散趋势，HRUKF-CA 对准曲线收敛性明显优于 HRUKF-OA，同时 HRUKF-CA 的对准精度明显高于 HRUKF-OA。这是因为：①相比于 UKF 和 HRUKF，当野值出现时，AHRUKF 首先利用 PS 算法对观测新息异常进行抑制，而后根据量测噪声特性自适应地估计调节因子值，使得 AHRUKF 在 DVL 输出正常时具有更高的对准精度，以及在 DVL 输出受非高斯噪声污染时具有更强的对准鲁棒性。②DVL 的输出在绝大多数情况下是正常的，也就是说 DVL 输出速度噪声统计特性在绝大多数情况下服从高斯分布。此时，基于 $\gamma=1.345$ 的 HRUKF 将以牺牲精度为代价换取算法的鲁棒性，导致 HRUKF-OA 呈现较差的对准性能。③闭环对准方式利用姿态误差的估计对 SINS 的解算姿态进行实时补偿。由图 4.1 和图 4.2 可知，DVL 输出的速度为 b 系速度，需经过 SINS 解算出的姿态阵转化到 n 系才可作为观测量。因此，闭环对准方式有利于提高每一时刻速度的转化精度，进而使得 HRUKF-CA 的对准性能优于 HRUKF-OA。④由图 4.12 可看出，速度野值的幅值超过 30 m/s，也就是说速度野值对应的干扰噪声协方差阵至少是量测噪声阵 $\boldsymbol{R}$ 的 $(30/0.1)^2$ 倍。试验结果与文献[150]、文献[151]的试验结果一致，即高强度野值会降低基于 $\gamma=1.345$ 的 HRUKF 的滤波性能。因此，根据量测噪声特性自适应地调整调节因子 γ 值对于保证、提升 HRUKF 的精度是十分有利的。

由图 4.20 可看出，AHRUKF 可根据量测噪声特性自适应地调整 γ 值，当

DVL 测速受非高斯噪声污染时，γ 值明显小于经验值 1.345，这使得 AHRUKF 相比于 HRUKF 具备更强的对准鲁棒性；反之，当 DVL 测速正常时，γ 值大于 1.345，使得 AHRUKF 相比于 HRUKF 具备更高的对准精度。试验结果进一步验证了 4.3.2 小节理论分析的正确性。通过对准试验可知，在开环/闭环对准结束时刻，UKF、HRUKF 和 AHRUKF 对姿态角的初始对准误差如表 4.6 所示。

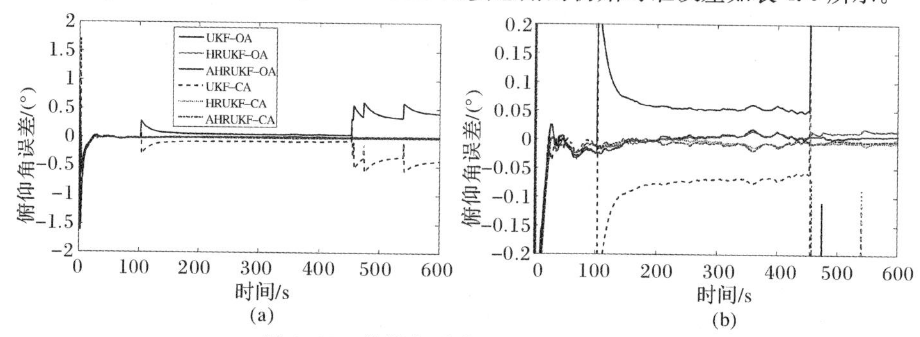

图 4.17 俯仰角对准误差及局部放大图

(a)全局图；(b)局部放大图

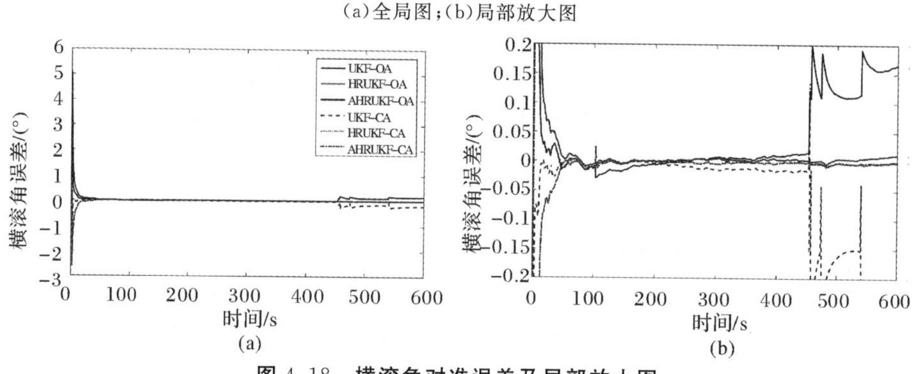

图 4.18 横滚角对准误差及局部放大图

(a)全局图；(b)局部放大图

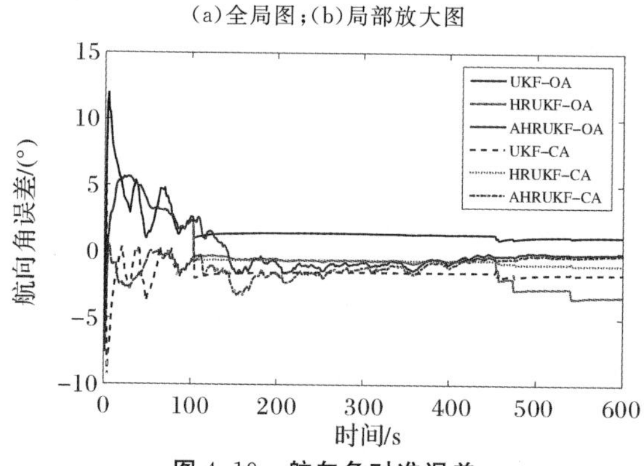

图 4.19 航向角对准误差

由表 4.6 可以看出，在相同对准结构的条件下，AHRUKF 对航向角的对准精度明显高于 UKF 和 HRUKF。为了进一步评估 AHRUKF 对位置的跟踪精度，通过初始对准试验分别计算 RUKF-OA、RUKF-CA、AHRUKF-OA 和 AHRUKF-CA 在对准结束时刻的对经度、纬度的估计误差，如表 4.7 所示。

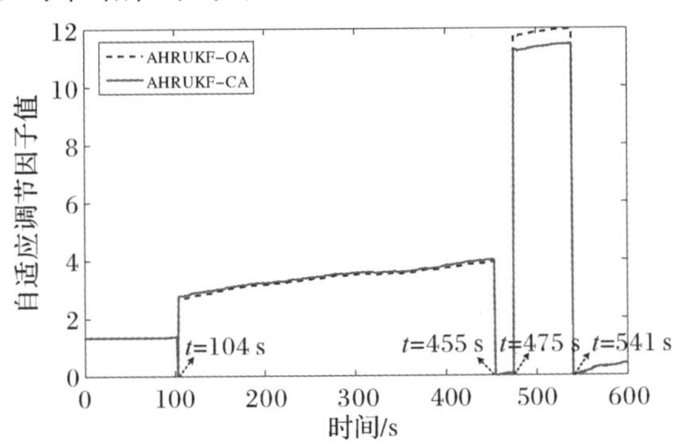

图 4.20　自适应 γ 值随时间的变化结果

表 4.6　对准结束时刻不同方法对姿态角的初始对准误差

单位：(°)

方 法	俯仰角误差	横滚角误差	航向角误差
UKF-OA	0.421 5	0.166 0	1.165 0
UKF-CA	−0.402 2	−0.205 6	−1.647 0
HRUKF−OA	0.014 8	−0.000 2	−3.323 0
HRUKF-CA	−0.006 3	−0.001 9	−0.968 9
AHRUKF-OA	0.006 6	0.011 4	−0.109 6
AHRUKF-CA	−0.003 2	−0.000 7	−0.207 3

表 4.7　对准结束时刻不同方法对位置的估计误差

单位：m

方法	纬度估计误差	经度估计误差
HRUKF-OA	160.57	192.79
HRUKF-CA	160.57	201.13
AHRUKF-OA	12.96	26.11
AHRUKF-CA	13.88	30.29

由表 4.7 可以看出，相比于 HRUKF，AHRUKF 对位置有更高的估计精度。初始对准试验结果初步表明：在水下无 GNSS 信号的环境中，使用 DVL 提供 b 系速度辅助 SINS 进行动态对准且 DVL 测速受非高斯噪声污染时，

①AHRUKF的初始对准性能优于基于 $\gamma=1.345$ 的 HRUKF 和 UKF;②相比于基于 $\gamma=1.345$ 的 HRUKF,AHRUKF 对位置有更高的估计精度;③相比于基于 $\gamma=1.345$ 的 HRUKF,AHRUKF 能在确保动态对准系统抗干扰能力的前提下,进一步提高对准精度。

4.4 小　　结

本章针对 UKF 的鲁棒性,研究了基于 Huber 方法的鲁棒 UKF 算法(HRUKF),通过分析调节因子 γ 值对 HRUKF 滤波性能的影响,设计了一种基于 PS 算法的 γ 自适应调整策略,进而提出了基于 γ 自适应的 HRUKF 算法(AHRUKF)。根据量测噪声的分布特性,建立了 γ_k 与 γ_{k-1} 之间的数学关系式,并利用滑动窗实时地估计系统的状态。利用仿真试验和基于船载实测数据的 SINS 动态对准试验验证了 AHRUKF 的有效性及相比于 HRUKF 的优势。根据试验结果可得出初步结论:在水下非高斯环境中及观测先验信息已知的条件下,AHRUKF 可在确保水下动态对准鲁棒性的同时,有效提高对准精度。AHRUKF 能够有效克服初始对准过程中观测量受不同类型非高斯噪声污染时滤波精度与滤波鲁棒性相互矛盾的问题。

在实际应用中,观测先验信息并不是始终已知的,量测噪声协方差阵通常依据经验或多次试验选取为常值矩阵,这可能会降低 UKF 的滤波性能,进而影响初始对准的精度。因此,在观测(量测噪声统计特性)先验信息未知或不准确的条件下,实现水下复杂环境中高精度的动态对准是十分重要的。第 5 章将在量测噪声统计特性先验信息未知或不准确的条件下,对水下复杂环境中高精度的动态对准方法进行研究。

第5章　基于自适应UKF的水下动态对准方法

第4章从鲁棒性的角度对UKF进行改进，在事先获取较为准确观测量先验信息的前提下更加注重提升SINS动态对准系统的抗干扰能力，使其更加适用于观测量受不同类型非高斯噪声污染的情形。自适应性同样也是衡量滤波器抗干扰能力和检验滤波器在系统建模失真时自调节能力的重要指标。深水环境的复杂性导致在实际动态对准过程中量测噪声统计特性先验信息并不是始终已知的。在水下动态对准中，外界环境是复杂多变的，如水底地形复杂变化、水流速的变化等均会影响DVL对速度的测量，进而影响量测噪声协方差阵(量测噪声阵)$\boldsymbol{R}$。量测噪声阵$\boldsymbol{R}$表示观测数据可信程度，$\boldsymbol{R}$越大，表示观测数据越不可信，因此$\boldsymbol{R}$的选择对滤波性能有很大影响。当观测量受到诸如野值等非高斯噪声污染时，对$\boldsymbol{R}$作常值处理及对量测噪声作高斯分布假设会造成滤波精度的降低，甚至滤波发散[61]。针对此问题，本章通过引入膨胀因子λ对UKF进行鲁棒化，提出鲁棒UKF(Robust UKF，RUKF)算法以克服不同程度的量测噪声对UKF性能的不良影响。同时，针对观测模型建模失准，即量测噪声阵$\boldsymbol{R}$不准确的问题，基于PS算法设计自适应估计$\boldsymbol{R}$阵的策略，提出一种自适应鲁棒UKF(Novel Adaptive Robust Unscented Kalman Filter，NARUKF)算法。基于车载实测数据的b系速度辅助SINS动态对准仿真试验和基于船载实测数据的动态对准试验，验证了NARUKF的有效性和相比于UKF、RUKF的优势。NARUKF能够在观测先验信息不准确或未知的非高斯环境中实现水下动态初始对准。

5.1 膨胀因子的定义与求解

在水下环境中,由于受到海底地形、海洋生物等因素的影响,DVL 的测速噪声具有不确定、非高斯的统计特性,这会导致标准 UKF 滤波性能下降,甚至滤波发散。针对此问题,Luo 等[152]将拟准检定法与自适应估计算法相结合,提出了鲁棒自适应 KF(RAKF)算法。但 RAKF 只能用于处理线性问题,当系统模型为非线性时,其滤波性能会下降。Li 等[153]提出了一种鲁棒自适应 UKF 算法来解决非线性和非高斯问题,该方法能在非高斯和非线性情况下自适应估计过程噪声协方差阵和量测噪声协方差阵。但是,当异常值出现时,用于求解量测噪声协方差的新息矩阵可能会发生任意程度的变化[103,154]。Chang[128]通过对量测噪声阵引入标度因子,以 Mahalanobis 距离(Mahalanobis Distance,MD)算法为基础对标准 KF 进行了鲁棒化,并成功地将鲁棒 KF 用于抑制观测新息异常值。但是 Chang 的方法只适用于线性系统,另外,不确定、不准确的量测噪声协方差阵也可能降低其算法的滤波性能。针对水下 DVL 测速噪声统计特性不确定及非高斯的问题,本章将文献[128]的方法扩展到非线性系统,并在非高斯条件下对量测噪声协方差阵进行自适应估计,进而提出 NARUKF 算法。NARUKF 算法主要分为三步[103]:①利用 MD 算法实现 UKF 的鲁棒化;②利用 PS 算法确定存储新息的权值,对异常的新息赋予较小的权值,对正常的新息赋予权值 1,并利用重加权的新息重构 Myers-Tapley 方法[147,155]中的经验矩阵 $\boldsymbol{C}_{\xi}$;③自适应地估计 $\boldsymbol{R}$ 阵。

当观测量受到野值等非高斯噪声污染时,观测新息向量 $\boldsymbol{\mu}_k$ 会出现异常,此时对形如式(4.2.1)的模型作高斯分布假设将会导致 UKF 滤波性能下降。为了实现标准 UKF 的鲁棒化,选择 k 时刻的观测量 $\tilde{\boldsymbol{z}}_k$ 与观测量的先验估计 $\hat{\boldsymbol{z}}_{k|k-1}$ 之间的马氏距离作为评判指标,则 k 时刻评判指标 ϑ_k 的定义如下:

$$\begin{aligned}\vartheta_k &= M_k^2 = \left[\sqrt{(\tilde{\boldsymbol{z}}_k-\hat{\boldsymbol{z}}_{k|k-1})^{\mathrm{T}}(\boldsymbol{P}_{ee,k|k-1})^{-1}(\tilde{\boldsymbol{z}}_k-\hat{\boldsymbol{z}}_{k|k-1})}\right]^2 \\ &= \boldsymbol{\mu}_k^{\mathrm{T}}(\boldsymbol{P}_{zz,k|k-1}+\boldsymbol{R}_k)^{-1}\boldsymbol{\mu}_k \end{aligned} \tag{5.1.1}$$

式中:$M_k=\sqrt{(\tilde{\boldsymbol{z}}_k-\hat{\boldsymbol{z}}_{k|k-1})^{\mathrm{T}}(\boldsymbol{P}_{ee,k|k-1})^{-1}(\tilde{\boldsymbol{z}}_k-\hat{\boldsymbol{z}}_{k|k-1})}$ 为马氏距离;$\boldsymbol{P}_{zz,k|k-1}$ 为量测误差协方差阵的先验估计,可根据式(4.2.9)求得;$\boldsymbol{\mu}_k$ 为观测新息向量。对于真实的观测量 $\tilde{\boldsymbol{z}}_k$,若其评判指标 ϑ_k 满足 $\vartheta_k\leqslant\chi_{n,\alpha}^2$,则 $\tilde{\boldsymbol{z}}_k$ 将被标记为正常观测量;反之,若其评判指标 ϑ_k 满足 $\vartheta_k>\chi_{n,\alpha}^2$,则 $\tilde{\boldsymbol{z}}_k$ 将被标记为异常观测量,此时通过引入膨胀因子 λ_k 以膨胀量测噪声协方差阵 $\boldsymbol{R}_k$,即

$$\widetilde{\boldsymbol{R}}_k=\lambda_k\boldsymbol{R}_k \tag{5.1.2}$$

将式(5.1.2)代入式(5.1.1)可得

$$\begin{aligned}\vartheta_k&=\boldsymbol{\mu}_k^{\mathrm{T}}(\widetilde{\boldsymbol{P}}_{\hat{z}_{k|k-1}})^{-1}\boldsymbol{\mu}_k=\boldsymbol{\mu}_k^{\mathrm{T}}(\boldsymbol{P}_{zz,k|k-1}+\widetilde{\boldsymbol{R}}_k)^{-1}\boldsymbol{\mu}_k\\&=\boldsymbol{\mu}_k^{\mathrm{T}}(\boldsymbol{P}_{zz,k|k-1}+\lambda_k\boldsymbol{R}_k)^{-1}\boldsymbol{\mu}_k=\chi_{n,\alpha}^2\end{aligned} \tag{5.1.3}$$

式(5.1.3)可以转化为求解 λ_k 的非线性问题[103,130]，具体如下：

$$f(\lambda_k)=\boldsymbol{\mu}_k^{\mathrm{T}}(\boldsymbol{P}_{zz,k|k-1}+\lambda_k\boldsymbol{R}_k)^{-1}\boldsymbol{\mu}_k-\chi_{n,\alpha}^2 \tag{5.1.4}$$

式中：λ_k 可以通过牛顿迭代法求解[156]。因此，$\lambda_k(i+1)$ 与 $\lambda_k(i)$ 的关系可表示为

$$\lambda_k(i+1)=\lambda_k(i)+\frac{\vartheta_k(i)-\chi_{n,\alpha}^2}{\boldsymbol{\mu}_k^{\mathrm{T}}[\widetilde{\boldsymbol{P}}_{\hat{z}_{k|k-1}}(i)]^{-1}\boldsymbol{R}_k[\widetilde{\boldsymbol{P}}_{\hat{z}_{k|k-1}}(i)]^{-1}\boldsymbol{\mu}_k} \tag{5.1.5}$$

式中：$\widetilde{\boldsymbol{P}}_{\hat{z}_{k|k-1}}(i)=\boldsymbol{P}_{zz,k|k-1}+\lambda_k(i)\boldsymbol{R}_k$，且 $\lambda_k(i)$ 初始值为 $\lambda_k(0)=1$。当评判指标满足 $\vartheta_k(i)\leqslant\chi_{n,\alpha}^2$ 时，迭代终止。本节将概率参数 α 设置为 0.99，即鲁棒滤波方法的效率为 99%，2 自由度卡方分布值为 $\chi_{2,0.99}^2=9.2$。

由式(4.3.7)和式(5.1.2)可以看出，当观测新息异常时，通过膨胀量测噪声阵 $\boldsymbol{R}_k$ 可使滤波器增益 $\boldsymbol{K}_k$ 减小，从而实现 UKF 的鲁棒化。用 $\widetilde{\boldsymbol{R}}_k$ 替换 $\boldsymbol{R}_k$ 并对式(4.2.1)进行标准 UKF 量测更新即可得到 RUKF 算法。如果评判指标 ϑ_k 满足 $\vartheta_k\leqslant\chi_{n,\alpha}^2$，则膨胀因子 λ_k 满足 $\lambda_k=1$，使得 RUKF 退化为标准 UKF。易知，RUKF 的时间更新过程与标准 UKF 相同，它们之间的差异仅仅是量测更新过程。

由式(5.1.1)可以看出，量测噪声阵 $\boldsymbol{R}_k$ 在计算评判指标 ϑ_k 的过程中发挥着重要作用。若 $\boldsymbol{R}_k$ 严重偏离理想值，即观测先验信息不准确，则正常/异常的观测量将会被误判为异常/正常的观测量。因此，$\boldsymbol{R}_k$ 对基于式(5.1.3)～式(5.1.5)的 λ_k 求解精度有着直接影响。也就是说，若 $\boldsymbol{R}_k$ 不准确，λ_k 的求解精度将会降低，这会导致 RUKF 的滤波性能下降。因此，在非高斯条件下自适应地确定 $\boldsymbol{R}_k$ 对 RUKF 滤波性能的提升是十分重要的。同样地，在水下非高斯环境中，若量测噪声统计特性先验信息未知或不准确，自适应地估计 $\boldsymbol{R}_k$ 对提升 SINS 初始对准性能具有重要作用。

5.2　量测噪声协方差阵自适应估计方法

量测噪声的统计特性在实际中一般是，未知的，因此将量测噪声协方差阵设置为常值矩阵会降低滤波器的滤波性能[153,155]。在 SINS 动基座初始对准中，量测噪声协方差阵 $\boldsymbol{R}_k$ 主要由经验或反复试验确定为常值阵，但在实际应用中常值

阵 $\boldsymbol{R}_k$ 并不能真实反映量测噪声的统计特性，因此自适应、准确地估计 $\boldsymbol{R}_k$ 将会进一步提高基于 UKF 动态对准的性能。Myers 和 Tapley[155]提出了基于线性、高斯条件下的自适应状态估计方法。但是，这种方法并不是在任何条件下都有效，如在系统为非线性、噪声特性为非高斯的情形下该方法将失效。因此，在非线性、非高斯的条件下，长度为 WL 且存储重加权的残差（即新息）的滑动窗被用来自适应估计 $\boldsymbol{R}_k$。为了计算异常新息向量的权值，首先利用 PS 算法通过图4.6 计算存储新息向量的 PS 值，然后利用式(4.3.15)计算存储新息向量的权值。新息向量 $\boldsymbol{\mu}_k$ 的 PS 值的具体计算细节可参看 4.3.2 小节。

由式(4.3.15)可看出，异常的新息向量将会被赋予较小的权值，正常的新息向量将会被赋予权值 1。重新定义 k 时刻新息协方差的先验估计 $\boldsymbol{P}_{ee,k|k-1}$ 如下：

$$\widetilde{\boldsymbol{C}}_\zeta = \widetilde{\boldsymbol{P}}_{ee,k|k-1} = \left(\sum_{i=1}^{WL}\omega_i - 1\right)^{-1} \cdot \left[\sum_{i=1}^{WL}(\omega_i\boldsymbol{\mu}_i - \overline{\boldsymbol{\mu}}_r)(\omega_i\boldsymbol{\mu}_i - \overline{\boldsymbol{\mu}}_r)^{\mathrm{T}}\right] \tag{5.2.1}$$

式中：$\overline{\boldsymbol{\mu}}_r = \left(\sum_{i=1}^{WL}\omega_i\right)^{-1} \cdot \left(\sum_{i=1}^{WL}\omega_i\boldsymbol{\mu}_i\right)$ 表示存储新息向量的平均；$\boldsymbol{\mu}_i$ 为滑动窗中第 i 个新息向量；WL 表示滑动窗的长度。需要注意的是，WL 过大会造成滤波算法的计算量增大、跟踪能力减弱，WL 过小可能会导致较大的估计误差。因此，应根据实际应用情况合理地选择 WL 的值。记 $\hat{\boldsymbol{R}}_k$ 为估计出的量测噪声协方差阵，有

$$\hat{\boldsymbol{R}}_k = E(\widetilde{\boldsymbol{C}}_\zeta) - \frac{1}{WL}\sum_{i=1}^{WL}\boldsymbol{P}_{zz,i} = \widetilde{\boldsymbol{P}}_{ee,k|k-1} - \frac{1}{WL}\sum_{i=1}^{WL}\boldsymbol{P}_{zz,i} \tag{5.2.2}$$

式中：$\boldsymbol{P}_{zz,i}$ 为长度为 WL 的滑动窗存储的第 i 个量测误差协方差阵的先验估计。通过式(5.2.2)估计出的矩阵可能不是对称、正定的，为了避免出现此种情形，使用以下的规则[153]：

$$\hat{\boldsymbol{R}}_k^* = \mathrm{diag}\left[\,|\hat{\boldsymbol{R}}_k(1)| \quad |\hat{\boldsymbol{R}}_k(2)| \quad \cdots \quad |\hat{\boldsymbol{R}}_k(m)|\,\right] \tag{5.2.3}$$

式中：$\hat{\boldsymbol{R}}_k(i)$ 为 $\hat{\boldsymbol{R}}_k$ 第 i 个对角线元素。可以看出，式(5.2.3)可以保证协方差矩阵 $\hat{\boldsymbol{R}}_k^*$ 的对称性和正定性。利用式(5.2.3)可估计出真实的测量噪声协方差阵 $\hat{\boldsymbol{R}}_k^*$，将 $\hat{\boldsymbol{R}}_k^*$ 代入式(5.1.1)可得真实的评判指标 $\tilde{\vartheta}_k$ 的表达式，即

$$\tilde{\vartheta}_k = \boldsymbol{\mu}_k^{\mathrm{T}}(\boldsymbol{P}_{zz,k|k-1} + \widetilde{\boldsymbol{R}}_k^*)^{-1}\boldsymbol{\mu}_k = \boldsymbol{\mu}_k^{\mathrm{T}}(\boldsymbol{P}_{zz,k|k-1} + \lambda_k\hat{\boldsymbol{R}}_k^*)^{-1}\boldsymbol{\mu}_k \tag{5.2.4}$$

式中：$\widetilde{\boldsymbol{R}}_k^*$ 为重构后的量测噪声协方差阵。结合式(5.1.4)、式(5.1.5)和式(5.2.4)即可求得膨胀因子 λ_k 的解。$\widetilde{\boldsymbol{R}}_k^*$ 的表达式如下：

$$\widetilde{\boldsymbol{R}}_k^* = \lambda_k\hat{\boldsymbol{R}}_k^* \tag{5.2.5}$$

用 $\widetilde{\boldsymbol{R}}_k^*$ 取代 $\boldsymbol{R}_k$ 对式(4.2.1)进行标准 UKF 滤波，即可得到 NARUKF 算

法。在 NARUKF 算法中，设置估计出的量测噪声协方差阵 $\hat{\boldsymbol{R}}_k^*$ 等于初始的量测噪声协方差阵 $\boldsymbol{R}_0$，直至时间参数满足 $k \geqslant \mathrm{WL}+1$。长度为 WL 的滑动窗作用于 NARUKF 算法示意图如图 5.1 所示[61]。由图 5.1 可以看出，滑动窗能够充分利用每一时刻的数据，且可实现对量测噪声阵 $\boldsymbol{R}$ 的实时估计，有效提高 NARUKF 算法的实时性。

由式(5.1.4)、式(5.1.5)、式(5.2.4)和式(5.2.5)可知，随着量测噪声协方差阵 $\hat{\boldsymbol{R}}_k$ 估计精度的不断增加，评判指标 $\tilde{\vartheta}_k$ 的求解将变得更加精确，这将会进一步提高膨胀因子 λ_k 的求解精度，进而提高 RUKF 算法的性能。

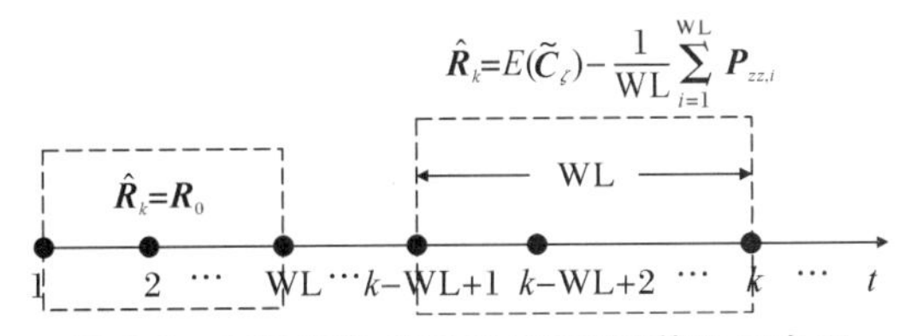

图 5.1 滑动窗作用于 NARUKF 算法示意图

5.3 仿真分析与验证

在开展研究工作之前，笔者对船载实测数据进行了分析，发现在实际应用中 DVL 测速信息确实存在野值和非高斯噪声的情况，事实上这种野值或非高斯噪声并不是在每一次应用中都会出现。但是，在实际应用中一旦出现这种问题，而不能有效地处理，那么在军事应用领域可能会导致严重后果。出于这样的考虑，本节在利用车载实测数据对算法进行试验验证的时候，对实测数据进行了人为的恶化处理，目的是保证在恶劣环境下相关算法能够有效使用。这种考虑同样也适用于第 6 章的研究工作。

本节在 3.2.3 小节的车载实测数据基础上，选取 600 s 的动态数据对 UKF、RUKF 和 NARUKF 性能进行对比验证。选取的 600 s 数据包含：陀螺仪和加速度计的原始数据，对应的姿态、速度和位置基准，对应的 OD 输出。图 5.2 为 600 s 试验数据对应的载车运动轨迹。由 SINS/GPS 组合导航生成载车的姿态、速度和位置基准分别如图 5.3～图 5.5 所示。由图 5.3(a)～(c)和图 5.4(a)(b)可看出，在对准过程中，载车的俯仰角变化范围为－3.5°～3.5°，横滚角变化范围为－3.5°～3.4°，航向角变化范围为 15°～178°，东向速度变化范围为－24.5～－1.5 m/s，北向速度变化范围为～21.5～26 m/s。上述载车机动范围较大，因此初始对准结果可以反映运载体在正常机动条件下的对准性能。

在仿真试验中，设置 SINS 的初始失准角为$[10° \ 10° \ 10°]^T$；滑动窗的长度 WL 为 60 s。在实际应用中，量测噪声统计特性先验信息通常是未知、不确定的，故假定初始量测噪声协方差阵$\boldsymbol{R}_0 = \mathrm{diag}(0.01^2 \quad 0.01^2)\mathrm{m}^2/\mathrm{s}^2$。

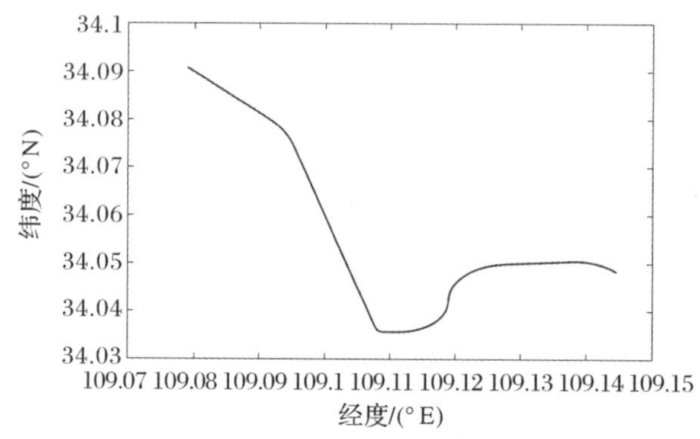

图 5.2　载车的运动轨迹

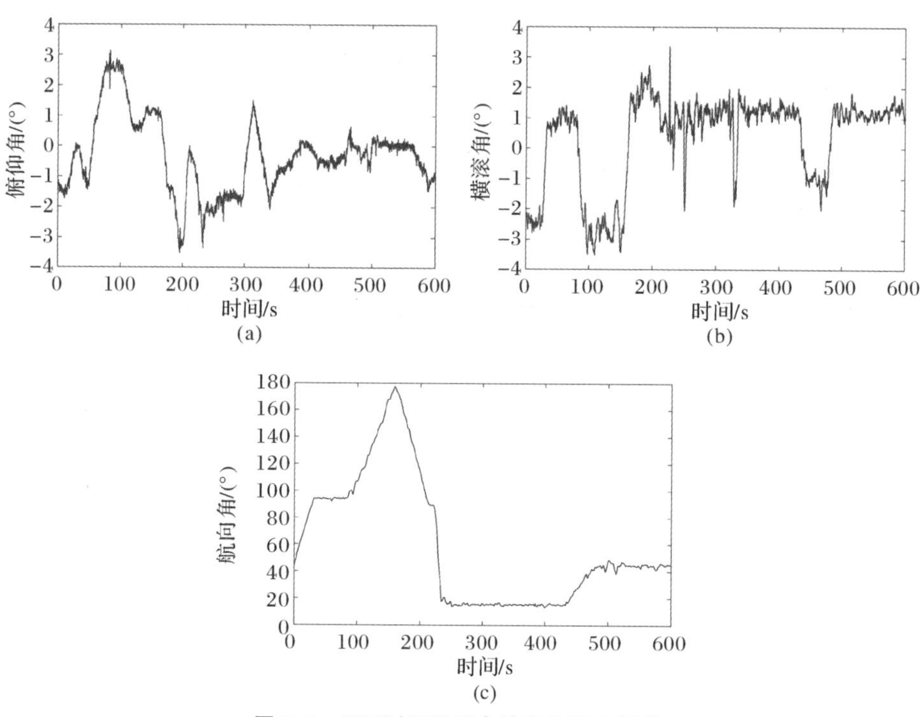

图 5.3　SINS/GPS 组合输出的姿态基准

(a)俯仰角基准；(b)横滚角基准；(c)航向角基准

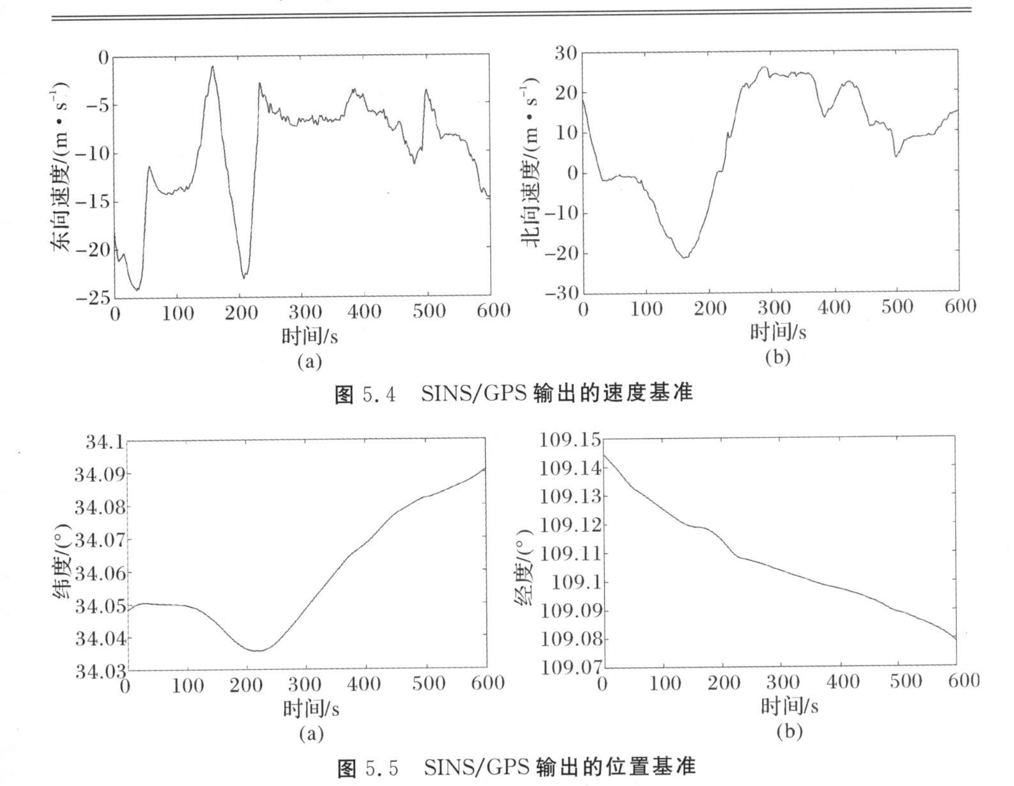

图 5.4　SINS/GPS 输出的速度基准

图 5.5　SINS/GPS 输出的位置基准

复杂的外部环境对于水下 SINS 动态对准来说是不可避免的，也就是说 DVL/OD 输出 b 系速度不可避免地会受到非高斯噪声的干扰。本节在 OD 输出 b 系速度数据的基础上，研究了如下两种不同非高斯量测噪声的情形。

情形 1：野值情形，每隔 15 s 人为地将幅值为 10 m/s 的速度误差引入式(4.2.1)，分别利用 UKF、RUKF 和 NARUKF 采用如图 4.1 所示的开环对准方式进行初始对准试验，对准结果分别如图 5.6～图 5.8 所示。

情形 2：干扰高斯分布情形，量测噪声的“名义”高斯分布(即主分布)受到另一高斯分布的污染。基于维纳近似定理，任何非高斯噪声分布可用已知概率密度的高斯噪声分布的有限和来表示或充分近似[130]。假设观测噪声的实际概率分布如下[103,128,151]：

$$\rho_{\text{actual}} = (1-\alpha)N(0,\boldsymbol{R}_c) + \alpha N(0,\boldsymbol{R}_p) \tag{5.3.1}$$

式中：干扰因子 α 满足 $0 \leqslant \alpha \leqslant 0.1$；$\boldsymbol{R}_c$ 为 OD 输出速度数据的量测噪声协方差阵；$\boldsymbol{R}_p$ 为具有较大标准偏差的干扰噪声协方差阵。当干扰因子 α 偏离 0 时，式(5.3.1)的分布又称为厚尾分布。

图 5.6～图 5.8 中，虚线、点线和实线分别代表 UKF、RUKF 和 NARUKF

的初始姿态对准结果。从图 5.6～图 5.8 可以明显看出，当观测量中存在野值时，与标准 UKF 相比，本章提出的 RUKF 和 NARUKF 在水平姿态误差估计和航向误差估计方面都具有更好的性能。由仿真试验结果可知，在初始对准最后 100 s，RUKF 和 NARUKF 的航向角估计误差分别收敛到区间[0.9°，1°]和[－0.15°，－0.08°]。由图 5.6～图 5.8 还可看出，在观测量受到野值污染时，RUKF 和 NARUKF 的水平姿态角对准性能处于同一水平，但是 NARUKF 的航向角对准精度要高于 RUKF；由 RUKF 和 NARUKF 得到的水平姿态角对准误差曲线收敛速度要快于航向角对准误差曲线。这是因为：①选择水平速度误差作为观测量，可以完全观测到水平姿态误差；②在整个对准过程中，将不准确的量测噪声协方差阵分配给 RUKF，从而降低了膨胀因子 λ_k 的解算精度。对于 NARUKF，首先利用 PS 算法抑制野值的影响，而后根据量测噪声特性自适应地估计量测噪声协方差阵 $\boldsymbol{R}_k$，这会使 NARUKF 对 λ_k 的解算精度高于 RUKF，进而使 NARUKF 的对准性能优于 RUKF。

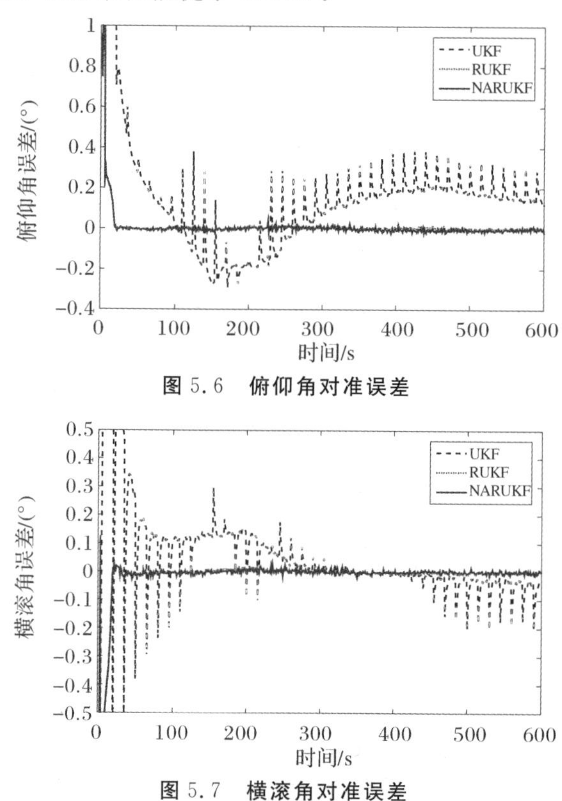

图 5.6 俯仰角对准误差

图 5.7 横滚角对准误差

在情形 2 中，人为地将式(5.3.1)引入式(4.2.1)。选择最后 100 s 姿态估计误差的均方根(Root Mean-Square,RMS)作为评判滤波性能的指标。类似于文献[128],RMS的定义如下:

$$\mathrm{RMS}_{\mathrm{attitude}}=\sqrt{\frac{1}{N_k}\sum_{k=N-99}^{N}\{[x_{\mathrm{true}}(k)-\hat{x}_{\mathrm{attitude}}(k)]^2\}} \tag{5.3.2}$$

式中,符号"attitude"表示姿态角。仿真中,设置干扰因子α分别为0、0.05和0.1。俯仰角、横滚角和航向角估计误差的RMS与干扰因子之间的关系如图5.9(附彩图)所示。

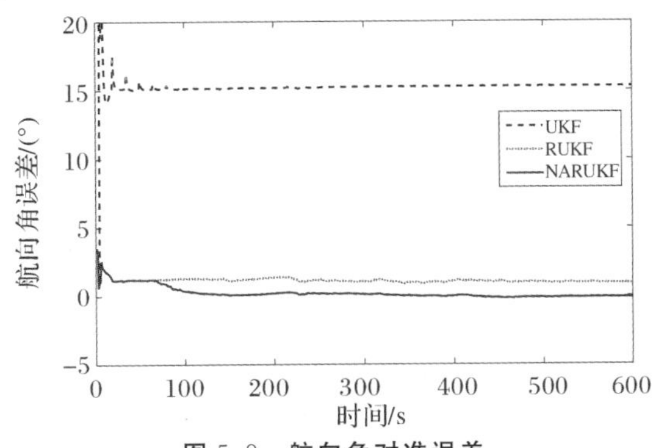

图5.8 航向角对准误差

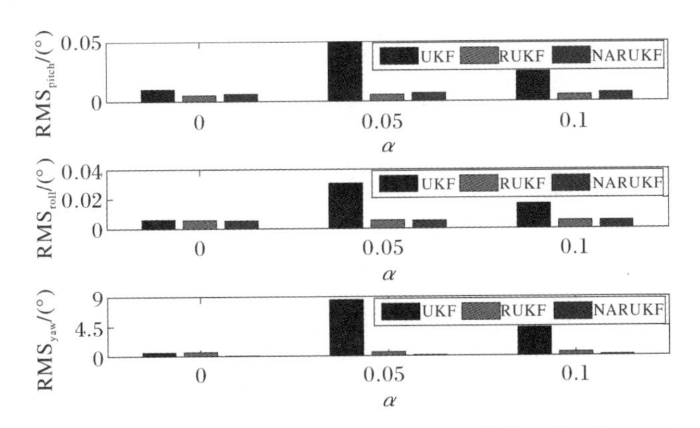

图5.9 姿态估计误差的RMS与干扰因子的关系(最后100 s)

由图5.9可以看出,当干扰因子α为0时,即量测噪声不受干扰噪声的污染时,UKF的姿态估计误差的RMS低于其他情况(α为0.05或0.1)姿态估计误差的RMS。这也说明UKF在α为0(即无干扰噪声)的条件下具有较好的滤波性能。然而,当α增加,即量测噪声受到干扰噪声的污染时,UKF对水平姿态角和航向角的估计精度明显下降。另外,当α为0,即量测噪声服从高斯分布时,UKF对航向角的估计精度仍低于NARUKF。对这种现象可以做出如下解释:在初始对准过程中,由于NARUKF具有对量测噪声协方差阵的自适应估计能力，故相比于 UKF，NARUKF 使用的量测噪声协方差阵更加准确。表 5.1 为不同的干扰因子 α 值对应的 UKF、RUKF 和 NARUKF 得到的航向角估计误差的 RMS。

表 5.1　不同干扰因子值对应的航向角估计误差的 RMS

单位：(°)

方 法	$\alpha=0$	$\alpha=0.05$	$\alpha=0.1$
UKF	0.545 4	8.522 0	4.319 0
RUKF	0.593 4	0.565 8	0.550 6
NARUKF	0.044 5	0.084 4	0.168 1

由表 5.1 可知，当 α 值由 0 变化到 0.1，即观测建模误差逐渐出现时，NARUKF 相比于 UKF 和 RUKF 具有更好的航向角对准性能。也就是说，不论观测模型误差存在与否，NARUKF 均能根据量测噪声特性自适应地估计出量测噪声协方差阵，这将会进一步提高滤波器在不同类型噪声条件下的滤波性能。同时，注意到图 5.9 和表 5.1，当 α 由 0.05 变化到 0.1 时，UKF 得到的姿态角估计误差的 RMS 呈减小趋势。为了进一步解释这种现象出现的原因，计算 50 次 Monte Carlo 初始对准仿真实验 UKF 得到的姿态估计误差的 TRMSE，其中干扰因子 α 依次设置为 0.02、0.04、0.06、0.08、0.1。RMSE 和 TRMSE 的定义式分别如下：

$$\mathrm{RMSE}_{\mathrm{attitude}}(k)=\sqrt{\frac{1}{M}\sum_{m=1}^{M}\left[(x_{\mathrm{attitude}}^{m}(k)-\hat{x}_{\mathrm{attitude}}^{m}(k)\right]^{2}} \tag{5.3.3}$$

$$\mathrm{TRMSE}_{\mathrm{attitude}}=\frac{1}{T_2-T_1}\sum_{k=T_1+1}^{T_2}\mathrm{RMSE}_{\mathrm{attitude}}(k) \tag{5.3.4}$$

式中，符号“attitude”表示姿态角。在初对准仿真试验中，计算时间 500～600 s 之间的 TRMSE，即 $T_1=500$ s，$T_2=600$s。通过式(5.3.3)和式(5.3.4)计算可知，不同干扰因子对应的姿态角误差的 TRMSE 如表 5.2 所示。

表 5.2　姿态角误差的 TRMSE 与干扰因子之间的关系

单位：(°)

评判指标	$\alpha=0.02$	$\alpha=0.04$	$\alpha=0.06$	$\alpha=0.08$	$\alpha=0.1$
$\mathrm{TRMSE}_{\mathrm{pitch}}$	0.041 3	0.046 3	0.042 1	0.050 3	0.051 6
$\mathrm{TRMSE}_{\mathrm{roll}}$	0.020 7	0.026 2	0.021 0	0.027 6	0.038 7
$\mathrm{TRMSE}_{\mathrm{yaw}}$	6.100 9	6.268 8	6.051 4	6.743 9	5.729 0

由表 5.2 可知，UKF 的估计误差并不总是随着干扰因子 α 值的增大而增大

的。初步分析认为，出现这一现象可能与初始对准系统模型的复杂度有关。图5.10(附彩图)为量测噪声分别受情形1和情形2对应的干扰噪声污染条件下，NARUKF 对量测噪声协方差分量的估计结果。由图5.10可以明显看出，在量测噪声受到非高斯噪声污染时，在不同的情况下，NARUKF 对协方差分量的估计趋势是相似的。从图5.10可以看出，NARUKF 对量测噪声协方差分量的估计在最后100 s内收敛到约0.005 m^2/s^2，因此，设置估计出的量测噪声协方差阵为 $\boldsymbol{R}_{\text{estimated}}=\text{diag}(0.005\quad 0.005)\,m^2/s^2$。设计两种不同的初始对准试验测试方案来评价 NARUKF 对量测噪声协方差的估计性能。

测试1：在高斯噪声(即情形2中 $\alpha=0$)条件下，将估计出的量测噪声阵 $\boldsymbol{R}_{\text{estimated}}$ 和初始量测噪声协方差阵 $\boldsymbol{R}_0$ 分别分配给 UKF。航向角的对准结果如图5.11所示。

测试2：在野值(即情形1)条件下，将估计出的量测噪声阵 $\boldsymbol{R}_{\text{estimated}}$ 和初始量测噪声阵 $\boldsymbol{R}_0$ 分别分配给 RUKF、NARUKF。航向角的对准结果如图5.12(附彩图)所示。

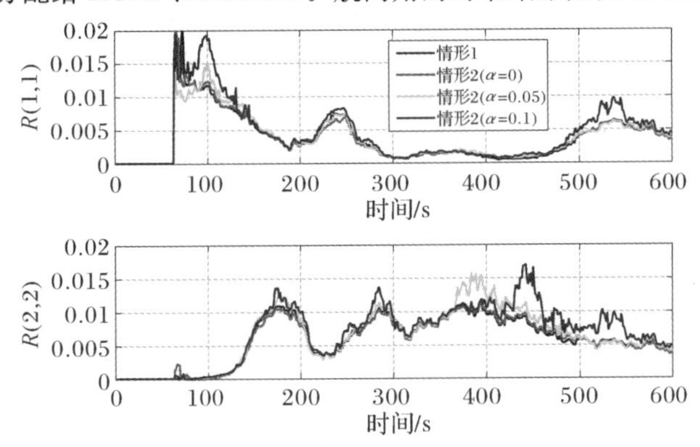

图5.10　不同情况下量测噪声协方差分量的估计(滑动窗长度为60 s)

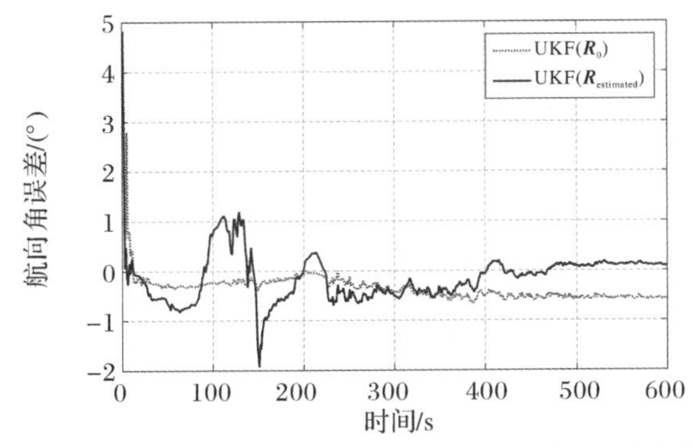

图5.11　高斯条件下不同 R 对应的航向角对准误差比较

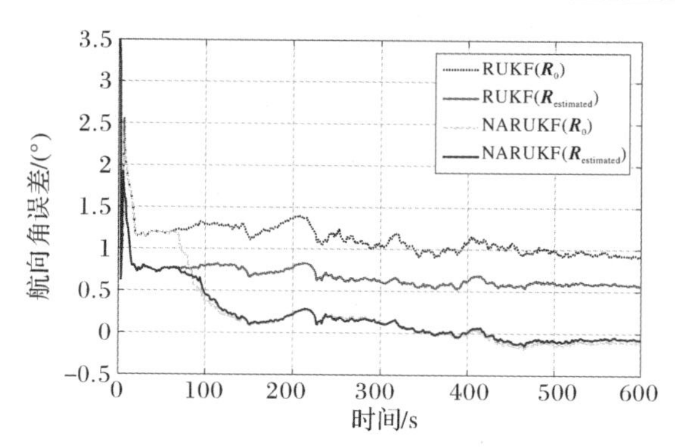

图 5.12　野值条件下不同 R 对应的航向角对准误差比较

由图 5.11 和图 5.12 可以明显看出，不论是在高斯条件下还是野值条件下，NARUKF 估计出的量测噪声协方差阵 $\boldsymbol{R}_{estimated}$ 均可有效提高 UKF、RUKF 的滤波性能。试验结果在一定程度上证明 $\boldsymbol{R}_{estimated}$ 是可靠、可信的。在初始对准最后 100 s 利用不同滤波方法在不同噪声条件下对航向角估计误差的收敛范围如表 5.3 所示。结合图 5.11、图 5.12 和表 5.3 可知，量测噪声阵在 SINS 动态对准中发挥着重要作用，准确地估计量测噪声协方差阵可进一步提高滤波性能。

表 5.3　航向角估计误差收敛范围

方 法	高斯噪声情形	野值情形
UKF ($\boldsymbol{R}_0$)	[−0.6°,−0.4°]	—
UKF ($\boldsymbol{R}_{estimated}$)	[0°,0.2°]	—
RUKF ($\boldsymbol{R}_0$)	—	[0.9°,1°]
RUKF ($\boldsymbol{R}_{estimated}$)	—	[0.55°,0.65°]
NARUKF ($\boldsymbol{R}_0$)	—	[−0.15°,−0.08°]
NARUKF ($\boldsymbol{R}_{estimated}$)	—	[−0.1°,−0.04°]

由表 5.3 还可看出，当估计出的量测噪声阵 $\boldsymbol{R}_{estimated}$ 分配给 UKF 和 NARUKF 时，UKF 和 NARUKF 对航向角的估计误差均明显减小，并收敛于 0°附近；当 $\boldsymbol{R}_{estimated}$ 分配给 RUKF 时，RUKF 对航向角的估计误差明显减小，但仍有 0.6°左右的误差。这是因为，初始对准的时间为 600 s，滑动窗的长度受到对准时间的限制，对准试验中滑动窗的长度设置为 60 s，因此估计出的协方差 $\boldsymbol{R}_{estimated}$ 并不是绝对准确的，存在一定的误差。由式(5.1.1)和式(5.1.5)可知，“不绝对准确”的 $\boldsymbol{R}_{estimated}$ 将会为膨胀因子 λ_k 的解算引入计算误差，进而导致解算出的 λ_k 不绝对准确。“不绝对准确”的 λ_k 将会进一步放大量测噪声协方差阵的误差(即 $\lambda_k\boldsymbol{R}_k$)，进而导致 RUKF 受量测噪声协方差阵的影响比 UKF 大。但总体来看，

相比于 $\boldsymbol{R}_0$，$\boldsymbol{R}_{\text{estimated}}$ 对滤波性能提升的贡献是十分可观的。仿真试验结果表明，自适应地估计 $\boldsymbol{R}$ 对提升 UKF 及 RUKF 的性能具有十分重要的作用。

在实际应用中，量测噪声统计特性先验信息通常是未知的、不准确的。在不同的噪声环境下，当不准确的量测噪声阵（即 $\boldsymbol{R}_0$）分配给滤波器时，UKF、RUKF 和 NARUKF 的速度估计误差和位置估计误差分别如图 5.13(a)～(c)和图 5.14(a)～(c)所示。由图 5.13 和图 5.14 可以看出，相比于 UKF 和 RUKF，NARUKF 对速度误差及位置误差具有更好的估计性能。定义位置估计误差占总航程的比例 P 如下：

$$P=\frac{\Delta L}{L}\times 100\% \tag{5.3.5}$$

式中：ΔL 为初始对准结束时刻位置的估计误差；L 为初始对准过程中运载体的总航程。

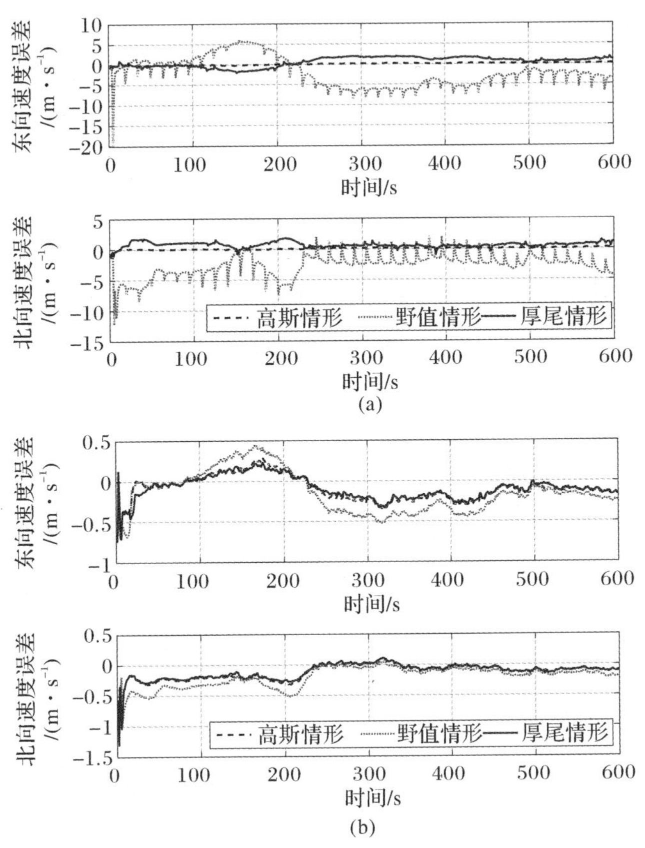

图 5.13 不同滤波方法对速度的估计误差

(a)UKF 对速度的估计误差；(b)RUKF 对速度的估计误差

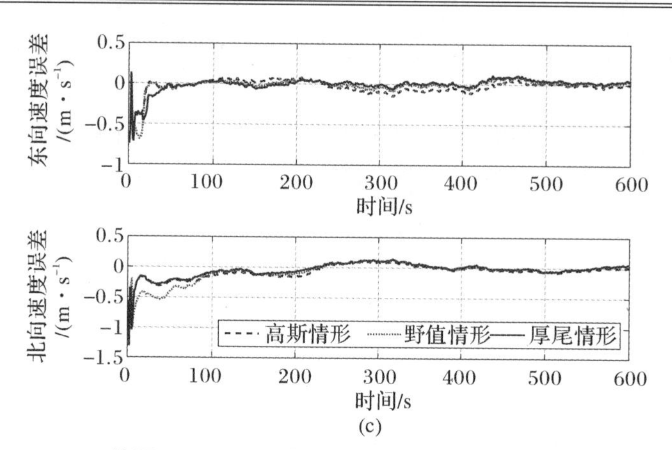

续图 5.13 不同滤波方法对速度的估计误差

(c)NARUKF 对速度的估计误差

通过试验可知,初始对准过程中载车的总航程为 7 647.96 m。通过式(5.3.5)的计算,在不同的噪声情形下,初始对准结束时刻不同滤波方法对位置的估计误差占总航程的比例如表 5.4 所示。

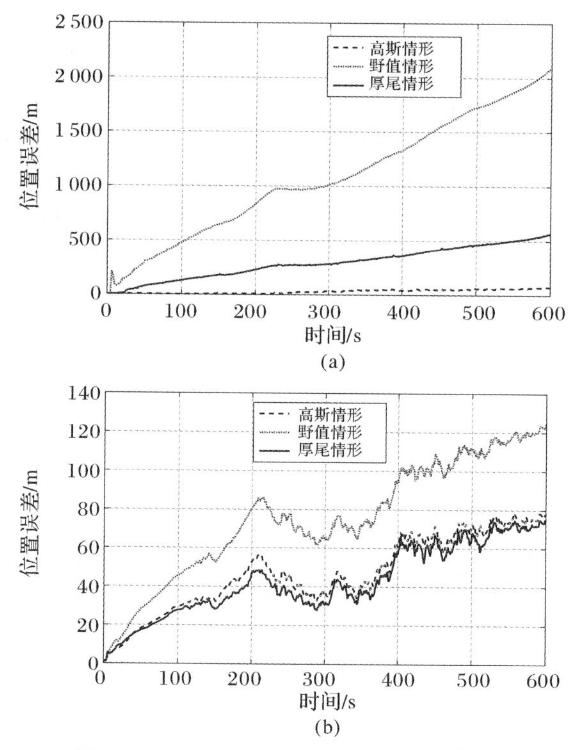

图 5.14 不同滤波方法对位置的估计误差

(a)UKF 对位置的估计误差;(b)RUKF 对位置的估计误差;

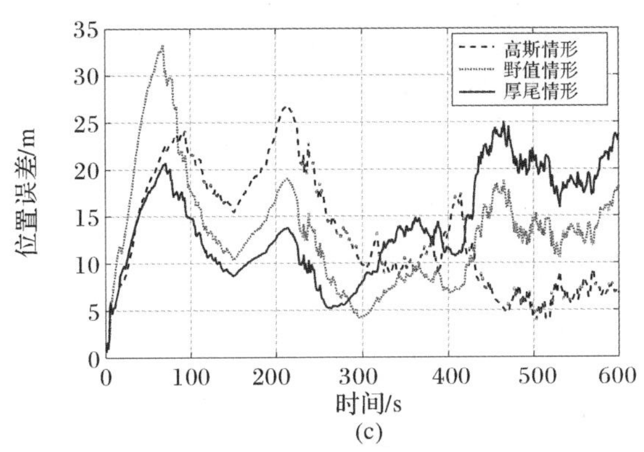

续图 5.14　不同滤波方法对位置的估计误差

(c)NARUKF 对位置的估计误差

表 5.4　位置估计误差占总航程的比例

单位:%

方法	高斯噪声情形	野值情形	厚尾噪声情形
UKF	1.00	27.39	7.42
RUKF	1.02	1.62	0.98
NARUKF	0.09	0.24	0.31

由图 5.14 和表 5.4 可以看出，相比于 UKF 和 RUKF，NARUKF 能够在观测先验信息不准确的条件下保证相对较高的实时定位精度。仿真试验结果验证了 NARUKF 能够在量测噪声具有非高斯、不确定的分布特性条件下自适应地估计量测噪声协方差阵，且利用 NARUKF 进行水下载体系测速辅助 SINS 动态对准性能优于 UKF 和 RUKF。

5.4　试验验证

5.3 节在开环对准方式下对本章提出的 NARUKF 进行了仿真试验验证。本节基于 5.3.4 小节选取的 600 s 船载实测数据分别在开环对准方式、闭环对准方式下对 NARUKF 进行进一步验证。选取的 600 s 实测数据对应的 DVL 测速数据受到野值的污染。由于在实际应用中，观测量先验信息即量测噪声协方差阵通常是未知的，因此初始对准试验中设置初始量测噪声阵为 $\boldsymbol{R}_0 = \mathrm{diag}(0.01^2 \quad 0.01^2)\mathrm{m}^2/\mathrm{s}^2$。试验中，设置 SINS 的初始失准角为$[10° \quad 10° \quad 10°]^{\mathrm{T}}$；滑动窗的长度为 60 s。利用 UKF、RUKF 和 NARUKF 进行开环对准分别简记为 UKF-OA、RUKF-OA 和 NARUKF-OA；利用 UKF、RUKF 和 NARUKF 进行闭环对准分别简记为 UKF-CA、RUKF-CA 和 NARUKF-CA。初始对准试验结果分别如图 5.15～图 5.17(附彩图)所示。图 5.15～图 5.17 中，黑色实线/虚线表示利用 UKF 进行开环/闭环的初始对准误差曲线；红色实线/虚线表示利用 RUKF 进行开环/闭环的初始对准误差曲线；蓝色实线/虚线表示利用 NA-RUKF 进行开环/闭环初始的对准误差曲线。

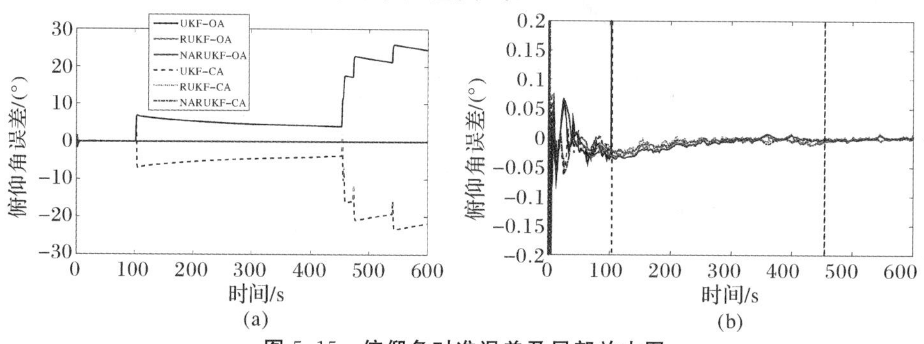

图 5.15 俯仰角对准误差及局部放大图

(a)全局图；(b)局部放大图

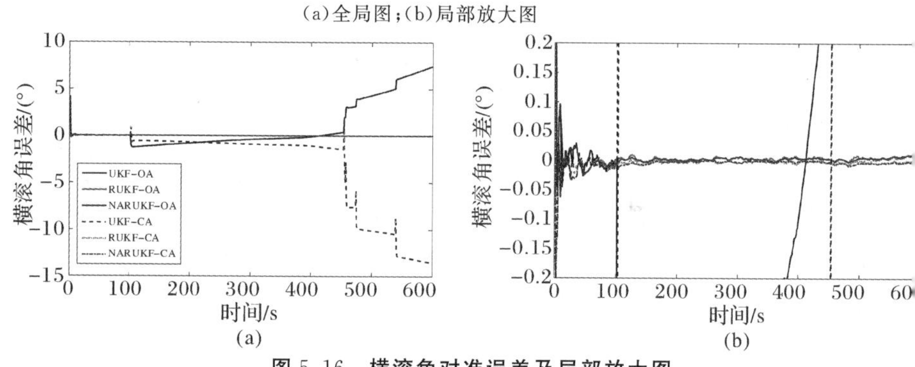

图 5.16 横滚角对准误差及局部放大图

(a)全局图；(b)局部放大图

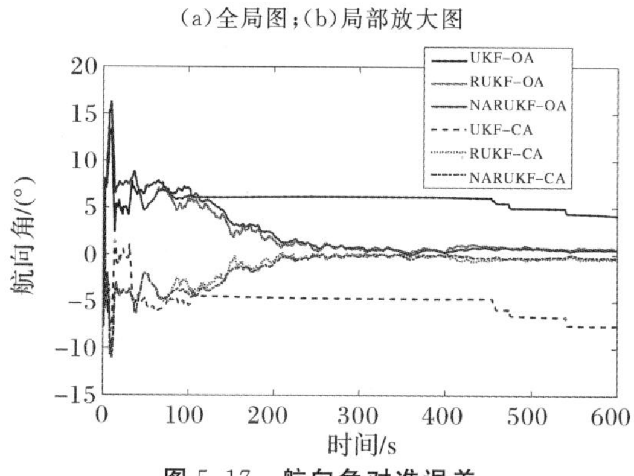

图 5.17 航向角对准误差

由图 5.15～图 5.17 可以看出，当 DVL 输出受野值污染时，UKF 性能下降很明显，其对准误差曲线呈发散趋势。NARUKF 的初始对准性能明显优于 UKF，且 NARUKF 对野值具有很好的抑制作用。由图 5.17 可以看出，不论采用开环对准方式还是闭环对准方式，在同样的对准方式下 NARUKF 对航向角的对准精度高于 RUKF。这是因为，NARUKF 可根据量测噪声特性对量测噪声协方差阵进行自适应估计，即便量测噪声受到非高斯噪声的污染，在初始对准 60 s 以后 NARUKF 使用的量测噪声阵相比于 RUKF 使用的量测噪声阵更加准确。特别地，在闭环对准结束时刻，UKF 对姿态角的对准误差为－21.742 2°、－13.561 6°和－7.549 1°；RUKF 对姿态角的对准误差为 0.001 6°、－0.000 2°和－0.333 5°；NARUKF 对姿态角的对准误差为－0.000 6°、－0.000 4°和－0.309 4°。在开环对准结束时刻，UKF 对姿态角的对准误差为 24.429 0°、7.471 5°和 4.145 5°；RUKF 对姿态角的对准误差为 0.003 3°、0.011 9°和 0.582 7°；NARUKF 对姿态角的对准误差为 0.001 5°、0.011 7°和 0.515 7°。由此可知，不同的初始对准方式会得到不同的初始对准结果。试验结果表明：在相同条件下，NARUKF 的初始对准的精度优于 RUKF 和 UKF。

为了进一步验证 NARUKF 估计出的量测噪声协方差阵的有效性和准确性，记 $k(k>\mathrm{WL})$ 时刻 NARUKF 估计出来的量测噪声协方差阵为 $\boldsymbol{R}_{\mathrm{estimated},k}$。定义观测量的噪声协方差阵为 NARUKF 每一时刻估计出的量测噪声阵 $\boldsymbol{R}_{\mathrm{estimated},k}$ 求和后取平均，有

$$\boldsymbol{R}_{\mathrm{estimated}}=\frac{1}{m-\mathrm{WL}}\sum_{k=\mathrm{WL}+1}^{m}\boldsymbol{R}_{\mathrm{estimated},k} \tag{5.4.1}$$

式中：m 为初始对准总时长；WL 为滑动窗的长度。根据初始对准试验结果，并通过式(5.4.1)计算可得，开环对准方式 NARUKF 估计出的量测噪声阵为 $\boldsymbol{R}_{\mathrm{estimated,OA}}=\mathrm{diag}(0.008\,4\quad 0.011\,9)\,\mathrm{m}^2/\mathrm{s}^2$；闭环对准方式 NARUKF 估计出的量测噪声阵为 $\boldsymbol{R}_{\mathrm{estimated,CA}}=\mathrm{diag}(0.008\,7\quad 0.011\,8)\,\mathrm{m}^2/\mathrm{s}^2$。可以看出，开环对准方式与闭环对准方式，NARUKF 估计出的量测噪声阵十分相近。为验证NARUKF估计出的量测噪声阵 $\boldsymbol{R}_{\mathrm{estimated}}$ 的准确性，设计以下试验：

(1)将 $\boldsymbol{R}_0$ 分配给 RUKF 进行开环初始对准试验，简记为 RUKF($\boldsymbol{R}_0$)；

(2)将 $\boldsymbol{R}_{\mathrm{estimated}}=\boldsymbol{R}_{\mathrm{estimated,OA}}$ 分配给 RUKF 进行开环初始对准试验，简记为 RUKF($\boldsymbol{R}_{\mathrm{estimated}}$)。初始对准试验航向角对准结果如图 5.18 所示。

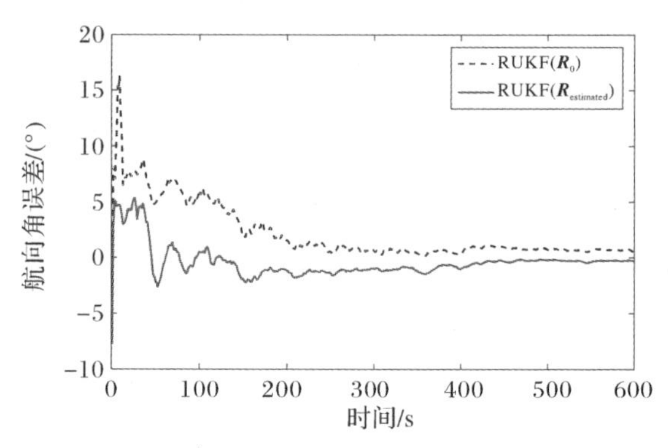

图 5.18　不同 $\boldsymbol{R}$ 对应的航向角对准误差比较

由图 5.18 可以看出，当将 NARUKF 估计出的量测噪声阵 $\boldsymbol{R}_{\text{estimated}}$ 分配给 RUKF 时，可有效提高 RUKF 对航向角的估计精度。通过试验可知，在初始对准结束时刻，RUKF($\boldsymbol{R}_{\text{estimated}}$)对航向角的估计误差为−0.275 2°；RUKF($\boldsymbol{R}_0$)对航向角的估计误差为 0.582 7°。因此，将 $\boldsymbol{R}_{\text{estimated}}$ 分配给 RUKF 可使其对航向角的对准精度提高 50%以上。试验结果表明，NARUKF 估计出的量测噪声协方差阵 $\boldsymbol{R}_{\text{estimated}}$ 是准确、可靠的。

滑动窗的长度 WL 对 NARUKF 的性能有着重要影响。为进一步比较 NARUKF 在不同滑动窗长度条件下的滤波性能，依次设置 WL 为 20 s、30 s、40 s、50 s、60 s、70 s、80 s、90 s、100 s、110 s、120 s、130 s、140 s、150 s、160 s。n 系速度辅助 SINS 进行动态对准时，航向角的可观测度比较弱，导致其对准难度较高。在无 GNSS 信号(即没有 n 系速度辅助)的条件下，航向角的对准难度将进一步增大。因此，本节选取初始对准结束时刻航向角对准误差作为评判不同 WL 条件下 NARUKF 的对准性能。初始对准结束时刻航向角对准误差与 WL 的关系如图 5.19 所示。

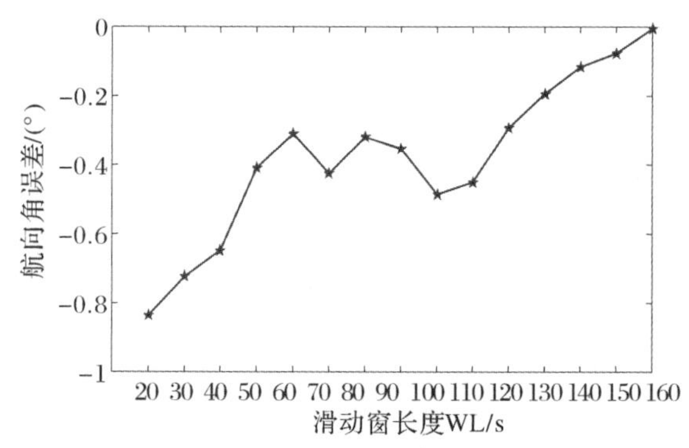

图 5.19　航向角对准误差与 WL 之间的关系(对准结束时刻)

由图5.19可以看出，随着滑动窗长度WL的增加，航向角对准误差呈现先减小而后较小幅度地波动，最后呈减小的趋势。当WL≥150 s时，NARUKF对航向角的对准误差绝对值小于0.1°，满足SINS非线性对准对精度的要求。初始对准要求时间短，基于滤波方法的初始对准一般要求在10 min以内完成。为了兼顾初始对准的速度和精度，根据试验结果建议在实际应用中选取滑动窗的长度为150 s左右。

通过试验可知，初始对准过程中试验船的总航程为2 856.1 m。为进一步评估NARUKF在对准过程中对位置的估计精度，设置WL＝150 s，分别利用NARUKF-OA和NARUKF-CA进行初始对准试验。初始对准过程中NARUKF对位置的估计误差如图5.20所示。

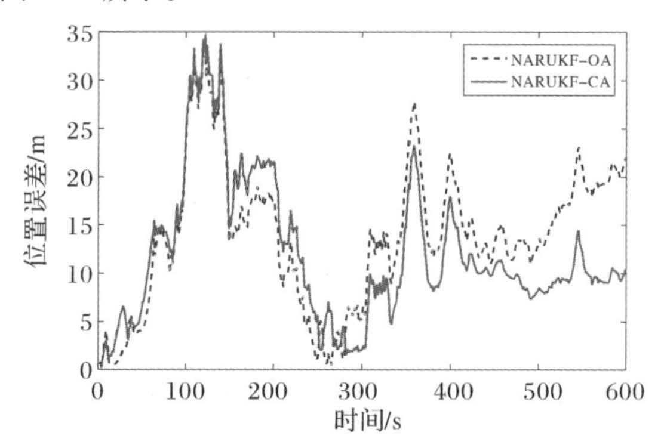

图5.20　NARUKF对位置的估计误差(WL＝150 s)

由图5.20可以看出，在初始对准试验过程中，NARUKF对位置具有较好的估计精度。通过试验可知，初始对准结束时刻NARUKF-OA和NARUKF-CA对位置的估计误差分别为27.16 m和10.21 m，由式(5.3.5)计算得分别占总航程的0.95%和0.36%。初始对准试验结果初步表明：①NARUKF可在DVL输出受野值污染的条件下根据量测噪声的分布特性自适应地估计量测噪声阵，有效提高滤波器的对准性能；②在相同对准结构的条件下，相比于UKF和RUKF，NARUKF具有更高的初始对准精度。

5.5　自适应滤波实时估计方法思考

由于KF在测量噪声的不确定性和非高斯统计特性情况下的性能缺陷，自适应KF方法引起了广泛关注[157]。目前主要有两种自适应算法[158]：①噪声协方差(过程噪声协方差和/或测量噪声协方差)匹配方法，前面几节介绍的基于卡尔曼滤波框架 NARUKF 以及 Sage-Husa 自适应滤波方法(Sage-Husa Adaptive KF,SHAKF)[159-160]都属于此种类型的自适应滤波方法;②模型匹配方法,例如交互式多模型(Interacting Multiple Model,IMM)过滤方法[161]。本节针对以上两种方法,介绍非高斯条件下两种鲁棒自适应估计方法。

5.5.1 Sage-Husa 自适应滤波方法鲁棒化

5.2 节介绍了一种基于滑动窗的自适应卡尔曼滤波方法,其本质上属于准实时估计方法,在实际应用中将会造成估计“延迟”(滤波时间达到滑动窗长度时实现对量测噪声阵第一次估计)。

SHAKF 中,在高斯条件下 k 时刻 $\boldsymbol{R}$ 阵自适应估计的一般表达式如下[162]:

$$\hat{\boldsymbol{R}}_k=(1-d_k)\hat{\boldsymbol{R}}_{k-1}+d_k(\boldsymbol{\mu}_k\boldsymbol{\mu}_k^{\mathrm{T}}-\boldsymbol{H}_k\boldsymbol{P}_{k|k-1}\boldsymbol{H}_k^{\mathrm{T}}) \tag{5.5.1}$$

式中,$d_{k-1}=\dfrac{1-b}{1-b^k}$,$0.9\leqslant b<1$ 为衰减因子,一般取经验值[163]。用 $\hat{\boldsymbol{R}}_k$ 替代标准的 KF 量测更新过程中 $\hat{\boldsymbol{R}}_k$ 并进行标准 KF 的量测更新,即为 SHAKF。可以看出,式(5.5.1)虽然可对量测噪声阵进行实时估计,但量测噪声需满足高斯特性。也就是说,SHAKF 对受非高斯噪声污染的观测量是没有鲁棒性的。若 k 时刻的观测量异常,即 $\boldsymbol{\mu}_k$ 异常,则利用式(5.5.1)估计出来的 $\hat{\boldsymbol{R}}_k$ 也是不准确的,滤波将会发散。

结合式(5.1.1)~式(5.1.5),对于真实的观测量 $\tilde{\boldsymbol{z}}_k$,若其评判指标 ϑ_k 满足 $\vartheta_k\leqslant\chi^2_{n,\alpha}$,则 $\tilde{\boldsymbol{z}}_k$ 将被标记为正常观测量;反之,若其评判指标 ϑ_k 满足 $\vartheta_k>\chi^2_{n,\alpha}$,则 $\tilde{\boldsymbol{z}}_k$ 将被标记为异常观测量,定义新息向量 $\boldsymbol{\mu}_k$ 的权值为

$$\omega_k=\min(1,\eta^2/M_k^2) \tag{5.5.2}$$

根据式(5.5.2),当外部观测量满足 $M_k>\eta$ 时,$\omega_k=\eta^2/M_k^2$;满足 $M_k\leqslant\eta$ 时,$\omega_k=1$。也就是说,异常观测量将会被赋予更小的权值。基于此,重新定义 k 时刻 $\boldsymbol{R}$ 阵自适应估计的表达式如下:

$$\hat{\boldsymbol{R}}_k=(1-d_k\omega_k)\hat{\boldsymbol{R}}_{k-1}+d_k\omega_k(\boldsymbol{\mu}_k\boldsymbol{\mu}_k^{\mathrm{T}}-\boldsymbol{H}_k\boldsymbol{P}_{k|k-1}\boldsymbol{H}_k^{\mathrm{T}}) \tag{5.5.3}$$

由式(5.1.1)、式(5.5.2)和式(5.5.3)可知,观测野值将会使其权值 $\omega_k=\eta^2/M_k^2\ll1$,这将会进一步导致 $d_k\omega_k\ll1$。此时,式(5.5.3)将会退化为 $\hat{\boldsymbol{R}}_k=\hat{\boldsymbol{R}}_{k-1}$。反之,正常观测量将会使其权值 $\omega_k=1$,这将会进一步导致 $d_k\omega_k=1$。此时,式(5.5.3)将会退化为式(5.5.1)的形式。

需要注意的是,式(5.5.3)仅能保证量测噪声阵自适应估计过程的鲁棒性,而不能确保整个自适应滤波过程的鲁棒性。重写标准 KF 量测更新过程卡尔曼

增益表达式如下：

$$\boldsymbol{K}_k=\boldsymbol{P}_{k|k-1}\boldsymbol{H}_k^{\mathrm{T}}(\boldsymbol{H}_k\boldsymbol{P}_{k|k-1}\boldsymbol{H}_k^{\mathrm{T}}+\boldsymbol{R}_k)^{-1} \tag{5.5.4}$$

可以看出，当观测量受到如野值等非高斯噪声污染时，式(5.5.4)计算的卡尔曼增益是不恰当的，状态量后验估计 $\hat{\boldsymbol{x}}_{k|k}$ 将包含较大的偏差。因此，有必要进一步提高滤波过程的鲁棒性。量测噪声协方差阵 $\boldsymbol{R}_k$ 表明了观测量的可信度。当 $\boldsymbol{R}_k$ 增加时，会使观测量的可靠性和可信度降低。因此，$\boldsymbol{R}_k$ 的选择对滤波性能有很大影响[164-166]。如果DVL输出出现异常值，则通过式(5.5.4)获得的卡尔曼增益将通过引入膨胀因子而减小。在这种情况下，使用以下公式对估计的测量协方差进行膨胀：

$$\widetilde{\boldsymbol{R}}_k=\kappa_k\hat{\boldsymbol{R}}_k \tag{5.5.5}$$

式中，$\widetilde{\boldsymbol{R}}_k$ 表示修正后的量测噪声协方差阵。将式(5.5.5)代入式(5.1.1)得

$$\begin{aligned}M_k^2&=\left[\sqrt{(\tilde{\boldsymbol{z}}_k-\hat{\boldsymbol{z}}_{k|k-1})^{\mathrm{T}}(\boldsymbol{P}_{ee,k|k-1})^{-1}(\tilde{\boldsymbol{z}}_k-\hat{\boldsymbol{z}}_{k|k-1})}\right]^2\\&=\boldsymbol{\mu}_k^{\mathrm{T}}(\boldsymbol{P}_{zz,k|k-1}+\widetilde{\boldsymbol{R}}_k)^{-1}\boldsymbol{\mu}_k\\&=\boldsymbol{\mu}_k^{\mathrm{T}}(\boldsymbol{H}_k\boldsymbol{P}_{k|k-1}\boldsymbol{H}_k^{\mathrm{T}}+\kappa_k\hat{\boldsymbol{R}}_k)^{-1}\boldsymbol{\mu}_k\end{aligned} \tag{5.5.6}$$

膨胀因子 κ_k 具体求解过程可参考5.1节。利用 $\widetilde{\boldsymbol{R}}_k$ 替换 $\boldsymbol{R}_k$ 并进行标准KF量测更新，即为基于Sage-Husa鲁棒自适应滤波方法(Sage-Husa Robust Adaptive KF,SHRAKF)的测量更新过程。需要注意的是，由于测量数据的复杂性，估计出的量测噪声协方差阵 $\hat{\boldsymbol{R}}_k$ 可能不是对称、正定的，这也会降低SHRAKF的滤波性能。为解决这个问题，5.2节已经详细描述了实现对称性和正定性的有效方法。

下面，通过选取900 s的DVL实测数据对SHRAKF和SHAKF在非高斯条件下对量测噪声阵的自适应估计性能进行验证。实测数据如图5.21所示。

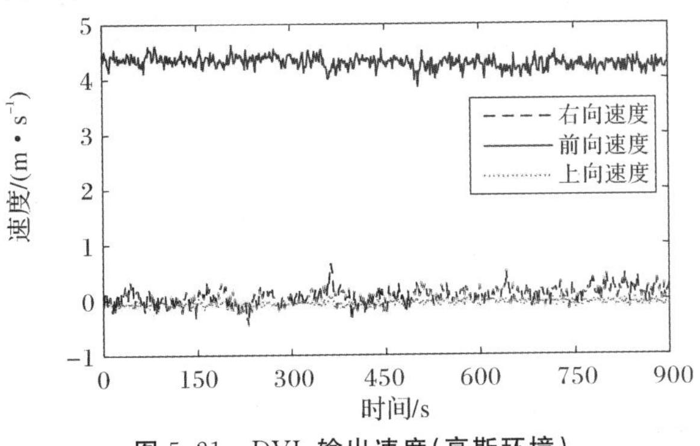

图5.21 DVL输出速度(高斯环境)

式(5.3.1)中，设置 $\boldsymbol{R}_c=200\cdot\boldsymbol{R}_0$，并将其引入图5.21所示的DVL输出数

据中。分别利用 KF、RKF、SHAKF 和 SHRAKF 进行 50 次蒙特卡洛初始对准试验，试验中设置干扰因子 α 为 0.1，$\boldsymbol{R}_0=\mathrm{diag}(0.01^2\quad 0.01^2)\mathrm{m}^2/\mathrm{s}^2$。不同方法得到的 TRAMSE 如表 5.5 所示。最后一次蒙特卡洛仿真试验不同方法对量测噪声阵的估计结果如图 5.22(附彩图)所示。

表 5.5　不同方法得到的 TRAMSE

	俯仰角/(°)	横滚角/(°)	航向角/(°)	东向速度/(m·s^{-1})	北向速度/(m·s^{-1})	位置/m
KF	0.078 6	0.068 1	5.012 8	0.423 5	0.606 0	319.896 5
RKF	0.007 4	0.002 7	0.730 6	0.045 1	0.094 6	45.016 2
SHAKF	0.001 4	0.002 7	0.316 7	0.044 4	0.074 9	23.246 8
SHRAKF	0.001 8	0.002 7	0.275 9	0.039 8	0.071 4	20.361 0

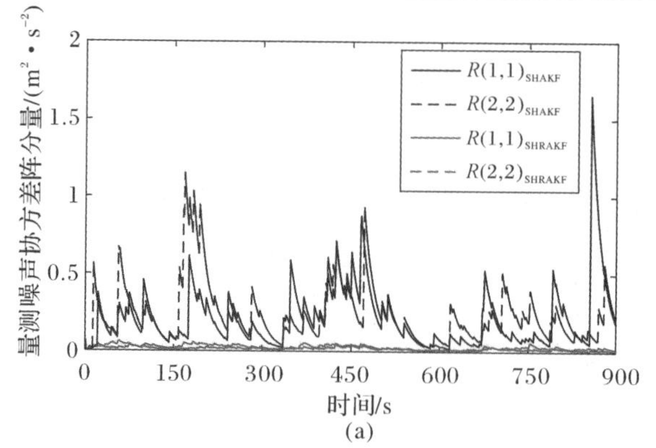

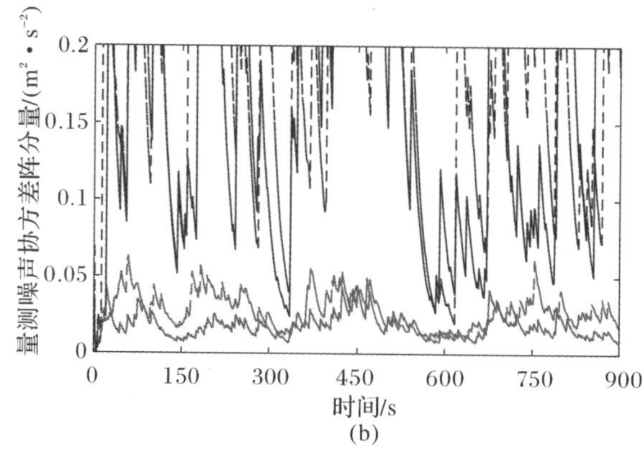

图 5.22　不同方法量测噪声协方差阵估计结果

(a)分量估计结果;(b)局部放大图

很明显，SHAKF 估计的协方差 $\boldsymbol{R}$ 分量的曲线是不稳定的，这是因为在对准过程中存在很多野值或者非高斯噪声污染。换句话说，通过式(5.5.1)估计 $\boldsymbol{R}$

的过程没有鲁棒性。相反,SHRAKF 估计的协方差分量的曲线比 SHAKF 更稳定。根据试验结果可知,SHAKF 和 SHRAKF 估计的量测噪声协方差矩阵 $\boldsymbol{R}$ 的标准偏差分别为 diag(0.202 3,0.192 8)$\mathrm{m^2/s^2}$ 和 diag(0.007 4,0.011 6)$\mathrm{m^2/s^2}$。实际测量噪声协方差约为 diag(0.01,0.01)$\mathrm{m^2/s^2}$。结果表明,在非高斯条件下通过式(5.5.3)估计 $\boldsymbol{R}$ 比通过式(5.5.1)估计更加鲁棒。

5.5.2 基于交互多模型的卡尔曼滤波方法鲁棒化

交互多模型方法(IMM)基于贝叶斯理论对各个模型的概率进行调整,实现多个模型间自动识别与切换,具有自适应的特点,即在任意跟踪时刻,通过设置对应目标可能模型数量的模型滤波器来进行实时的模型检测,对每一个滤波器设置权重系数和模型更新的概率,最后加权计算得出当前最优估计状态,从而达到模型自适应跟踪的目的[127]。本小节将使用模型匹配方法来解决观测噪声先验知识不准确和受非高斯噪声干扰的问题。

基于交互多模型的卡尔曼滤波方法(IMM-KF)结构如图 5.23 所示。

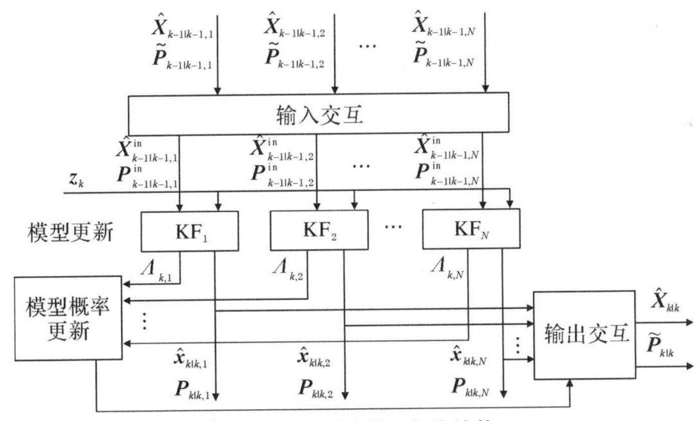

图 5.23 IMM-KF 方法结构

从图 5.23 可以看出,IMM-KF 采用 m 个 KF 算法模型描述 SINS 可能出现的状态,从而提高算法在不同量测噪声干扰情况下的估计精度,其中各个模型之间的切换符合一阶马尔可夫过程。IMM-KF 中各个滤波器是并行运算的,且以递推的方式进行,每次递推包含四个主要步骤:①输入交互;②模型更新,即时间更新和测量更新;③模型概率更新;④输出交互。IMM-KF 的详细程序如下。

5.5.2.1 输入交互(状态后验估计混合)

模型 i 在 $k-1$ 时刻适用的概率为 $\mu_i(k-1)$,p_{ij} 为模型 i 转移到模型 j 的概

率，则模型转移概率如下：

$$\mu_{k-1|k-1,i|j}=\frac{p_{ij}\mu_{k-1,i}}{\bar{c}_j} \tag{5.5.7}$$

式中：$\bar{c}_j=\sum_{i=1}^{N}p_{ij}\mu_{k-1,i}$ 表示模型预测概率，$i=1,2,\cdots,N$ 和 $j=1,2,\cdots,N$ 表示子滤波个数，N 表示子滤波器总数。

k 时刻 IMM-KF 第 j 个滤波器先验输入信息如下：

$$\hat{\boldsymbol{X}}_{k-1|k-1,j}^{\text{in}}=\sum_{i=1}^{N}\hat{\boldsymbol{X}}_{k-1|k-1,i}\mu_{k-1|k-1,i|j} \tag{5.5.8}$$

$$\begin{aligned}\boldsymbol{P}_{k-1|k-1,j}^{\text{in}}=\sum_{i=1}^{N}\mu_{k-1|k-1,i|j}[\widetilde{\boldsymbol{P}}_{k-1|k-1,i}+(\hat{\boldsymbol{X}}_{k-1|k-1,i}-\hat{\boldsymbol{X}}_{k-1|k-1,j}^{\text{in}})\cdot\\(\hat{\boldsymbol{X}}_{k-1|k-1,i}-\hat{\boldsymbol{X}}_{k-1|k-1,j}^{\text{in}})^{\mathrm{T}}]\end{aligned} \tag{5.5.9}$$

5.5.2.2 模型更新

各个滤波器并行运算进行 KF 估计，对于模型 j，k 时刻滤波时间更新和量测更新方程如下。

计算状态量的先验估计 $\hat{\boldsymbol{x}}_{k|k-1,j}$ 和状态误差协方差的先验估计 $\boldsymbol{P}_{k|k-1,j}$：

$$\hat{\boldsymbol{x}}_{k|k-1,j}=\boldsymbol{F}_{k-1,j}\hat{\boldsymbol{X}}_{k-1|k-1,j}^{\text{in}} \tag{5.5.10}$$

$$\boldsymbol{P}_{k|k-1,j}=\boldsymbol{F}_{k-1,j}\boldsymbol{P}_{k-1|k-1,j}^{\text{in}}\boldsymbol{F}_{k-1,j}^{\mathrm{T}}+\boldsymbol{Q}_{k-1,j} \tag{5.5.11}$$

计算卡尔曼滤波增益 $\boldsymbol{K}_{k,j}$、状态量的后验估计 $\hat{\boldsymbol{x}}_{k|k,j}$ 和状态误差协方差的后验估计 $\boldsymbol{P}_{k|k,j}$：

$$\boldsymbol{K}_{k,j}=\boldsymbol{P}_{k|k-1,j}\boldsymbol{H}_{k,j}^{\mathrm{T}}(\boldsymbol{H}_{k,j}\boldsymbol{P}_{k|k-1,j}\boldsymbol{H}_{k,j}^{\mathrm{T}}+\boldsymbol{R}_{k,j})^{-1}=\boldsymbol{P}_{k|k-1,j}\boldsymbol{H}_{k,j}^{\mathrm{T}}\boldsymbol{S}_{k,j}^{-1} \tag{5.5.12}$$

$$\hat{\boldsymbol{x}}_{k|k,j}=\hat{\boldsymbol{x}}_{k|k-1,j}+\boldsymbol{K}_{k,j}(\tilde{\boldsymbol{z}}_{k,j}-\boldsymbol{H}_{k,j}\hat{\boldsymbol{x}}_{k|k-1,j})=\hat{\boldsymbol{x}}_{k|k-1,j}+\boldsymbol{K}_{k,j}\boldsymbol{\rho}_{k,j} \tag{5.5.13}$$

$$\boldsymbol{P}_{k|k,j}=(\boldsymbol{I}-\boldsymbol{K}_{k,j}\boldsymbol{H}_{k,j})\boldsymbol{P}_{k|k-1,j} \tag{5.5.14}$$

式中：$\boldsymbol{\rho}_{k,j}=\tilde{\boldsymbol{z}}_{k,j}-\boldsymbol{H}_{k,j}\hat{\boldsymbol{x}}_{k|k-1,j}$ 表示新息向量；$\boldsymbol{S}_{k,j}=\boldsymbol{H}_{k,j}\boldsymbol{P}_{k|k-1,j}\boldsymbol{H}_{k,j}^{\mathrm{T}}+\boldsymbol{R}_{k,j}=\boldsymbol{P}_{zz,k|k-1,j}+\boldsymbol{R}_{k,j}$ 表示新息协方差的先验估计；$\boldsymbol{P}_{zz,k|k-1,j}$ 表示量测误差协方差的先验估计；$\tilde{\boldsymbol{z}}_{k,j}$ 表示观测量实测值；$\hat{\boldsymbol{z}}_{k|k-1,j}=\boldsymbol{H}_{k,j}\hat{\boldsymbol{x}}_{k|k-1,j}$ 表示观测量的先验估计。

5.5.2.3 模型概率更新

k 时刻模型 j 的似然函数 $\Lambda_{k,j}$ 用来更新其模型权重（概率）[167]：

$$\Lambda_{k,j}=\frac{\exp\left[-\frac{1}{2}\boldsymbol{\rho}_{k,j}^{\mathrm{T}}\boldsymbol{S}_{k,j}^{-1}\boldsymbol{\rho}_{k,j}\right]}{|2\pi\boldsymbol{S}_{k,j}|^{\frac{1}{2}}} \tag{5.5.15}$$

k 时刻模型 j 的模型概率计算如下：

$$\mu_{k,j}=\frac{\Lambda_{k,j}\bar{c}_j}{\sum_{j=1}^{N}(\Lambda_{k,j}\bar{c}_j)} \tag{5.5.16}$$

5.5.2.4　输出交互

IMM-KF 输出结果为各个并行运算子滤波器输出的加权融合，即

$$\hat{\boldsymbol{X}}_{k|k}=\sum_{j=1}^{N}\mu_{k,j}\hat{\boldsymbol{x}}_{k|k,j} \tag{5.5.17}$$

$$\tilde{\boldsymbol{P}}_{k|k}=\sum_{j=1}^{N}\mu_{k,j}[\boldsymbol{P}_{k|k,j}+(\hat{\boldsymbol{x}}_{k|k,j}-\hat{\boldsymbol{X}}_{k|k})(\hat{\boldsymbol{x}}_{k|k,j}-\hat{\boldsymbol{X}}_{k|k})^{\mathrm{T}}] \tag{5.5.18}$$

基于以上推导过程，可以看出 IMM-KF 同标准 KF 一样，是基于高斯分布假设条件的，即当观测量受到诸如野值等非高斯噪声污染时，IMM-KF 性能将会降低。为此，需对 IMM-KF 进行鲁棒化以提高其在复杂环境中的适应性。

5.1 节已经介绍了在 KF 框架下如何实现鲁棒滤波，为使 IMM-KF 具备鲁棒性，对于模型 j，定义其评判指标 $\gamma_{k,j}$ 如下：

$$\begin{aligned}\gamma_{k,j}&=M_{k,j}^2=[\sqrt{(\tilde{\boldsymbol{z}}_{k,j}-\hat{\boldsymbol{z}}_{k|k-1,j})^{\mathrm{T}}(\boldsymbol{H}_{k,j}\boldsymbol{P}_{k|k-1,j}\boldsymbol{H}_{k,j}^{\mathrm{T}}+\boldsymbol{R}_{k,j})^{-1}(\tilde{\boldsymbol{z}}_{k,j}-\hat{\boldsymbol{z}}_{k|k-1,j})}]^2\\&=\boldsymbol{\rho}_{k,j}^{\mathrm{T}}\boldsymbol{S}_{k,j}^{-1}\boldsymbol{\rho}_{k,j}\end{aligned} \tag{5.5.19}$$

当 $\gamma_{k,j}$ 满足 $\gamma_{k,j}>\chi_{n,\alpha}^2$ 时，膨胀因子 $\lambda_{k,j}$ 将被用来膨胀 $\boldsymbol{R}_{k,j}$，具体如下：

$$\tilde{\boldsymbol{R}}_{k,j}=\lambda_{k,j}\boldsymbol{R}_{k,j} \tag{5.5.20}$$

式中，膨胀因子 $\lambda_{k,j}$ 求解过程可参考 5.1 节。$\lambda_{k,j}(m+1)$ 与 $\lambda_{k,j}(m)$ 之间的关系如下：

$$\lambda_{k,j}(m+1)=\lambda_{k,j}(m)+\frac{\gamma_{k,j}(m)-\chi_{n,\alpha}^2}{\boldsymbol{\rho}_{k,j}^{\mathrm{T}}[\tilde{\boldsymbol{S}}_{k,j}(m)]^{-1}\boldsymbol{R}_k[\tilde{\boldsymbol{S}}_{k,j}(m)]^{-1}\boldsymbol{\rho}_{k,j}} \tag{5.5.21}$$

式中，$\tilde{\boldsymbol{S}}_{k,j}(m)=\boldsymbol{P}_{zz,k|k-1,j}+\lambda_{k,j}(m)\boldsymbol{R}_{k,j}$ 表示修正后的新息协方差矩阵。利用 $\tilde{\boldsymbol{R}}_{k,j}$ 替代 $\boldsymbol{R}_{k,j}$ 并进行模型更新即为基于 IMM 的鲁棒 KF 方法（IMM Robust KF，IMM-RKF）的模型更新过程。利用 $\tilde{\boldsymbol{R}}_{k,j}$ 替代 $\boldsymbol{R}_{k,j}$ 并进行标准 KF 的量测更新即为鲁棒 KF 方法（Robust KF，RKF）的量测更新过程。值得注意的是，通过式（5.5.15）计算得到的似然函数 $\Lambda_{k,j}$ 取决于 $\boldsymbol{\rho}_{k,j}^{\mathrm{T}}\boldsymbol{S}_{k,j}^{-1}\boldsymbol{\rho}_{k,j}$。也就是说，当观测量受到非高斯噪声污染时，似然函数将不再符合高斯分布特性假设条件，将会导致 IMM-RKF 性能降低。然而，经过修正的新息协方差 $\tilde{\boldsymbol{S}}_{k,j}$ 能够抑制异常新息的影响，它可以通过膨胀量测噪声协方差来鲁棒化计算似然函数的过程。利用 $\tilde{\boldsymbol{S}}_{k,j}$ 替代 $\boldsymbol{S}_{k,j}$，修正后的似然函数 $\tilde{\Lambda}_{k,j}$ 可表示为

$$\tilde{\Lambda}_{k,j}=\frac{\exp\left(-\frac{1}{2}\boldsymbol{\rho}_{k,j}^{\mathrm{T}}\tilde{\boldsymbol{S}}_{k,j}^{-1}\boldsymbol{\rho}_{k,j}\right)}{|2\pi\tilde{\boldsymbol{S}}_{k,j}|^{\frac{1}{2}}}$$

$$=\frac{\exp\left\{-\frac{1}{2}\boldsymbol{\rho}_{k,j}^{\mathrm{T}}\left[\boldsymbol{P}_{zz,k|k-1,j}+\lambda_{k,j}(m)\boldsymbol{R}_{k,j}\right]^{-1}\boldsymbol{\rho}_{k,j}\right\}}{\left|2\pi\left[\boldsymbol{P}_{zz,k|k-1,j}+\lambda_{k,j}(m)\boldsymbol{R}_{k,j}\right]\right|^{\frac{1}{2}}} \tag{5.5.22}$$

IMM-RKF 与 IMM-KF 具有相同的输入交互和输出交互过程，它们的不同之处在于模型更新及模型概率更新过程。在水下环境中，测量噪声通常具有不确定的统计特性，并且被认为是可变的。因此，建立了两个初始对准模型，其中测量噪声协方差矩阵分别设置为 $\boldsymbol{R}_1$ 和 $\boldsymbol{R}_2$，实际观测噪声协方差矩阵 $\boldsymbol{R}_a$ 在区间 $[\boldsymbol{R}_1,\boldsymbol{R}_2]$ 内变化，即 $\boldsymbol{R}_a\in[\boldsymbol{R}_1,\boldsymbol{R}_2]$。通过考虑这两种模型并使用 IMM 算法，可以有效地逼近实际协方差矩阵 $\boldsymbol{R}_a$。

下面，通过选取 3 600 s 船载实测数据进行初始对准试验来对 IMM-RKF 方法的有效性进行验证，DVL 输出如图 5.24(附彩图)所示。

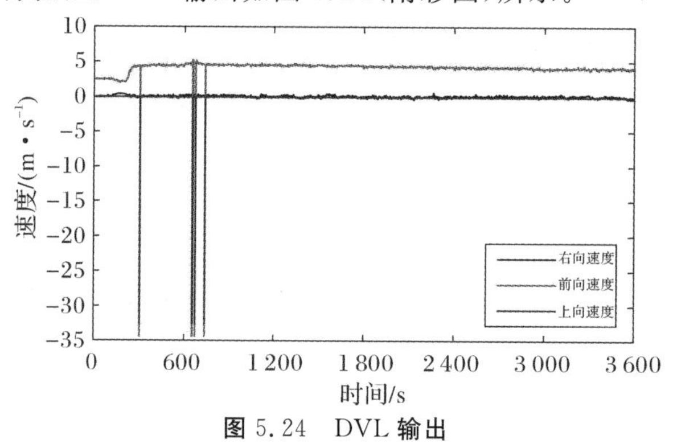

图 5.24　DVL 输出

试验中，模型集为 $M=[m_1,m_2]$，其中 m_1 表示测量噪声协方差为 $\boldsymbol{R}_1=2\boldsymbol{R}_0$ 的模型，且 m_2 表示观测噪声协方差为 $\boldsymbol{R}_2=10\boldsymbol{R}_0$ 的模型，其中 $\boldsymbol{R}_0=\mathrm{diag}(0.1^2\ 0.1^2)$ $\mathrm{m}^2/\mathrm{s}^2$。由图 5.24 可看出，在 302～304 s、650～675 s、739～741 s 期间，DVL 输出三个方向的速度均出现异常值。每隔 10 s 人为地将幅值为 40 m/s 的速度误差引入式(5.2.1)。设置实际测量噪声协方差阵的变化规律如表 5.6 所示。

表 5.6　实际量测噪声协方差阵变化规律

时间/s	实际量测噪声协方差阵
0 ～ 1 200	$\boldsymbol{R}_a=12\boldsymbol{R}_0$
1 200 ～ 2 400	$\boldsymbol{R}_a=\boldsymbol{R}_0$
2 400 ～ 3 600	$\boldsymbol{R}_a=8\boldsymbol{R}_0$

为了评估 IMM-RKF 方法的性能，在 DVL 输出受野值污染情况下，分别利用 IMM-RKF 与 RKF(m_1)和 RKF(m_2)进行初始对准试验，模型概率如图 5.25 所示，初始对准姿态角误差分别如图 5.26(a)～(c)所示，速度误差分别如图 5.27(a)(b)所示，位置误差分别如图 5.28(a)(b)所示。

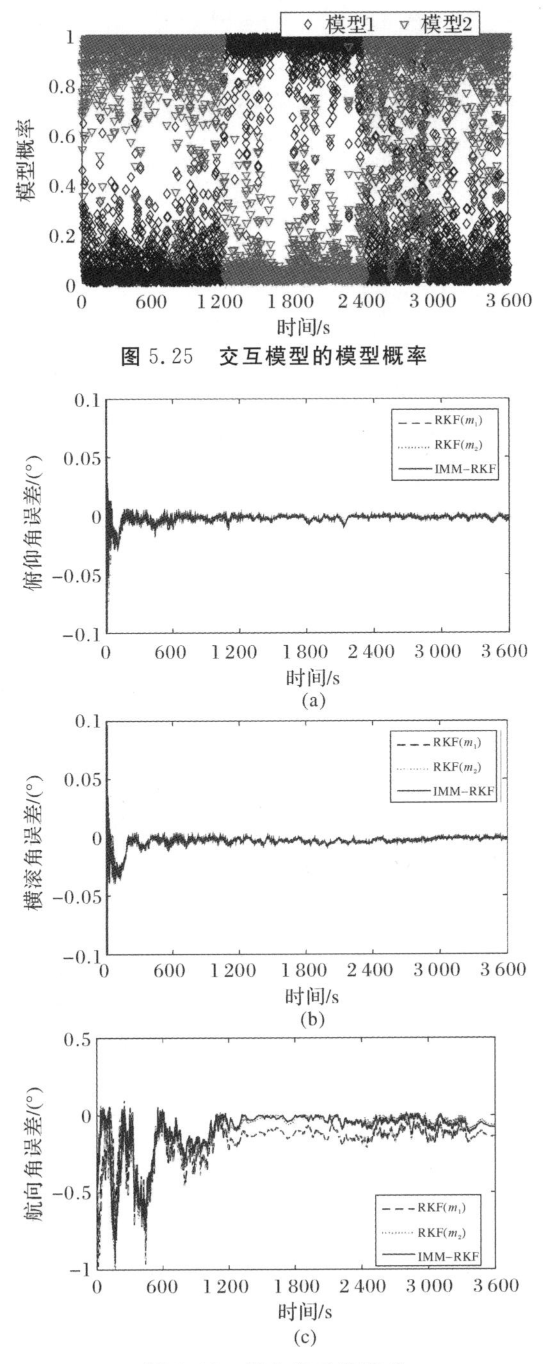

图 5.25　交互模型的模型概率

图 5.26　姿态角对准误差

(a)俯仰角对准误差；(b)横滚角对准误差；(c)航向角对准误差

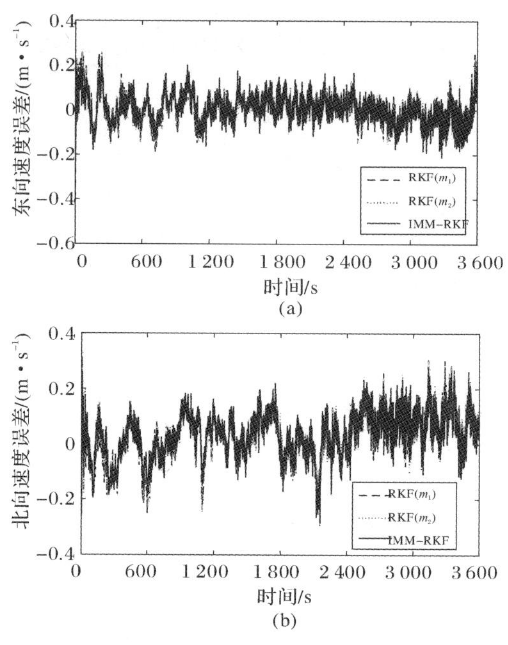

图 5.27 速度对准误差

(a)东向速度对准误差;(b)北向速度对准误差

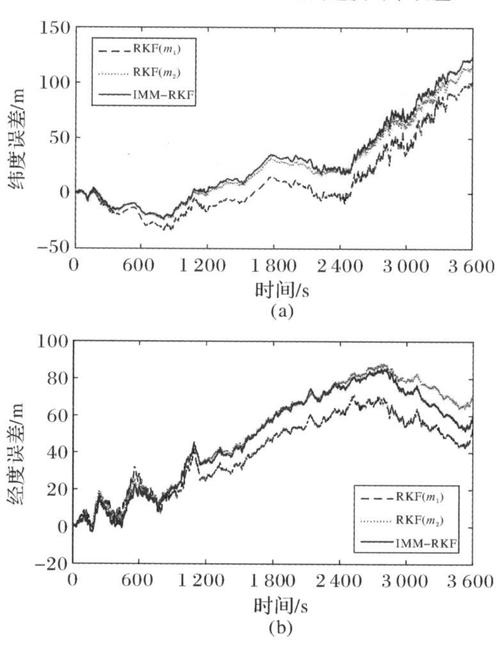

图 5.28 位置对准误差

(a)纬度对准误差;(b)经度对准误差

从图 5.26 可以明显看出，水平估计误差比偏航更快地收敛，并且图 5.26(a)(b)中的水平姿态角估计结果在这三种方法中是相似的。从图 5.26(c)可以看出，IMM-RKF 的偏航估计精度与 RKF(m_2)相似，高于 RKF(m_1)。这是因为：①在 SINS/DVL 初始对准中，选择了东向速度误差和北向速度误差作为观测值，而水平姿态误差会直接导致水平速度误差。也就是说，水平姿态误差完全可观。然而，偏航角的可观测性比水平姿态弱。②从图 5.25 中可以看出，在 0～1 200 s 和 2 400～3 600 s 期间，模型 m_2 与实际测量噪声相匹配；在 1 200～2 400 s 期间，模型 m_1 与实际观测噪声相匹配。在整个初始对准过程中，相比于模型 m_1，模型 m_2 在大多数时间起着主导作用。

从图 5.27 可以看出，IMM-RKF 的速度估计精度与 RKF 相似，这也就说明为何不同方法只有航向角估计精度差异更为明显。从图 5.28 可以看出，IMM-RKF 的纬度估计精度与 RKF(m_2)相似，而 IMM-RKF 的经度估计精度介于 RKF(m_1)和 RKF(m_2)之间。试验结果表明，IMM-RKF 能够有效抑制观测量中的高强度野值，并适应水下初始对准中实际测量噪声的变化。相关研究成果可进一步推广至组合导航领域。

SHRAKF 和 IMM-RKF 均是基于标准 KF 框架的改进滤波方法，因此，可进一步将其扩展到非线性滤波领域，对基于标准 KF 滤波框架的 UKF 进行改进，进而解决在非高斯非线性条件下，量测噪声统计特性不准确造成 UKF 滤波性能下降的问题。

5.6 小　　结

量测噪声协方差阵 $\boldsymbol{R}_k$ 在 SINS 动态对准过程中发挥着重要作用，其直接影响滤波器的对准性能。传统上，通常通过经验或反复试验赋予 $\boldsymbol{R}_k$ 常值经验矩阵。为了克服 UKF 在量测噪声具有非高斯、不确定的分布特性条件下滤波性能降低的问题，本章首先提出了基于 MD 算法的 RUKF 算法；而后为了在量测噪声协方差先验信息不准确的情况下进一步提高 RUKF 的性能，基于 PS 算法设计了 $\boldsymbol{R}_k$ 的自适应估计策略，进而提出了 NARUKF 算法。在 NARUKF 中，利用固定长度的滑动窗实时估计 $\boldsymbol{R}_k$。当观测量受厚尾噪声或野值污染时，NARUKF首先利用 PS 算法对存储的新息异常点进行重新加权，而后自适应地估计量测噪声协方差阵。利用车载实测数据进行 b 系速度辅助 SINS 动态对准仿真试验，结果表明：在观测先验信息不准确的条件下，NARUKF 可有效抑制厚尾噪声和野值带来的影响，其初始对准性能和位置跟踪精度优于 UKF 和

RUKF。基于船载实测数据的初始对准试验结果进一步验证了 NARUKF 可在量测噪声具有非高斯、不确定的分布特性条件下有效抑制观测野值的影响，并可根据量测噪声特性自适应地估计量测噪声协方差阵，从而有效提高水下复杂环境中 SINS 动态对准的性能。试验结果表明，所提算法可在 600 s 内完成 SINS 初始对准，航向精度能够达到 0.1°以内，对准结束时刻位置估计精度能够达到总航程的 0.4%以内。

SINS 经过初始对准后，可直接进入基于标准 KF 算法的组合导航或纯惯性导航阶段。在水下组合导航中，可由 DVL 提供测速信息、AST 提供定位信息来补偿 SINS 的解算结果以抑制 SINS 导航误差的发散。然而，水下环境复杂致使 DVL、AST 输出易受干扰，甚至导致外部导航传感器出现故障。第 6 章将对水下复杂环境中 SINS/DVL/AST 组合导航鲁棒信息融合方法进行研究。

第6章 SINS/DVL/AST组合导航鲁棒信息融合方法

第4章和第5章研究了非线性、非高斯条件下水下SINS动态对准方法，提高了水下复杂环境中动态对准系统的抗干扰能力和自调节能力。SINS经过初始对准后可直接进入基于标准KF算法的组合导航阶段。声信号在深水环境中传播衰减很小，声波是水下信息传输的有效载体。AUV自主式导航＋GNSS组合导航的方法已被大量研究，该方法需要AUV定期浮出水面接收GNSS信号，但这样容易暴露AUV的位置，降低了其隐蔽航行的能力。AUV在深水环境中航行时，主要手段是以DVL提供的速度信息、APS提供的位置信息辅助SINS进行导航。SINS/DVL组合导航方式得到的定位误差是随着时间发散的[44]，这就需要适时地利用APS的定位信息来限制SINS/DVL导航误差的发散，以提高AUV纵深航行的能力。当AUV上装有USBL或收发合置换能器时，仅需单个声应答器(AST)即可实现水下定位[31,41]。AST具有成本低、部署灵活方便、校准时间短等优点，因此其在水下导航中的应用获得了广泛关注与研究[31-38,41-43,168-170]。对于水下多导航传感器的信息，需利用有效、可靠的信息融合方法提高导航系统的定位精度和容错能力。相比于CKF，FKF[171-173]具有结构灵活、计算量小、容错能力强等优势，其在组合导航系统中受到广泛研究和应用[174－183]。

本章首先对水下AST＋USBL定位系统的基本原理进行阐述，指出AST＋USBL在水下定位中存在的相关问题并给出相应的解决方案；而后根据各导航传感器的误差模型构建水下组合导航系统的状态方程和量测方程。针对AST作用范围有限(见图1.1和图1.2)，即AST不能广水域地提供位置信号的问题，设计适用于AUV不能持续获取位置辅助信息情形下的自适应信息融合策略。最后，针对水下复杂环境中AST定位信息及DVL测速信息易受非高斯噪声(如野值)污染的问题,本章基于第 4 章的 UKF 鲁棒化的思想提出了基于马氏距离算法的联邦鲁棒卡尔曼滤波(Federated Robust Kalman Filter,FRKF)算法。分别利用船载实测数据和车载实测数据进行水下组合导航半物理仿真试验,验证了 FRKF 算法的有效性和其相比于 CKF、FKF 的优势。FRKF 算法能够有效克服 AST 定位信号短期丢失及 AST 定位信息、DVL 测速信息受到诸如野值等非高斯噪声干扰对水下组合导航带来的不良影响。

6.1 AST 定位基本原理及相关问题解决方法

6.1.1 AST+USBL 水下定位基本原理

AST 作为 LBL 定位系统的延伸,已在水下组合导航系统中获得了成功应用[41]。水底 AST 定位原理示意图如图 6.1 所示。

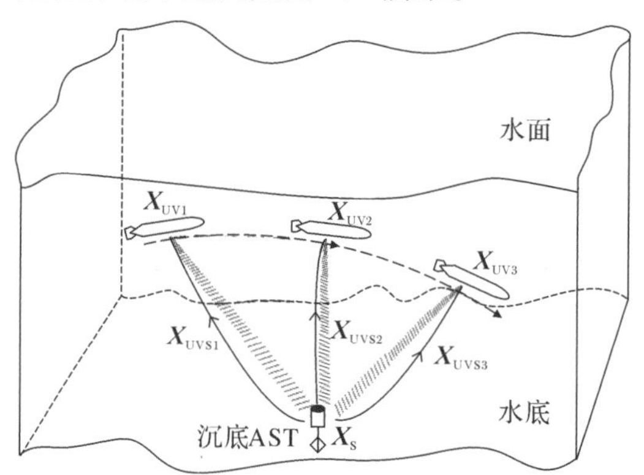

图 6.1 AST 水声导航原理示意图

由图 6.1 可知,在 AST 的位置 $\boldsymbol{X}_{\mathrm{S}}$ 事先得到校准的前提下,只需测得 AUV(USBL 装载在 AUV 上)与 AST 之间的相对位置 $\boldsymbol{X}_{\mathrm{UVS}}$,即可实现水下声学单应答器(或信标)辅助下的导航。AUV 的绝对位置表达式如下:

$$\boldsymbol{X}_{\mathrm{UV}}=\boldsymbol{X}_{\mathrm{S}}+\boldsymbol{X}_{\mathrm{UVS}} \tag{6.1.1}$$

式中:$\boldsymbol{X}_{\mathrm{UV}}$为 AUV 在 n 系下的坐标;$\boldsymbol{X}_{\mathrm{S}}$ 为事先校准得到 AST 在 n 系下的坐标;$\boldsymbol{X}_{\mathrm{UVS}}$为 n 系下 AUV 相对于 AST 的坐标。AST 的导航方式可分为距离方位法

定位方式、纯距离定位方式和纯方位定位方式，每种定位方式的基本原理及优缺点如图 6.2 所示[31]。

由图 6.2 可知，AUV 在水下航行的过程中，若注重定位信息的实时性，应选择距离方位法定位方式；若注重降低系统的整体复杂性，应选择纯距离定位方式；若注重提高 AUV 的隐蔽性，应选择纯方位定位方式。

AST+USBL 定位原理几何示意图如图 6.3 所示。USBL 是一个 4 元平面阵，各阵元之间满足十字垂直。以声学阵的中心为原点 O，阵元 1 和阵元 2 在 x 轴（x 轴指向船右舷），阵元 3 和阵元 4 在 y 轴（y 轴指向船艏），根据右手螺旋定则确定 z 轴，$Oxyz$ 即为基阵坐标系（记为 s 系）。

声学单应答器定位方法

- **距离方位法定位**：UV 上的 USBL 与 AST 进行单次问答→测定相对距离和方位→解算出 UV 的位置
  - 优点：单次问答即可实现定位；
  - 缺点：系统复杂度较高
- **纯距离定位**：UV 上的 USBL 或收发合置换能器与 AST 进行多点多次问答→测定相对坐标→解算出 UV 的位置
  - 优点：系统复杂度低；
  - 缺点：需多点测量，测量精度与测量点的位置密切相关
- **纯方位定位**：UV 上的 USBL 与 AST 进行多点多次问答→测定 AST 的方位信息→测定测量点的相对位置坐标→解算出 UV 的位置
  - 优点：可工作于被动方式，隐蔽性好；
  - 缺点：系统较复杂，需多点测量，定位精度与测量点的位置相关

图 6.2 AST 定位方式

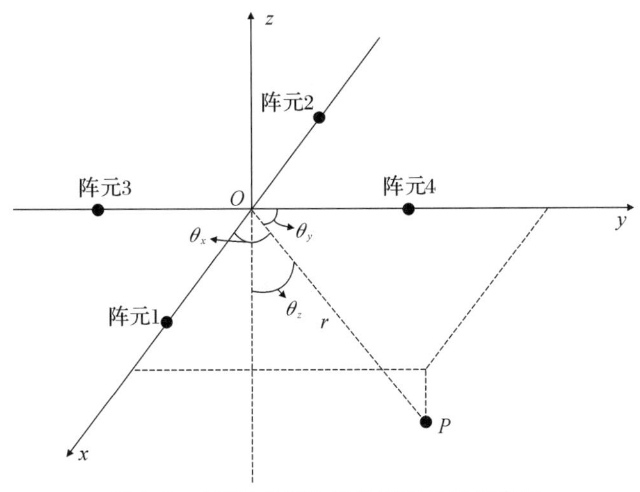

图 6.3 AST+USBL 定位原理几何示意图

假设 AST 位于 P 点，其坐标为(x,y,z)，USBL 到 AST 的矢径为$\overrightarrow{OP}$，$\overrightarrow{OP}$的方向余弦为

$$\cos\theta_x=\frac{x}{r},\quad \cos\theta_y=\frac{y}{r},\quad \cos\theta_z=\frac{z}{r} \tag{6.1.2}$$

$$r=-\sqrt{x^2+y^2+z^2} \tag{6.1.3}$$

式中：θ_x 为$\overrightarrow{OP}$与 x 正向轴的夹角；θ_y 为$\overrightarrow{OP}$与 y 正向轴的夹角；θ_z 为$\overrightarrow{OP}$与 z 负向轴的夹角。因此，可得 USBL 定位公式为

$$x=r\cos\theta_x,\ y=r\cos\theta_y,\ z=r\cos\theta_z \tag{6.1.4}$$

式中：$r=c_s\cdot t_s/2$ 表示 USBL 到测量目标的斜距；c_s 表示水中声速；t_s 为声信号在水中的双程传播时延。θ_x、θ_y 可由 USBL 两轴上的阵元进行方位估计得到。θ_x、θ_y 和 θ_z 满足如下关系式：

$$\cos^2\theta_x+\cos^2\theta_y+\cos^2\theta_z=1 \tag{6.1.5}$$

由图 6.3 以及式(6.1.2)～式(6.1.5)可知，当 USBL(即 AUV)的位置准确已知时，可通过 USBL 与 AST 之间进行问答，并通过 USBL 对 AST 进行方位估计求解获取 AST 的位置。反之，当 AST 的位置准确已知时，亦可通过 USBL 与 AST 之间进行问答来求解获取 USBL(即 AUV)的位置。

6.1.2 深水 AST 定位存在的问题

AST、USBL 工作于深水环境时，其作用距离较远，因此声问答信号传播的时间长，由此引起的 AUV 询问信号发送位置与应答信号接收位置偏离较大。如图 6.4 所示，AST 系泊于水底，在 t_0 时刻装载在 AUV 上的 USBL 向 AST 发送询问信号，此时 AUV 的位置为 $\boldsymbol{X}_{\mathrm{UV1}}$，与 AST 之间的距离为 $\boldsymbol{r}_{i1}$，询问信号的传播时间为 t_{i1}；假设 AST 接收到询问信号时即发送应答信号，AUV 在位置 $\boldsymbol{X}_{\mathrm{UV2}}$ 处接收到应答信号，此时 AUV 与 AST 之间的距离为 $\boldsymbol{r}_{i2}$。

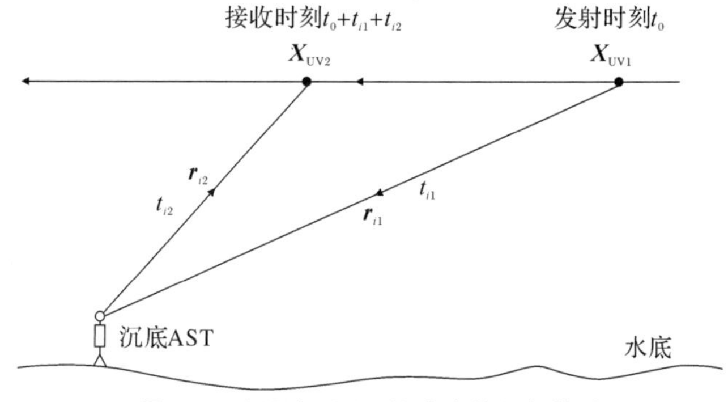

图 6.4　AST＋USBL 深水定位几何关系

利用AST+USBL对AUV进行定位时，有两个问题需要着重考虑：①询问、问答信号传播时延的求取，当$\boldsymbol{r}_{i1}=\boldsymbol{r}_{i2}$或$\boldsymbol{r}_{i1}$与$\boldsymbol{r}_{i2}$差别不大时，可用时延的一半求取声信号的单程传播时间。在实际中，可设计AUV的运动轨迹为以AST在其运动平面的投影为圆心作圆周运动或以小角度作螺旋式靠近AST的运动，即可满足此种条件。②AST绝对位置校准：水下无GNSS信号，如何利用现有的导航传感器对AST绝对位置进行校准成为水下定位面临的首要问题。

6.1.3　AST绝对位置校准方法

AST位置校准的精度直接影响水下定位的效果。当将AST布放到深水区域时，由于水流的影响，其位置很大可能与投放点的位置偏差较大。在实际应用中，AST的位置通常是未知的，使用之前需要对AST的绝对位置进行校准。在深度一定的情况下，定义等效平均声速$\bar{c}$为

$$\bar{c}=d\ /\ t \tag{6.1.6}$$

式中：d为空间中声波在两点之间传播的直线距离；t为声波传播时间。由文献[31]可知，在深度一定的情况下，$\bar{c}$随水平距离的变化较小。因此，在AST深度一定的情况下，采用式(6.1.6)计算出的$\bar{c}$可较好地描述空间中两点之间的声波传播特性。此时，对AST的绝对位置进行校准可采用如下的位置观测方程：

$$P_i=\sqrt{(x_i-x)^2+(y_i-y)^2+(z_i-z)^2}-\bar{c}t_i \tag{6.1.7}$$

式中：(x_i,y_i,z_i)表示航行器机动航行到第i个测量点的位置；(x,y,z)表示AST的位置；t_i表示声波由第i个测量点到AST的传播时间；$i=1,2,\cdots,N$表示测量次数。对于式(6.1.7)，有x、y、z及$\bar{c}$等4个未知数，有N个观测方程。当测量次数$N>4$时，可将式(6.1.7)进行线性化，而后采用牛顿迭代法求解出AST的准确位置，具体步骤如下。

假设AST的初始位置为$\boldsymbol{X}_0=(x_0,y_0,z_0)$，等效声速初始值为$\bar{c}_0$，将式(6.1.7)在初始位置泰勒展开，得

$$G_i=G_{i0}+\frac{x_i-x_0}{G_{i0}}\Delta x+\frac{y_i-y_0}{G_{i0}}\Delta y+\frac{z_i-z_0}{G_{i0}}\Delta z-t_i\Delta\bar{c}+e \tag{6.1.8}$$

式中：$G_{i0}=r_{i0}-\bar{c}_0t_i$，$r_{i0}=\sqrt{(x_i-x_0)^2+(y_i-y_0)^2+(z_i-z_0)^2}$；$e$为无穷小量。式(6.1.8)可写成向量的形式：

$$\boldsymbol{A}\cdot\Delta\boldsymbol{X}=\boldsymbol{B} \tag{6.1.9}$$

式中

$$\boldsymbol{A}=\begin{bmatrix} \dfrac{x_1-x_0}{G_{10}} & \dfrac{y_1-y_0}{G_{10}} & \dfrac{z_1-z_0}{G_{10}} & -t_1 \\ \dfrac{x_2-x_0}{G_{20}} & \dfrac{y_2-y_0}{G_{20}} & \dfrac{z_2-z_0}{G_{20}} & -t_2 \\ \vdots & \vdots & \vdots & \vdots \\ \dfrac{x_N-x_0}{G_{N0}} & \dfrac{y_N-y_0}{G_{N0}} & \dfrac{z_N-z_0}{G_{N0}} & -t_N \end{bmatrix},\ \Delta\boldsymbol{X}=[\Delta x \quad \Delta y \quad \Delta z \quad \Delta\bar{c}]^{\mathrm{T}}$$

$$\boldsymbol{B}=G_i-G_{i0}=[G_1-G_{10} \quad G_2-G_{20} \quad \cdots \quad G_N-G_{N0}]^{\mathrm{T}},\boldsymbol{X}=[x\ y\ z\ \bar{c}]^{\mathrm{T}}$$

$\Delta\boldsymbol{X}$ 可利用最小二乘法求得，即

$$\Delta\boldsymbol{X}=(\boldsymbol{A}^{\mathrm{T}}\boldsymbol{A})^{-1}\boldsymbol{A}^{\mathrm{T}}\boldsymbol{B} \tag{6.1.10}$$

利用 $\Delta\boldsymbol{X}$ 对 AST 初始位置 $\boldsymbol{X}_0$ 进行修正，得

$$\boldsymbol{X}=\boldsymbol{X}_0+\Delta\boldsymbol{X} \tag{6.1.11}$$

将式(6.1.11)修正后的结果作为位置初始值代入式(6.1.8)，重复式(6.1.8)～式(6.1.11)直至迭代结果满足精度指标要求。在迭代过程中，精度可由指标 ε 衡量，ε 定义式如下：

$$\varepsilon=(\boldsymbol{A}^{\mathrm{T}}\boldsymbol{A})^{-1} \tag{6.1.12}$$

待迭代满足精度要求后，通过下式进行逆运算即可得到 AST 在 n 系下的坐标：

$$\left.\begin{aligned} x&=(R_N+h)\cos L\cos\lambda \\ y&=(R_N+h)\cos L\sin\lambda \\ z&=R_N(1-e)^2\sin L \end{aligned}\right\} \tag{6.1.13}$$

式中：L、λ 和 h 分别表示纬度、经度和高(深)度；R_N 表示地球卯酉圈半径；e 表示地球的扁率。

在实际应用中，AST 可通过水面船或直升机预先布放到目标水域，其投放后的真实位置是未知的。当 AUV 进入 AST 作用范围时，发出唤醒信号或接收到 AST 发出的声信号，AUV 与 AST 建立通信。对于水面船来说，连续测点的准确位置信息可由 GNSS 提供；而对于 AUV 来说，无法获取来自水面以上的 GNSS 提供的位置参考信息。由于在短时间内 SINS 和 SINS/DVL 具有较高的解算、定位精度，因此利用式(6.1.7)～式(6.1.12)的位置标定算法来校准 AST 的位置时，可由 SINS 或 SINS/DVL 提供测量点的位置信息，进而可在不浮出水面接收 GNSS 信号的条件下校准得到 AST 的准确位置，有效提高 AUV 的隐蔽性。

在对 AST 位置进行校准之后，可进一步根据图 6.2 中的方法获取 AUV 与 AST 之间的相对位置 $\boldsymbol{X}_{\mathrm{UVS}}$，最后由式(6.1.1)获得 AUV 在 n 系下的位置信息。由文献[31]在中国南海(3 700 m，三级海况)的深海试验结果可知，AST 位置校准过程中使用广义差分 GPS(定位精度约 2 m)提供测量船的位置信息，利用等效平均声速法进行 AST 绝对位置校准，水平位置校准精度可达到 5 m 以内。

6.2　多传感器组合导航系统模型

本书采用的水下组合导航系统如图 6.5 所示。组合导航系统主要由 SINS、DVL 和 AST 等导航传感器组成。各个导航传感器提供相应的导航信息，利用滤波算法将这些导航信息进行融合，进而得到更高精度、更加稳定的导航信息。

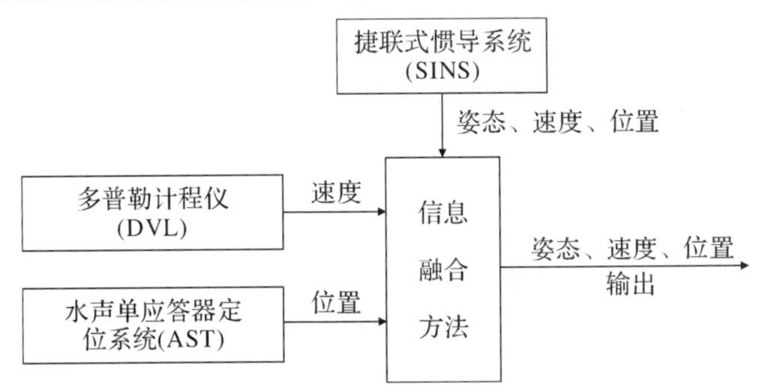

图 6.5　水下组合导航系统的结构图

6.2.1　组合导航系统状态方程

6.2.1.1　SINS 状态方程建立

SINS 经过初始对准后，俯仰失准角、横滚失准角和航向失准角均满足线性条件，即 $\boldsymbol{\alpha}=[\alpha_x \quad \alpha_y \quad \alpha_z]^{\mathrm{T}}$ 为小角。由于 SINS 的高度通道是独立、发散的，其高度通道信息可借助外部传感器(如气压计或水压计等)准确获得。因此，选取的状态量不考虑高度通道的速度和位置信息。根据 2.2 节对 SINS 误差方程的推导，选取 SINS 状态量为

$$\boldsymbol{X}_{\mathrm{SINS}}=[\delta L \quad \delta\lambda \quad \delta v_E \quad \delta v_N \quad \alpha_x \quad \alpha_y \quad \alpha_z \quad \varepsilon_x^b \quad \varepsilon_y^b \quad \varepsilon_z^b \quad \nabla_x^b \quad \nabla_y^b \quad \nabla_z^b]^{\mathrm{T}} \tag{6.2.1}$$

式(6.2.1)对应的状态方程如下：

$$\dot{\boldsymbol{X}}_{\mathrm{SINS}}=\boldsymbol{F}_{\mathrm{SINS}}\boldsymbol{X}_{\mathrm{SINS}}+\boldsymbol{W}_{\mathrm{SINS}} \tag{6.2.2}$$

式中：$\boldsymbol{W}_{\mathrm{SINS}}\sim N(0,\boldsymbol{Q}_{\mathrm{SINS}})$为系统噪声；$\boldsymbol{Q}_{\mathrm{SINS}}$为系统噪声协方差阵；$\boldsymbol{F}_{\mathrm{SINS}}$的详细定义见式(2.2.19)～式(2.2.21)。

6.2.1.2 DVL 状态方程建立

刻度系数误差 δC、速度偏移误差 $\delta\boldsymbol{V}_d$ 以及偏流角误差 $\delta\boldsymbol{\phi}$ 等是影响 DVL 对速度的测量主要因素，其中，$\delta\boldsymbol{V}_d$ 和 $\delta\boldsymbol{\phi}$ 可表示为一阶 Markov 过程。因此，DVL 的误差模型如下：

$$\left.\begin{aligned}\delta\dot{\boldsymbol{V}}_d&=-\beta_d\delta\boldsymbol{V}_d+\boldsymbol{w}_d\\\delta\dot{\boldsymbol{\phi}}&=-\beta_\phi\delta\boldsymbol{\phi}+\boldsymbol{w}_\phi\\\delta\dot{C}&=0\end{aligned}\right\} \tag{6.2.3}$$

式中：β_d、β_ϕ 分别为 $\delta\boldsymbol{V}_d$ 和 $\delta\boldsymbol{\phi}$ 一阶 Markov 过程相关时间的逆，β_d^{-1}，β_ϕ^{-1} 分别为 $\delta\boldsymbol{V}_d$ 和 $\delta\boldsymbol{\phi}$ 的一阶 Markov 过程相关时间；$\boldsymbol{w}_d$、$\boldsymbol{w}_\phi$ 分别为 $\delta\boldsymbol{V}_d$ 和 $\delta\boldsymbol{\phi}$ 的 Gauss 白噪声，δC 为常数。

根据式(6.2.3)，选取 DVL 状态量为

$$\boldsymbol{X}_{\mathrm{DVL}}=[\delta\boldsymbol{V}_d\quad\delta\boldsymbol{\phi}\quad\delta C]^{\mathrm{T}} \tag{6.2.4}$$

式(6.2.4)对应的状态方程为

$$\dot{\boldsymbol{X}}_{\mathrm{DVL}}=\boldsymbol{F}_{\mathrm{DVL}}\boldsymbol{X}_{\mathrm{DVL}}+\boldsymbol{W}_{\mathrm{DVL}} \tag{6.2.5}$$

式中：$\boldsymbol{F}_{\mathrm{DVL}}=\mathrm{diag}(-\beta_d\quad-\beta_\phi\quad 0)$；$\boldsymbol{W}_{\mathrm{DVL}}$为 Gauss 白噪声。

6.2.1.3 AST 状态方程的建立

类似于 LBL 定位系统，AST 的定位误差可表示为一阶 Markov 过程，具体如下[109]：

$$\left.\begin{aligned}\delta\dot{L}&=-\tau_L\delta L+w_L\\\delta\dot{\lambda}&=-\tau_\lambda\delta\lambda+w_\lambda\\\delta\dot{h}&=-\tau_h\delta h+w_h\end{aligned}\right\} \tag{6.2.6}$$

式中：δL、$\delta\lambda$、δh 分别为纬度误差、经度误差和高度误差；τ_L^{-1}、τ_λ^{-1}、τ_h^{-1} 为时间的逆，分别为 δL、$\delta\lambda$ 和 δh 对应的一阶 Markov 过程相关时间；w_L、w_λ 和 w_h 分别为 δL、$\delta\lambda$ 和 δh 的 Gauss 白噪声。根据式(6.2.6)，选取状态 AST 状态量为

$$\boldsymbol{X}_{\mathrm{AST}}=[\delta L\quad\delta\lambda\quad\delta h]^{\mathrm{T}} \tag{6.2.7}$$

由式(6.2.6)和式(6.2.7)可得 AST 的状态方程为

$$\boldsymbol{X}_{\mathrm{AST}}=\boldsymbol{F}_{\mathrm{AST}}\boldsymbol{X}_{\mathrm{AST}}+\boldsymbol{W}_{\mathrm{AST}} \tag{6.2.8}$$

式中，$\boldsymbol{X}_{\mathrm{AST}}=\mathrm{diag}(-\tau_L\quad-\tau_\lambda\quad-\tau_h)$，$\boldsymbol{W}_{\mathrm{AST}}$为 Gauss 白噪声。

6.2.2 组合导航系统量测方程

6.2.2.1 SINS/DVL 量测方程

DVL与SINS组合，一般选取速度误差作为观测量，即选取SINS测得的速度 $\tilde{\boldsymbol{v}}_{\mathrm{SINS}}^{n}$ 与DVL测得的 b 系下速度 $\boldsymbol{v}^{b}$ 在 n 系上投影之差作为观测量。SINS/DVL量测方程如下：

$$\boldsymbol{Z}_{v}=\tilde{\boldsymbol{v}}_{\mathrm{SINS}}^{n}-\boldsymbol{C}_{b}^{n'}\boldsymbol{v}_{\mathrm{DVL}}^{b}=\tilde{\boldsymbol{v}}_{\mathrm{SINS}}^{n}-\boldsymbol{C}_{n}^{n'}\boldsymbol{C}_{b}^{n}\boldsymbol{v}_{\mathrm{DVL}}^{b}=\boldsymbol{H}_{v}\boldsymbol{X}+\boldsymbol{V}_{v} \tag{6.2.9}$$

式中，$\boldsymbol{H}_{v}$ 为量测矩阵；量测噪声 $\boldsymbol{V}_{v}\sim N(0,\ \boldsymbol{R}_{v})$，$\boldsymbol{R}_{v}$ 为量测噪声阵。在线性小失准角条件下，$\boldsymbol{C}_{n}^{n'}=(\boldsymbol{I}-[\boldsymbol{\alpha}\times])$。若选取东向速度误差 δv_{E} 和北向速度误差 δv_{N} 作为观测量，则有

$$\begin{aligned}\boldsymbol{z}_{v}&=\begin{bmatrix}\delta v_{E}\\ \delta v_{N}\end{bmatrix}=[\tilde{\boldsymbol{v}}_{\mathrm{SINS}}^{n}-(\boldsymbol{I}-\boldsymbol{\alpha}\times)\boldsymbol{C}_{b}^{n}\boldsymbol{v}_{\mathrm{DVL}}^{b}]_{2\times3}\\ &=[\tilde{\boldsymbol{v}}_{\mathrm{SINS}}^{n}-\boldsymbol{C}_{b}^{n}\boldsymbol{v}_{\mathrm{DVL}}^{b}-(\boldsymbol{C}_{b}^{n}\boldsymbol{v}_{\mathrm{DVL}}^{b})\times\boldsymbol{\alpha}]_{2\times3}\\ &=[\tilde{\boldsymbol{v}}_{\mathrm{SINS}}^{n}-\boldsymbol{v}_{\mathrm{SINS}}^{n}-(\boldsymbol{C}_{b}^{n}\boldsymbol{v}_{\mathrm{DVL}}^{b})\times\boldsymbol{\alpha}]_{2\times3}\\ &=[\delta\boldsymbol{v}^{n}-(\boldsymbol{C}_{b}^{n}\boldsymbol{v}_{\mathrm{DVL}}^{b}\times)\boldsymbol{\alpha}]_{2\times3}\end{aligned} \tag{6.2.10}$$

在实际应用中，用 $\boldsymbol{C}_{b}^{n'}$ 代替 $\boldsymbol{C}_{b}^{n}$ 可得量测矩阵 $\boldsymbol{H}_{v}$ 为

$$\boldsymbol{H}_{v}=[\boldsymbol{0}_{2\times2}\quad \boldsymbol{I}_{2\times2}\quad [-\boldsymbol{C}_{b}^{n'}\boldsymbol{v}_{\mathrm{DVL}}^{b}\times]_{2\times3}\quad \boldsymbol{0}_{2\times6}] \tag{6.2.11}$$

式中：$[-\boldsymbol{C}_{b}^{n'}\boldsymbol{v}_{\mathrm{DVL}}^{b}\times]_{2\times3}$ 表示矩阵 $[-\boldsymbol{C}_{b}^{n'}\boldsymbol{v}_{\mathrm{DVL}}^{b}\times]$ 的前两行。

6.2.2.2 SINS/AST 量测方程

由图6.1可以看出，AST可在作用范围内向AUV提供距离辅助信息 $\boldsymbol{X}_{\mathrm{UVS}}$，进而通过式(6.1.1)转化为 n 系下的经度 λ_{AST}、纬度 L_{AST} 和高度 h_{AST} 等位置辅助信息。选取纬度误差 δL 和经度误差 $\delta\lambda$ 作为观测量，SINS/AST量测方程如下：

$$\boldsymbol{Z}_{p}=\tilde{\boldsymbol{p}}_{\mathrm{SINS}}^{n}-\tilde{\boldsymbol{p}}_{\mathrm{AST}}=\boldsymbol{H}_{p}\boldsymbol{X}+\boldsymbol{V}_{p} \tag{6.2.12}$$

式中：$\boldsymbol{H}_{p}$ 为量测矩阵；量测噪声 $\boldsymbol{V}_{p}\sim N(0,\boldsymbol{R}_{p})$，$\boldsymbol{R}_{p}$ 为量测噪声阵。在水下环境中，可由AST+USBL定位系统为AUV提供 n 系下的位置辅助信息。在线性条件下，选取纬度误差 δL 和经度误差 $\delta\lambda$ 作为观测量，则有

$$\boldsymbol{z}_{p}=\begin{bmatrix}\delta L\\ \delta\lambda\end{bmatrix}=\begin{bmatrix}L_{\mathrm{SINS}}-L_{\mathrm{AST}}\\ \lambda_{\mathrm{SINS}}-\lambda_{\mathrm{AST}}\end{bmatrix}=\boldsymbol{H}_{p}\boldsymbol{X}+\boldsymbol{V}_{p} \tag{6.2.13}$$

式中，L_{AST}、λ_{AST} 可通过图6.2中的方法及式(6.1.1)获取，量测矩阵 $\boldsymbol{H}_{p}=[\boldsymbol{I}_{2\times2}\ \boldsymbol{0}_{2\times11}]$。

6.3 联邦鲁棒卡尔曼滤波算法

AUV 在深水环境中航行时，其获取的外部辅助信息可由 DVL、AST 提供。单一的集中式滤波器无法全面克服不同导航传感器系统带来的不良影响，FKF 利用其独特的结构优势可将多种导航传感器的信息进行组合，为运载体提供准确、可靠的导航信息。FKF 的基本构成单元是 KF[184]，可以说 FKF 不仅具备 KF 的优点，而且还继承了 KF 的缺点。深水环境复杂，这就导致 AUV 获取的外部辅助信息易受非高斯噪声污染，此种情形下 FKF 也像 KF 一样易发散。针对此问题，本节首先基于第 4 章的思想对标准 KF 算法进行鲁棒化，得到鲁棒 KF 算法(Robust Kalman Filter，RKF)，进而提出联邦鲁棒卡尔曼滤波(FRKF)算法。

6.3.1 鲁棒 KF 算法

k 时刻离散 KF 的时间更新方程和量测更新方程如下。

(1)时间更新方程：

$$\hat{\boldsymbol{x}}_{k|k-1}=\boldsymbol{F}_{k-1}\hat{\boldsymbol{x}}_{k-1|k-1} \tag{6.3.1}$$

$$\boldsymbol{P}_{k|k-1}=\boldsymbol{F}_{k-1}\boldsymbol{P}_{k-1|k-1}\boldsymbol{F}_{k-1}^{\mathrm{T}}+\boldsymbol{Q}_{k-1} \tag{6.3.2}$$

(2)量测更新方程：

$$\boldsymbol{\mu}_k=\boldsymbol{z}_k-\boldsymbol{H}_k\hat{\boldsymbol{x}}_{k|k-1} \tag{6.3.3}$$

$$\boldsymbol{K}_k=\boldsymbol{P}_{k|k-1}\boldsymbol{H}_k^{\mathrm{T}}(\boldsymbol{H}_k\boldsymbol{P}_{k|k-1}\boldsymbol{H}_k^{\mathrm{T}}+\boldsymbol{R}_k)^{-1} \tag{6.3.4}$$

$$\hat{\boldsymbol{x}}_{k|k}=\hat{\boldsymbol{x}}_{k|k-1}+\boldsymbol{K}_k\boldsymbol{\mu}_k \tag{6.3.5}$$

$$\boldsymbol{P}_{k|k}=(\boldsymbol{I}-\boldsymbol{K}_k\boldsymbol{H}_k)\boldsymbol{P}_{k|k-1} \tag{6.3.6}$$

类似于 5.1 节，为了使 KF 具备鲁棒性，选择 k 时刻的观测量 $\boldsymbol{z}_k$ 与观测量先验估计 $\hat{\boldsymbol{z}}_{k|k-1}$ 之间的马氏距离作为评判指标，则 k 时刻评判指标 ϑ_k 的定义如下：

$$\vartheta_k=M_k^2=\left[\sqrt{(\tilde{\boldsymbol{z}}_k-\hat{\boldsymbol{z}}_{k|k-1})^{\mathrm{T}}(\boldsymbol{H}_k\boldsymbol{P}_{k|k-1}\boldsymbol{H}_k^{\mathrm{T}}+\boldsymbol{R}_k)^{-1}(\tilde{\boldsymbol{z}}-\hat{\boldsymbol{z}}_{k|k-1})}\right]^2 \tag{6.3.7}$$

式中，$M_k=\sqrt{(\tilde{\boldsymbol{z}}_k-\hat{\boldsymbol{z}}_{k|k-1})^{\mathrm{T}}(\boldsymbol{H}_k\boldsymbol{P}_{k|k-1}\boldsymbol{H}_k^{\mathrm{T}}+\boldsymbol{R}_k)^{-1}(\tilde{\boldsymbol{z}}_k-\hat{\boldsymbol{z}}_{k|k-1})}$ 为马氏距离。对于真实的观测量 $\tilde{\boldsymbol{z}}_k$，若其评判指标 ϑ_k 满足 $\vartheta_k\leqslant\chi_{n,\alpha}^2$，则观测量 $\tilde{\boldsymbol{z}}$ 将被标记为正常观测量；反之，若其评判指标 ϑ_k 满足 $\vartheta_k>\chi_{n,\alpha}^2$，则观测量 $\tilde{\boldsymbol{z}}_k$ 将被标记为异常观测量。此时通过引入膨胀因子 λ_k 放大量测噪声协方差阵 $\boldsymbol{R}_k$，即

$$\tilde{\boldsymbol{R}}_k=\lambda_k\boldsymbol{R}_k \tag{6.3.8}$$

将式(6.3.8)代入式(6.3.7)可得

$$\begin{aligned}\vartheta_k &= \boldsymbol{\mu}_k^{\mathrm{T}}(\boldsymbol{H}_k\boldsymbol{P}_{k|k-1}\boldsymbol{H}_k^{\mathrm{T}}+\widetilde{\boldsymbol{R}}_k)^{-1}\boldsymbol{\mu}_k \\ &= \boldsymbol{\mu}_k^{\mathrm{T}}(\boldsymbol{H}_k\boldsymbol{P}_{k|k-1}\boldsymbol{H}_k^{\mathrm{T}}+\lambda_k\boldsymbol{R}_k)^{-1}\boldsymbol{\mu}_k = \chi_{n,\alpha}^2\end{aligned} \tag{6.3.9}$$

式(6.3.9)可以转化为求解 λ_k 的非线性问题，具体如下：

$$f(\lambda_k) = \boldsymbol{\mu}_k^{\mathrm{T}}(\boldsymbol{H}_k\boldsymbol{P}_{k|k-1}\boldsymbol{H}_k^{\mathrm{T}}+\lambda_k\boldsymbol{R}_k)^{-1}\boldsymbol{\mu}_k - \chi_{n,\alpha}^2 \tag{6.3.10}$$

式中：λ_k 可以通过牛顿迭代法求解[135]。因此，$\lambda_k(i+1)$ 与 $\lambda_k(i)$ 的关系可表示为

$$\lambda_k(i+1) = \lambda_k(i) + \frac{\vartheta_k(i)-\chi_{n,\alpha}^2}{\boldsymbol{\mu}_k^{\mathrm{T}}[\widetilde{\boldsymbol{P}}_{\hat{z}_{k|k-1}}(i)]^{-1}\boldsymbol{R}_k[\widetilde{\boldsymbol{P}}_{\hat{z}_{k|k-1}}(i)]^{-1}\boldsymbol{\mu}_k} \tag{6.3.11}$$

式中：$\widetilde{\boldsymbol{P}}_{\hat{z}_{k|k-1}}(i) = \boldsymbol{H}_k\boldsymbol{P}_{k|k-1}\boldsymbol{H}_k^{\mathrm{T}}+\lambda_k(i)\boldsymbol{R}_k$，且 $\lambda_k(i)$ 初始值为 $\lambda_k(0)=1$。当评判指标满足 $\vartheta_k(i)\leqslant\chi_{n,\alpha}^2$ 时，迭代终止。在求解出 λ_k 后，通过式(6.3.8)对量测噪声阵 $\boldsymbol{R}_k$ 进行膨胀，得到新的量测噪声阵 $\lambda_k\boldsymbol{R}_k$。用 $\lambda_k\boldsymbol{R}_k$ 替换 $\boldsymbol{R}_k$ 进行标准 KF 滤波即可得到 RKF 算法。

6.3.2　联邦 KF 算法

6.3.2.1　联邦 KF 基本原理

FKF 算法的基本结构如图 6.6 所示。由图 6.6 可以看出，FKF 采用两个局部滤波器和一个主滤波器组成两级滤波结构。对于组合导航系统来说，因 SINS 能够完备地给出姿态、速度和位置信息，因此组合导航系统将 SINS 作为公共参考系统。本章中，记 SINS/DVL 组合导航系统对应的子滤波器为“子滤波器 1”，其对应的标准 KF 算法为“KF1”，其对应的 RKF 算法为“RKF1”；记 SINS/AST 组合导航系统对应的子滤波器为“子滤波器 2”，其对应的标准 KF 算法为“KF2”，其对应的 RKF 算法为“RKF2”。

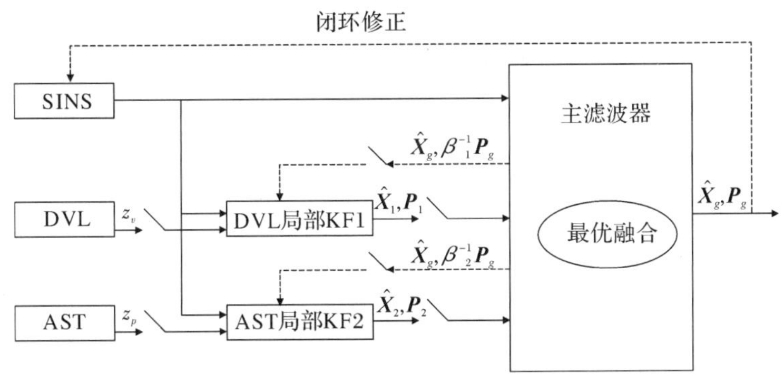

图 6.6　FKF 算法的结构图

由图 6.6 可以看出,DVL 可为 SINS 提供速度观测 z_v,AST 可为 SINS 提供位置观测 z_p。根据信息分配系数 β_i 的分配策略,可将 FKF 分为四个模式[184-186]:①无反馈模式。在此种模式下仅在滤波初始时刻对信息进行分配,主滤波器只发挥融合作用,融合结果不对子滤波器进行反馈重置,容错性能较高。②零复位模式。在此种模式下,当子滤波器向主滤波器输出融合结果后,自动置零。③融合反馈模式。在此种模式下,主滤波器融合子滤波器的输出后,将结果反馈给子滤波器以重置子滤波器,此种模式滤波精度较高,但容错性较差。④变比例模式。在此种模式下,子滤波器与主滤波器对信息平均分配,容错性较差。在实际应用中可根据需求选择合适的工作模式。由于各个观测源相互独立,k 时刻 FKF 的具体过程如下。

(1)信息分配:

$$\left.\begin{aligned}\boldsymbol{Q}_{i,k-1}&=\beta_i^{-1}\boldsymbol{Q}_{k-1}\\\boldsymbol{P}_{i,k-1}&=\beta_i^{-1}\boldsymbol{P}_{g,k-1}\\\hat{\boldsymbol{X}}_{i,k-1|k-1}&=\hat{\boldsymbol{X}}_{g,k-1|k-1}\end{aligned}\right\}\tag{6.3.12}$$

式中:i,k 分别表示第 i 个子滤波器和时刻 k;$\hat{\boldsymbol{X}}$ 为滤波结果;$\boldsymbol{P}$ 为滤波方差;下标 g 表示全局融合滤波。β_i 为信息分配系数,满足信息守恒原则:

$$\sum\beta_i+\beta_m=1\tag{6.3.13}$$

式中:β_m 为主滤波器的信息分配系数,下标 m 表示主滤波器。

(2)时间更新。子滤波器根据下式进行时间更新:

$$\left.\begin{aligned}\hat{\boldsymbol{X}}_{i,k|k-1}&=\boldsymbol{F}_{k-1}\hat{\boldsymbol{X}}_{i,k-1|k-1}\\\boldsymbol{P}_{i,k|k-1}&=\boldsymbol{F}_{k-1}\boldsymbol{P}_{i,k-1}\boldsymbol{F}_{k-1}^{\mathrm{T}}+\boldsymbol{Q}_{i,k-1}\end{aligned}\right\}\tag{6.3.14}$$

(3)量测更新:

$$\left.\begin{aligned}\boldsymbol{K}_{i,k}&=\boldsymbol{P}_{i,k|k-1}\boldsymbol{H}_{i,k}^{\mathrm{T}}(\boldsymbol{H}_{i,k}\boldsymbol{P}_{i,k|k-1}\boldsymbol{H}_{i,k}^{\mathrm{T}}+\boldsymbol{R}_{i,k})^{-1}\\\hat{\boldsymbol{X}}_{i,k|k}&=\hat{\boldsymbol{X}}_{i,k|k-1}+\boldsymbol{K}_{i,k}(\boldsymbol{z}_{i,k}-\boldsymbol{H}_{i,k}\hat{\boldsymbol{X}}_{i,k|k-1})\\\boldsymbol{P}_{i,k}&=(\boldsymbol{I}-\boldsymbol{K}_{i,k}\boldsymbol{H}_{i,k})\boldsymbol{P}_{i,k|k-1}\end{aligned}\right\}\tag{6.3.15}$$

(4)信息融合。将各个子滤波器的估计进行数据融合,得到融合状态 $\hat{\boldsymbol{X}}_{g,k|k}$ 和融合协方差 $\boldsymbol{P}_{g,k|k}$ 为

$$\left.\begin{aligned}\hat{\boldsymbol{X}}_{g,k|k}&=\boldsymbol{P}_{g,k}\sum\boldsymbol{P}_{i,k}^{-1}\hat{\boldsymbol{X}}_{i,k|k}\\\boldsymbol{P}_{g,k}&=\left(\sum\boldsymbol{P}_{i,k}^{-1}\right)^{-1}\end{aligned}\right\}\tag{6.3.16}$$

为了确保滤波的容错性能,设计 FKF 算法为无反馈模式,即主滤波器只对子滤波器输出进行融合,且主滤波器融合后的结果对子滤波器无反馈重置。这样设置的好处是在某个子滤波器发生故障时不会影响整个滤波器的滤波性能,

从而确保水下组合导航系统整体的容错性能。

6.3.2.2 信息分配系数自适应选取方法

在 SINS/DVL/AST 组合导航系统中，各个子滤波器公共状态向量相同，因此设计主滤波器状态量 $\hat{\boldsymbol{X}}_m$ 和协方差阵 $\boldsymbol{P}_m$ 不进行时间更新，即设计 $\boldsymbol{P}_{m,k}=\boldsymbol{0}$。信息分配系数 β_i 直接影响 FKF 的结构和性能[180]，传统的 FKF[173]（Traditional FKF，TFKF）在子滤波器之间按固定比例分配信息，即选取 β_i 为固定的常值。在此种分配方式下，某个子滤波器性能的下降可能会对 FKF 的全局滤波性能造成较大影响。因此根据各子滤波器的滤波性能自适应地调整 β_i 对提升 FKF 的整体性能具有重要意义。为了选取合理的信息分配系数，本小节首先对 β_i 与滤波精度之间的关系进行分析，具体如下。

FKF 状态量估计误差协方差的定义如下：

$$\boldsymbol{P}_i=E[(\boldsymbol{X}_i-\hat{\boldsymbol{X}}_g)(\boldsymbol{X}_i-\hat{\boldsymbol{X}}_g)^{\mathrm{T}}],\quad i=1,2 \tag{6.3.17}$$

由式(6.3.17)可知，$\boldsymbol{P}_i$ 是对状态量 $\boldsymbol{X}_i$ 估计精度的描述，也就是说 $\boldsymbol{X}_i$ 估计精度越高，$\hat{\boldsymbol{X}}_g$ 越接近于真实值，$\boldsymbol{P}_i$ 越小；反之，$\boldsymbol{X}_i$ 估计精度越低，$\hat{\boldsymbol{X}}_g$ 越偏离真实值，$\boldsymbol{P}_i$ 越大。用协方差阵的全局估计重置子滤波器协方差矩阵，得

$$\boldsymbol{P}_i=\beta_i^{-1}\boldsymbol{P}_g \tag{6.3.18}$$

由式(6.3.18)可以看出，β_i 越大，$\boldsymbol{P}_i$ 越小，表示 $\boldsymbol{X}_i$ 的估计精度越高；反之，β_i 越小，$\boldsymbol{P}_i$ 越大，表示 $\boldsymbol{X}_i$ 的估计精度越低。由式(6.3.12)、式(6.3.14)和式(6.3.16)可知，第 i 个子滤波器在 k 时刻的先验估计为

$$\begin{aligned}\hat{\boldsymbol{X}}_{i,k|k-1}&=\boldsymbol{F}_{k-1}\hat{\boldsymbol{X}}_{i,k-1|k-1}=\boldsymbol{F}_{k-1}\hat{\boldsymbol{X}}_{g,k-1|k-1}\\&=\boldsymbol{F}_{k-1}\boldsymbol{P}_{g,k-1}\sum\boldsymbol{P}_{i,k-1}^{-1}\hat{\boldsymbol{X}}_{i,k-1|k-1}\\&=\boldsymbol{F}_{k-1}\boldsymbol{P}_{g,k-1}\sum(\beta_i^{-1}\boldsymbol{P}_{g,k-1})^{-1}\hat{\boldsymbol{X}}_{i,k-1|k-1}\end{aligned} \tag{6.3.19}$$

式中：$\hat{\boldsymbol{X}}_{i,k-1|k-1}=\hat{\boldsymbol{X}}_{i,k-1|k-2}+\boldsymbol{K}_{i,k-1}(\boldsymbol{z}_{i,k-1}-\boldsymbol{H}_{i,k-1}\hat{\boldsymbol{X}}_{i,k-1|k-2})$。由式(6.3.14)可知，$k$ 时刻第 i 个子滤波器状态估计误差协方差的先验估计为

$$\begin{aligned}\boldsymbol{P}_{i,k|k-1}&=\boldsymbol{F}_{k-1}\boldsymbol{P}_{i,k-1}\boldsymbol{F}_{k-1}^{\mathrm{T}}+\boldsymbol{Q}_{i,k-1}=\boldsymbol{F}_{k-1}\beta_i^{-1}\boldsymbol{P}_{g,k-1}\boldsymbol{F}_{k-1}^{\mathrm{T}}+\beta_i^{-1}\boldsymbol{Q}_{k-1}\\&=\beta_i^{-1}(\boldsymbol{F}_{k-1}\boldsymbol{P}_{g,k-1}\boldsymbol{F}_{k-1}^{\mathrm{T}}+\boldsymbol{Q}_{k-1})=\beta_i^{-1}\boldsymbol{P}_{i,k-1}^{a}\end{aligned} \tag{6.3.20}$$

式中：$\boldsymbol{P}_{i,k-1}^{a}=\boldsymbol{F}_{k-1}\boldsymbol{P}_{g,k-1}\boldsymbol{F}_{k-1}^{\mathrm{T}}+\boldsymbol{Q}_{k-1}$。由式(6.3.15)可知，$k$ 时刻第 i 个子滤波器的状态量的后验估计为

$$\hat{\boldsymbol{X}}_{i,k|k}=\hat{\boldsymbol{X}}_{i,k|k-1}+\boldsymbol{K}_{i,k}(\boldsymbol{z}_{i,k}-\boldsymbol{H}_{i,k}\hat{\boldsymbol{X}}_{i,k|k-1}) \tag{6.3.21}$$

又卡尔曼滤波增益 $K_{i,k}$ 可表示为[187]

$$\boldsymbol{K}_{i,k}=\boldsymbol{P}_{i,k|k-1}\boldsymbol{H}_{i,k}^{\mathrm{T}}(\boldsymbol{H}_{i,k}\boldsymbol{P}_{i,k|k-1}\boldsymbol{H}_{i,k}^{\mathrm{T}}+\boldsymbol{R}_{i,k})^{-1}=\boldsymbol{P}_{i,k|k-1}\boldsymbol{H}_{i,k}^{\mathrm{T}}\boldsymbol{R}_{i,k}^{-1} \tag{6.3.22}$$

将式(6.3.20)和式(6.3.22)代入式(6.3.21)得

$$\hat{\boldsymbol{X}}_{i,k|k}=\hat{\boldsymbol{X}}_{i,k|k-1}+\boldsymbol{K}_{i,k}(\boldsymbol{z}_{i,k}-\boldsymbol{H}_{i,k}\hat{\boldsymbol{X}}_{i,k|k-1})$$

$$=\hat{\boldsymbol{X}}_{i,k|k-1}+\boldsymbol{P}_{i,k|k-1}\boldsymbol{H}_{i,k}^{\mathrm{T}}\boldsymbol{R}_{i,k}^{-1}(\boldsymbol{z}_{i,k}-\boldsymbol{H}_{i,k}\hat{\boldsymbol{X}}_{i,k|k-1})$$
$$=\hat{\boldsymbol{X}}_{i,k|k-1}+\beta_i^{-1}\boldsymbol{P}_{i,k-1}^{a}\boldsymbol{H}_{i,k}^{\mathrm{T}}\boldsymbol{R}_{i,k}^{-1}(\boldsymbol{z}_{i,k}-\boldsymbol{H}_{i,k}\hat{\boldsymbol{X}}_{i,k|k-1}) \tag{6.3.23}$$

k 时刻第 i 个子滤波器状态估计误差协方差的后验估计 $\boldsymbol{P}_{i,k}$ 为

$$\boldsymbol{P}_{i,k}=(\boldsymbol{I}-\boldsymbol{K}_{i,k}\boldsymbol{H}_{i,k})\beta_i^{-1}\boldsymbol{P}_{i,k-1}^{a} \tag{6.3.24}$$

将式(6.3.23)和式(6.3.24)分别代入式(6.3.16)得

$$\left.\begin{aligned}\hat{\boldsymbol{X}}_{g,k|k}&=\boldsymbol{P}_{g,k}\sum\boldsymbol{P}_{i,k}^{-1}\hat{\boldsymbol{X}}_{i,k|k}\\&=\boldsymbol{P}_{g,k}\sum\beta_i(\boldsymbol{P}_{i,k-1}^{a})^{-1}(\boldsymbol{I}-\boldsymbol{K}_{i,k}\boldsymbol{H}_{i,k})^{-1}\hat{\boldsymbol{X}}_{i,k|k}\\\boldsymbol{P}_{g,k}&=\left[\sum\beta_i(\boldsymbol{P}_{i,k-1}^{a})^{-1}(\boldsymbol{I}-\boldsymbol{K}_{i,k}\boldsymbol{H}_{i,k})^{-1}\right]^{-1}\end{aligned}\right\} \tag{6.3.25}$$

通过以上推导可知，子滤波器的估计精度越高，$\boldsymbol{P}_{i,k}$ 越小，由式(6.3.24)可知 β_i 越大；反之，子滤波器的估计精度越低，$\boldsymbol{P}_{i,k}$ 越大，由式(6.3.24)可知 β_i 越小。因此，选取信息分配系数 β_i 时应满足：估计精度高的子滤波器应分配更大的 β_i。又因状态估计误差协方差 $\boldsymbol{P}_{i,k}$ 是反映子滤波器估计精度的重要指标，因此设计 β_i 的调整策略如下：

$$\beta_i=\frac{\|\operatorname{diag}(\boldsymbol{P}_{i,k}^{-1}\cdot\boldsymbol{P}_{i,k}^{-\mathrm{T}})\|_{\mathrm{F}}}{\sum\|\operatorname{diag}(\boldsymbol{P}_{i,k}^{-1}\cdot\boldsymbol{P}_{i,k}^{-\mathrm{T}})\|_{\mathrm{F}}} \tag{6.3.26}$$

式中：$\operatorname{diag}(\boldsymbol{P}_{i,k}^{-1}\cdot\boldsymbol{P}_{i,k}^{-\mathrm{T}})$ 表示矩阵 $\boldsymbol{P}_{i,k}^{-1}\cdot\boldsymbol{P}_{i,k}^{-\mathrm{T}}$ 的对角线元素组成的一个新的对角矩阵；$\|\cdot\|_{\mathrm{F}}$ 表示 Frobenius 范数。由式(6.3.26)可以看出，子滤波器的估计精度越高(即 $\boldsymbol{P}_{i,k}^{-1}$ 越大)，β_i 越大，因此估计精度高的子滤波器应分配更大的信息分配系数；反之，子滤波器的估计精度越低(即 $\boldsymbol{P}_{i,k}^{-1}$ 越小)，从而 β_i 越小，因此估计精度低的子滤波器应分配更小的信息分配系数。以上信息分配系数选取方法可使 FKF 始终保证精度高的子滤波器具备更大的信息分配系数，从而可在保证容错性能的前提下有效提高 FKF 的滤波精度。

重写融合状态 $\hat{\boldsymbol{X}}_{g,k|k}$ 的表达式，具体如下：

$$\begin{aligned}\hat{\boldsymbol{X}}_{g,k|k}&=\boldsymbol{P}_{g,k}\sum\boldsymbol{P}_{i,k}^{-1}\hat{\boldsymbol{X}}_{i,k|k}=\left(\sum\boldsymbol{P}_{i,k}^{-1}\right)^{-1}\sum\boldsymbol{P}_{i,k}^{-1}\hat{\boldsymbol{X}}_{i,k|k}\\&=\sum\left(\sum\boldsymbol{P}_{i,k}^{-1}\right)^{-1}\boldsymbol{P}_{i,k}^{-1}\hat{\boldsymbol{X}}_{i,k|k}\end{aligned} \tag{6.3.27}$$

由式(6.3.27)可知，$\boldsymbol{P}_{i,k}$ 越大，$\boldsymbol{P}_{i,k}^{-1}$ 越小，即第 i 个子滤波器的状态量后验估计 $\hat{\boldsymbol{X}}_{i,k|k}$ 的权矩阵 $\left(\sum\boldsymbol{P}_{i,k}^{-1}\right)^{-1}\boldsymbol{P}_{i,k}^{-1}$ 越小；反之，$\boldsymbol{P}_{i,k}$ 越小，$\boldsymbol{P}_{i,k}^{-1}$ 越大，即第 i 个子滤波器的状态量后验估计 $\hat{\boldsymbol{X}}_{i,k|k}$ 的权矩阵 $\left(\sum\boldsymbol{P}_{i,k}^{-1}\right)^{-1}\boldsymbol{P}_{i,k}^{-1}$ 越大。因此，重新定义融合状态 $\hat{\boldsymbol{X}}_{g,k|k}$ 的表达式如下：

$$\hat{\boldsymbol{X}}_{g,k|k}=\sum\beta_i\hat{\boldsymbol{X}}_{i,k|k}=\sum\frac{\|\operatorname{diag}(\boldsymbol{P}_{i,k}^{-1}\cdot\boldsymbol{P}_{i,k}^{-\mathrm{T}})\|_{\mathrm{F}}}{\sum\|\operatorname{diag}(\boldsymbol{P}_{i,k}^{-1}\cdot\boldsymbol{P}_{i,k}^{-\mathrm{T}})\|_{\mathrm{F}}}\hat{\boldsymbol{X}}_{i,k|k} \tag{6.3.28}$$

由式(6.3.28)可以看出，若第 i 个子滤波器估计精度较高，即 $\boldsymbol{P}_{i,k}$ 越小，$\boldsymbol{P}_{i,k}^{-1}$ 越大，$\|\mathrm{diag}(\boldsymbol{P}_{i,k}^{-1}\cdot\boldsymbol{P}_{i,k}^{-\mathrm{T}})\|_{\mathrm{F}}$ 越大，β_i 越大，从而第 i 个子滤波器分配较大的权值；反之，若第 i 个子滤波器估计精度较低，即 $\boldsymbol{P}_{i,k}$ 越大，$P_{i,k}^{-1}$ 越小，$\|\mathrm{diag}(\boldsymbol{P}_{i,k}^{-1}\cdot\boldsymbol{P}_{i,k}^{-\mathrm{T}})\|_{\mathrm{F}}$ 越小，β_i 越小，从而第 i 个子滤波器分配较小的权值。式(6.3.28)不仅能够使 FKF 算法具备较好的容错性能，而且可使 FKF 算法保持较高的滤波精度。

6.3.2.3　融合参与信息时间不同步问题

式(6.3.12)～式(6.3.16)对 FKF 算法进行了公式描述，其要求所有参与信息融合的子滤波器获取的导航传感器子系统输出的观测信息是同步的，但是这在实际应用中尤其是水下组合导航过程中是无法保证的，如 SINS 输出频率一般为 100～1 000 Hz，而 DVL 的输出频率一般为 1 Hz 至几赫兹，AST 的输出频率一般只有 0.1～1 Hz，且 AST 与 DVL 的输出并不能保证完全同步。因此，必须在信息融合时对各子滤波器输出作同步处理。仅考虑 AST 和 DVL 数据更新周期为 SINS 数据更新周期整数倍时的简单情况，具体分析处理过程如下。

假设 SINS 数据更新频率和周期分别为 f_{INS}、T_{INS}，DVL 数据更新频率和周期分别为 f_{DVL}、T_{DVL}，AST 数据更新频率和周期分别为 f_{AST}、T_{AST}。SINS、DVL 和 AST 数据更新周期之间的关系如下：

$$T_{\mathrm{DVL}}=N_1\cdot T_{\mathrm{INS}},\quad T_{\mathrm{AST}}=N_2\cdot T_{\mathrm{INS}} \tag{6.3.29}$$

式中，N_1、N_2 为正整数，实际应用中 N_1 一般不等于 N_2。

设计 FKF 融合策略，具体如下。

S1：若 $N_1\neq N_2$，且 $N_1>N_2$，则在 $kk\cdot N_2\cdot T_{\mathrm{INS}}$ 时刻进行主滤波器信息融合，融合时的子滤波器 1 输出的状态量 $\boldsymbol{X}_1$ 和状态估计误差协方差 $\boldsymbol{P}_1$ 均是通过时间更新过程(预测)获得的，直至子滤波器 1 获取观测量时，融合时的 $\boldsymbol{X}_1$ 和 $\boldsymbol{P}_1$ 均是通过量测更新过程获得的。

S2：若 $N_1\neq N_2$，且 $N_1<N_2$，则在 $kk\cdot N_1\cdot T_{\mathrm{INS}}$ 时刻进行主滤波器信息融合，融合时的子滤波器 2 输出的状态量 $\boldsymbol{X}_2$ 和状态估计误差协方差 $\boldsymbol{P}_2$ 均是通过时间更新过程获得的，直至子滤波器 2 获取观测量时，融合时的 $\boldsymbol{X}_2$ 和 $\boldsymbol{P}_2$ 均是通过量测更新过程获得。

S3：若 $N_1\neq N_2$，且 $N_1\cdot T_{\mathrm{INS}}>1$ s，$N_2\cdot T_{\mathrm{INS}}>1$ s，则主滤波器在 T' 时刻进行融合，T' 的值为不为 0 的自然数，且 $T'<N_1\cdot T_{\mathrm{INS}}$，$T'<N_2\cdot T_{\mathrm{INS}}$，$N_1\cdot T_{\mathrm{INS}}$ 和 $N_2\cdot T_{\mathrm{INS}}$ 均是 T' 的整数倍。在 $kk\cdot N_1\cdot T_{\mathrm{INS}}$ 时刻进行信息融合时的子滤波器 1 输出的状态量 $\boldsymbol{X}_1$ 和状态估计误差协方差 $\boldsymbol{P}_1$ 均是通过量测更新过程获得的，其余时刻子滤波器 1 输出的状态量 $\boldsymbol{X}_1$ 和状态估计误差协方差 $\boldsymbol{P}_1$ 均是通过时间更新过程获得的。同理，在 $kk\cdot N_2\cdot T_{\mathrm{INS}}$ 时刻进行信息融合时的子滤波器 2 输出的状态量 $\boldsymbol{X}_2$ 和状态估计误差协方差 $\boldsymbol{P}_2$ 均是通过量测更新过程获得的，

其余时刻子滤波器 2 输出的状态量 $\boldsymbol{X}_2$ 和状态估计误差协方差 $\boldsymbol{P}_2$ 均是通过时间更新过程获得的。这种融合策略在无观测信息更新时利用子滤波器的预测进行每时长 T' 一次的融合，有利于充分利用子滤波器的预测信息，但也可能使滤波整体性能低于 S1 和 S2 策略。

6.3.3 联邦鲁棒 KF 算法

6.3.1 小节通过引入膨胀因子 λ 实现对 KF 的鲁棒化，得到 RKF 算法。KF 与 RKF 的主要区别在于量测更新过程：对于标准的 KF 算法来说，用 $\lambda_k\boldsymbol{R}_k$ 替换 $\boldsymbol{R}_k$ 按照式(6.3.3)～式(6.3.6)进行量测更新即可得到 RKF 算法；对于 RKF 算法来说，当 $\lambda_k=1$ 时，RKF 算法将退化为标准的 KF 算法。因此，FRKF 算法与 FKF 算法具有相同的时间更新过程，区别仅在于两者的量测更新过程。以下给出 k 时刻 FRKF 算法的量测更新过程如下。

R1：根据式(6.3.3)计算 $\boldsymbol{\mu}_{i,k}$，根据式(6.3.7)判断观测量 $\boldsymbol{z}_{i,k}$ 是否正常。若判定观测量 $\boldsymbol{z}_{i,k}$ 正常，则令 $\lambda_{i,k}=1$；若判定观测量 $\boldsymbol{z}_{i,k}$ 异常，则根据式(6.3.9)～式(6.3.11)计算 $\lambda_{i,k}$。根据式(6.3.8)计算 $\widetilde{\boldsymbol{R}}_{i,k}$。

R2：用 $\widetilde{\boldsymbol{R}}_{i,k}$ 替代 $\boldsymbol{R}_{i,k}$，并根据式(6.3.4)计算卡尔曼滤波增益 $\boldsymbol{K}_{i,k}$。

R3：根据式(6.3.5)计算状态量的后验估计 $\hat{\boldsymbol{X}}_{i,k|k}$。

R4：根据式(6.3.6)计算状态估计误差协方差矩阵 $\boldsymbol{P}_{i,k}$。

由以上过程推导出的 FRKF 算法，适用于速度观测信息和位置观测信息均受到非高斯噪声污染的情形，在此情形下其子滤波器 1 和子滤波器 2 均为 RKF。若 DVL 输出的速度观测信息受到非高斯噪声污染，而 AST 输出的位置观测信息正常，在 FRKF 算法中可设置子滤波器 1 为 RKF，子滤波器 2 为标准的 KF；反之，若 DVL 输出的速度观测信息正常，AST 输出的位置观测信息受到非高斯噪声污染，在 FRKF 算法中可设置子滤波器 1 为标准的 KF，子滤波器 2 为 RKF。因此，可以认为 FRKF 算法是广义上的联邦鲁棒滤波算法，即可根据子滤波器获取的观测信息是否受非高斯噪声污染来设置子滤波器为 RKF 或标准 KF。

6.4 半物理仿真试验验证

假设 AST＋USBL 水声定位系统已经过校准修正，此时系统误差源可以忽略不计，则可以认为，由噪声引起的误差是整个定位系统水声定位误差的主要来源[188]。也就是说，若定位系统已通过校准补偿，可认为定位系统误差的主要来源是随机误差。为了验证 FRKF 算法在非高斯条件下处理多导航传感器信息融合问题上的优势，假设水声定位系统已通过校准补偿，结合 AUV 水下航行的特点，本节依据文献[31]于 2005 年 10 月进行的浅海 AST＋USBL 导航试验结果和 2006 年 5 月进行的深海 AST＋USBL 导航试验结果，分别利用船载实测数据和车载实测数据进行水下组合导航半物理仿真试验以验证所提算法的组合导航性能。

6.4.1　基于船载实测数据半物理仿真试验验证

6.4.1.1　数据生成

本小节基于 3.4.4 小节选取两组 3 600 s 船载实测数据进行水下组合导航半物理仿真试验，仿真试验是基于 MATLAB 软件进行的。选取的两组 3 600 s 数据包含：陀螺仪和加速度计的原始数据，对应的姿态、速度和位置基准，对应的 GPS 输出，对应的 DVL 输出。这两组 3 600 s 数据对应的 DVL 输出、GPS 输出满足：①第一组 DVL 输出数据不受非高斯噪声污染，第二组 DVL 输出数据受野值污染；②GPS 输出不受非高斯噪声污染。图 6.7(a)(b)(附彩图)分别为第一组 3 600 s 数据和第二组 3 600 s 数据对应的 DVL 输出。

利用 GPS 输出的位置信息模拟水下 AST 输出的位置信息：根据文献[31]和文献[41]，AST 的输出频率一般为 0.1～1 Hz，由此对 GPS 输出的位置信息进行降频，使其 10 s 输出一个位置信号(频率为 0.1Hz)。假设 AST＋USBL 定位系统已经过校准修正，根据文献[31]的青岛胶州湾浅海(海深约 30 m，三级海况)AST＋USBL 导航试验结果可知，AST＋USBL 浅海导航误差最大不超过 15 m。由此，仿真试验在生成 AST 定位信息时，基于降频后的 GPS 位置信息人为地引入幅值为 20 m 的随机定位误差。

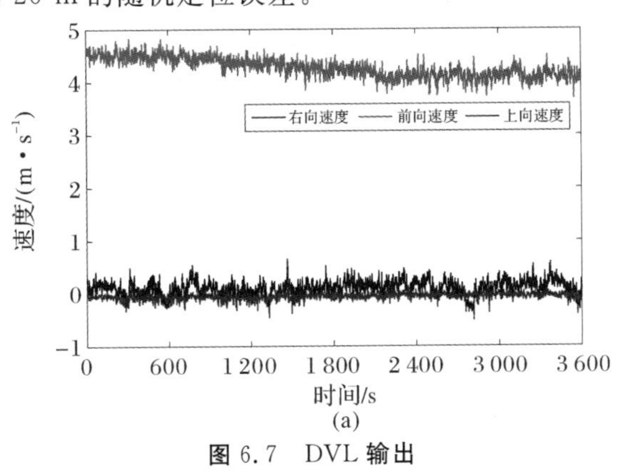

(a)

图 6.7　DVL 输出

(a)DVL 输出速度(高斯情形)；

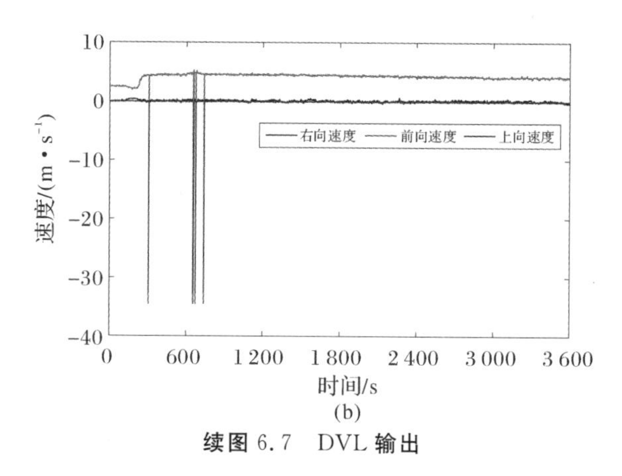

(b)

续图 6.7 DVL 输出

(b)DVL 输出速度(野值污染情形)

6.4.1.2 自适应性试验验证

为了检验 6.3.2 小节提出的信息分配系数自适应选取方法的有效性，利用第一组数据进行组合导航仿真试验。在组合导航试验中，FKF 设置为无反馈模式，即各个子滤波器进行独立滤波。仿真试验中，设置初始失准角为$[0.1° \quad 0.1° \quad 0.5°]^T$；因初始时刻组合导航子系统无信息，信息分配系数初始值为 $\beta_1=\beta_2=0.5$。

记按照式(6.3.26)确定信息分配系数的 FKF 算法为 IFKF(Improved FKF)；TFKF 算法中，设置各子滤波器信息平均分配。选择第一组 3 600 s 数据，结合 AUV 在水下组合导航的实际，即 AUV 会驶出 AST 的作用范围的情况：设置从第 1 500 s 开始 AUV 驶出 AST 的作用范围(此时可认为 AST 发生故障)；从第 2 400 s 开始，设置 AUV 重新进入 AST 的作用范围。也就是说 AST 提供的位置信号丢失了 900 s，且在无观测信息期间子滤波器 2 只进行时间更新(预测)，即在此期间子滤波器 2 的融合结果是通过预测得到的。设置 AST 在初始时刻对 AUV 的定位误差为 20 m。在以上仿真条件下，分别利用 KF2 算法(SINS/AST 组合导航系统)、IFKF 算法、TFKF 算法进行组合导航试验，组合导航采用如图 6.6 所示的闭环修正模式，即在主滤波器进行信息融合后，利用融合后的状态量对 SINS 输出的姿态、速度和位置进行修正，同时子滤波器中的姿态、速度和位置对应的状态量重新置 0。组合导航得到的位置误差结果分别如图 6.8(a)(b)所示。图 6.8(a)(b)分别为纬度估计误差和经度估计误差，其中，虚线为 KF2 算法(SINS/AST)得到的位置估计误差，点线为 TFKF 算法得到的位置估计误差，实线为 IFKF 算法得到的位置估计误差。

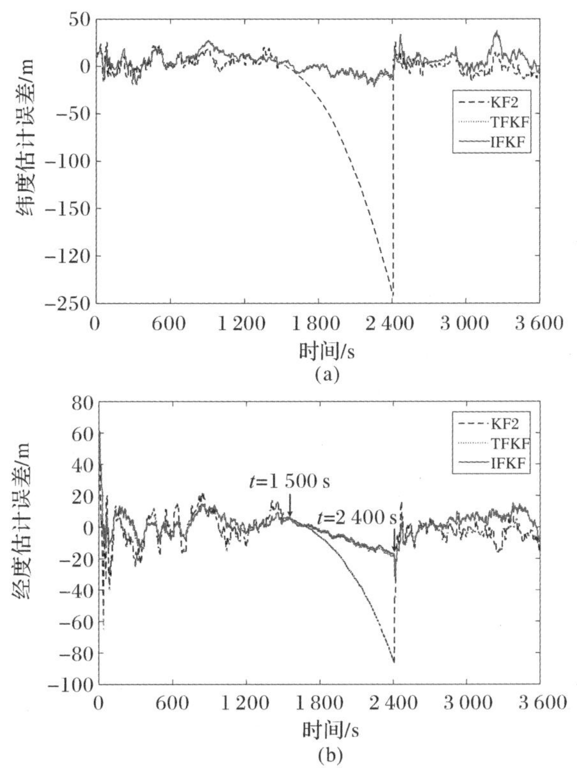

图 6.8　不同组合导航方法得到的位置误差

注：笔者将经、纬度误差均转换为距离单位。

由图 6.8 可以明显看出，当 AUV 驶出 AST 作用范围（1 500～2 400 s）时，KF2 算法对位置的估计误差曲线呈发散趋势，TFKF 和 IFKF 对位置的估计误差曲线虽有缓慢发散趋势，TFKF 和 IFKF 的组合导航精度和稳定性明显优于 KF2。在此期间，KF2 得到的纬度/经度误差最大值为－242.90 m/－86.37 m，TFKF 得到的纬度/经度误差最大值为－22.40 m/－32.24 m，IFKF 得到的纬度/经度误差最大值为－20.29 m/－31.31 m，IFKF 的导航精度略高于 TFKF。这是因为在 AUV 的航行过程中，IFKF 主滤波器的输出是通过式（6.3.28）进行加权融合得到的，且 IFKF 采用闭环修正模式实时地修正公共参考系统 SINS 的解算误差，这就使得 AUV 在驶出 AST 作用范围之前 SINS/DVL 组合导航子系统与 SINS/AST 组合导航子系统对位置的估计精度相当。AUV 离开 AST 作用范围后，SINS/AST 无观测信息，此期间可认为子滤波器 2 发生故障。式（6.3.28）使主滤波器输出中的子滤波器 1 的权值高于子滤波器 2 的权值，因此在 AUV 离开 AST 作用范围后，子滤波器 1 起主要作用，致使 IFKF 得到的位置估计误差曲线呈缓慢发散趋势。仿真试验初步验证了6.3.2.2小节信息分配系数自适应选取方法的有效性。

6.4.1.3 鲁棒性试验验证

利用选取的第二组3 600 s数据验证非高斯条件下FRKF算法相比于TFKF算法的优势。第二组数据对应的DVL输出如图6.7(b)所示。由图6.7(b)可以看出,DVL输出受到强度较高的速度野值污染。为了验证FRKF在非高斯条件下处理多导航传感器信息融合问题的优势,基于6.4.1.1小节模拟生成的AST数据,分别利用FRKF和TFKF进行组合导航试验。

DVL属于主动声呐设备,在特殊环境下频繁使用DVL发射声呐信号容易降低AUV的隐蔽性。为了进一步增强AUV的隐蔽性,模拟AUV在进入AST作用范围后降低DVL的使用频率的情形:对DVL的输出进行人为的阻隔,使AUV每隔30 s获取一个速度观测信号。同时,由于水下环境的复杂性,AST输出易受非高斯噪声的污染,每隔150 s人为地将幅值为500 m的位置误差(野值)引入式(6.2.12)。图6.9(a)～(c)分别为利用不同方法进行组合导航后的俯仰角误差、横滚角误差和航向角误差。图6.9(a)～(c)中,实线表示利用TFKF进行组合导航的姿态误差曲线,虚线表示利用FRKF进行组合导航的姿态误差曲线。

由图6.9(a)～(c)可以看出,当SINS/AST子滤波器观测量受到野值污染时,TFKF的组合导航姿态误差曲线在野值出现的时刻发生了突变,而FRKF的组合导航姿态误差曲线平稳。当组合导航收敛后,FRKF得到的俯仰角误差收敛到0.01°以内,横滚角误差收敛到0.015°以内,航向角误差收敛到0.3°以内。

图6.10和图6.11分别为利用不同方法进行组合导航的速度误差和位置误差。图6.10(a)(b)分别为东向速度误差和北向速度误差;图6.11(a)(b)分别为纬度误差和经度误差。图6.10(a)(b)中,实线为利用TFKF进行组合导航的速度误差曲线,虚线为利用FRKF进行组合导航的速度误差曲线;图6.11(a)(b)中,实线为利用TFKF进行组合导航的位置误差曲线,虚线为利用FRKF进行组合导航的位置误差曲线。通过试验可知,当组合导航收敛后,利用FRKF组合导航的东向速度误差收敛到0.2 m/s以内,北向速度误差收敛到0.15 m/s以内;纬度误差收敛到25 m以内,经度误差收敛到15 m以内。

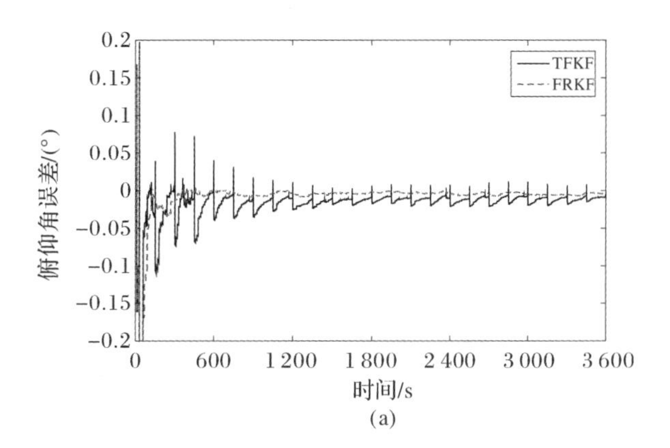

(a)

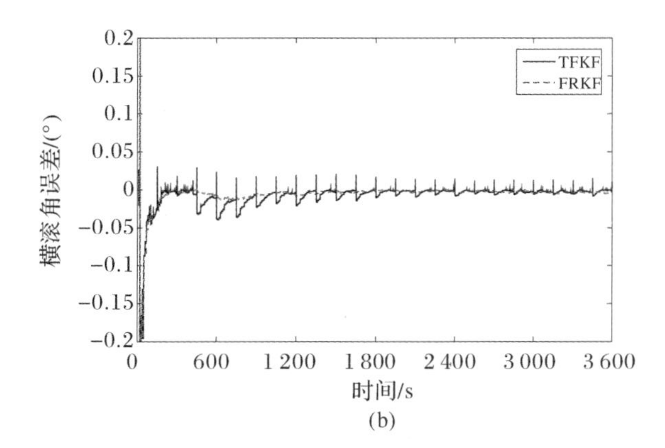

(b)

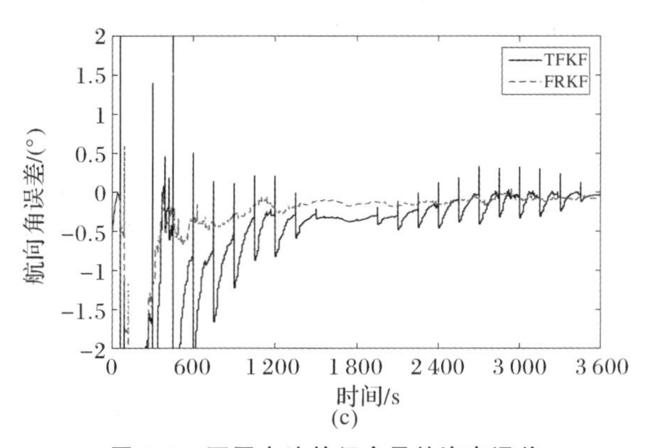

(c)

图 6.9　不同方法的组合导航姿态误差

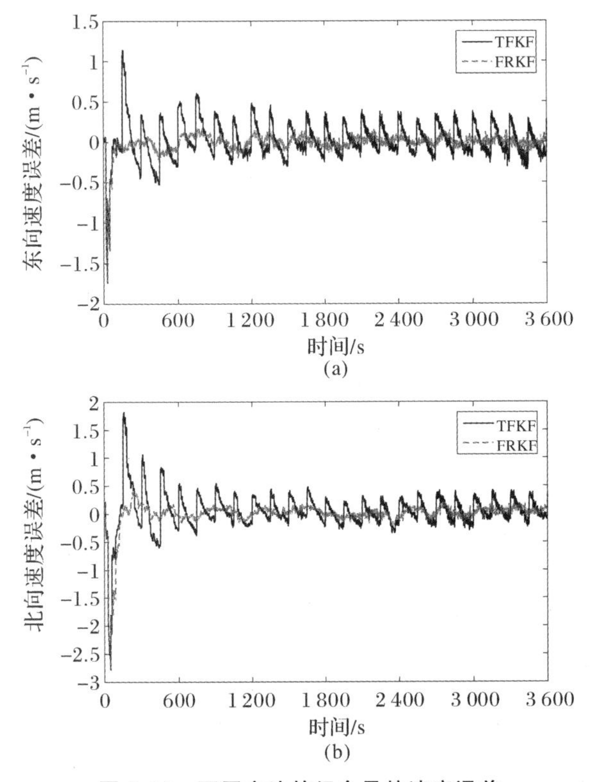

图 6.10　不同方法的组合导航速度误差

由图 6.9～图 6.11 可以看出，当观测信息受到野值污染时，FRKF 的组合导航精度和稳定性明显优于 TFKF。通过试验及计算可知，利用 TFKF 和 FRKF 得到的速度误差标准差和位置误差标准差如表 6.1 所示。

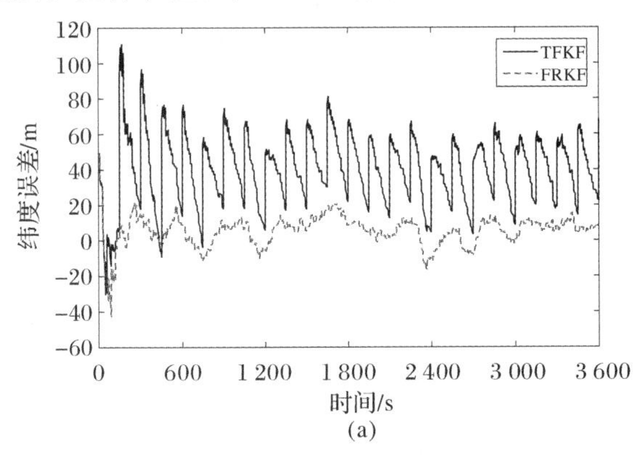

图 6.11　不同方法的组合导航位置误差

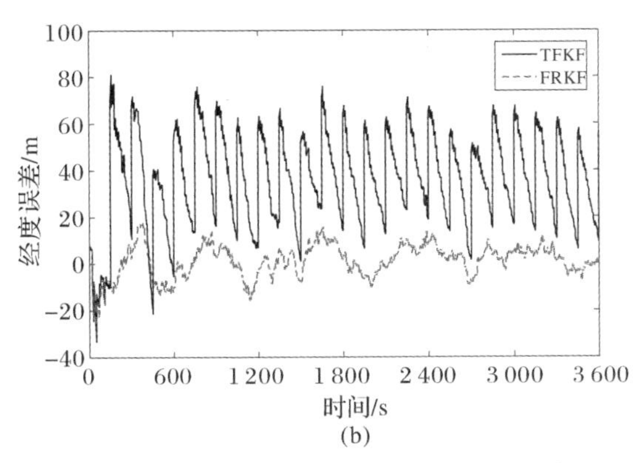

(b)

续图 6.11　不同方法的组合导航位置误差

表 6.1　不同方法得到的组合导航速度、位置误差标准差

误差标准差	TFKF	FRKF
东向速度误差标准差/(m・s^{-1})	0.238 6	0.133 2
北向速度误差标准差/(m・s^{-1})	0.352 8	0.273 4
纬度误差标准差/m	19.770 0	8.607 0
经度误差标准差/m	20.220 0	6.929 0

由图 6.9～图 6.11 及表 6.1 可以看出，FRKF 可有效抑制观测野值对滤波结果的影响，且相比于 TFKF，FRKF 具有更好的数据平稳性。试验结果初步表明：相比于 TFKF，FRKF 在水下非高斯环境中具有更高的组合导航精度和稳定性。

6.4.2　基于车载实测数据半物理仿真试验验证

6.4.2.1　数据生成

为了进一步验证 FRKF 的有效性及相比于 RKF 的优势，设计了基于 FOSN 光纤捷联惯导系统的车载试验。如图 6.12(附彩图)所示，车载实验平台由 FOSN 光纤捷联式惯导系统、数据采集系统(工控机)、GPS 接收机以及 GPS 天线等组成。试验中，惯导系统的输出频率设置为 100 Hz，GPS 位置数据更新频率为1 Hz，SINS/GPS 组合导航数据输出频率为 100 Hz。光纤 IMU 主要性能指标如表6.2所示。

车载试验在武汉市内进行，试验过程设计为：载车先静止 30 min 左右，然后开始运动，大约 6 h。在车载试验过程中，GPS 信号偶有受建筑物遮挡无输出的情形。数据采集系统采集的数据主要包含：UTC 时间基准、陀螺仪和加速度计输出的原始数据、GPS 输出的位置数据以及由 SINS/GPS 组合导航生成的姿态、速度和位置基准数据。

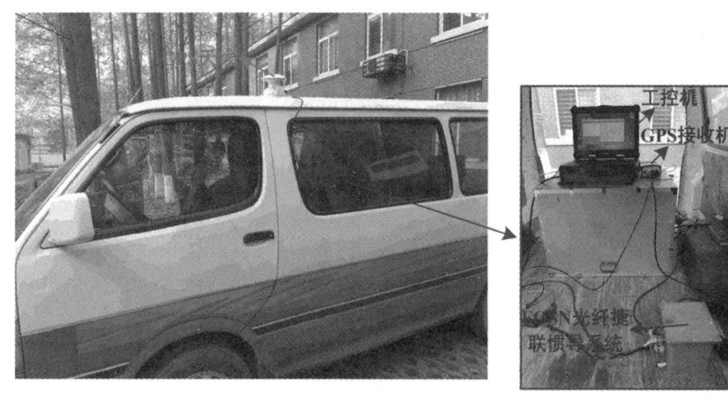

图 6.12 车载试验平台

表 6.2 光纤 IMU 主要性能指标

主要技术指标	光纤陀螺	加速度计
测量范围	$\pm 300°/\mathrm{s}$	$\pm 20g$
零偏稳定性	$\leqslant 0.02°/\mathrm{h}(1\sigma)$	$\leqslant 6\times 10^{-3}g$
零偏重复性	$\leqslant 0.02°/\mathrm{h}(1\sigma)$	$\leqslant 2.5\times 10^{-5}g(1\sigma)$
标度因数重复性	$\leqslant 50\times 10^{-6}(1\sigma)$	$\leqslant 3.5\times 10^{-5}(1\sigma)$
随机游走系数	$\leqslant 0.005°/\mathrm{h}^{\frac{1}{2}}$	—
输出频率	100 Hz	100 Hz

利用 SINS/GPS 组合导航输出的姿态、速度基准数据模拟生成深水 DVL 输出的速度数据，利用 GPS 输出的位置数据模拟生成 AST 输出的位置数据，模拟数据生成具体过程如下。

(1)深海 DVL 测速数据模拟。假设车载试验数据采集系统采集得到的 SINS/GPS 组合导航姿态基准、速度基准分别为 $\boldsymbol{C}_{b,\mathrm{refer}}^{n}$，$\boldsymbol{v}_{\mathrm{refer}}^{n}$，则模拟生成深海 DVL 的输出数据 $\boldsymbol{v}_{\mathrm{DVL}}^{b}$ 如下：

$$\boldsymbol{v}_{\mathrm{DVL}}^{b}=(\boldsymbol{C}_{b,\mathrm{refer}}^{n})^{\mathrm{T}}\boldsymbol{v}_{\mathrm{refer}}^{n} \tag{6.4.1}$$

设置 DVL 漂移为航程的 0.5%，DVL 短时精度为 0.05 m/s，考虑到深海环境的复杂性，设置每间隔 12 s 载体系测速受到幅值为 50 m/s 的速度野值污染。试验中，将上述设置条件人为地引入式(6.4.1)。

(2)深海 AST 定位数据模拟。人为地对 GPS 数据进行降频：由 1 Hz 降为 0.1 Hz。假设 AST+USBL 定位系统已经过校准修正，根据文献[31]的中国南海深海(海深约 3 700 m,三级海况)AST＋USBL 导航试验结果可知,AST＋USBL 深海导航误差最大不超过 50 m,由此人为地引入幅值为 50 m 的随机位置误差。由于深海环境的复杂性,AST 输出极易受非高斯噪声的污染,每隔 30 s人为地将幅值为 1 nm 的位置误差(野值)引入式(6.2.12)。

由以上过程生成的模拟数据反映的外部条件更加复杂,即 AUV 在深海组合导航过程中所受到的外部干扰更大,非高斯噪声环境更加恶劣。

6.4.2.2　试验验证

为了进一步验证 FRKF 算法的有效性和相比于 RKF 算法的优势,选取 3 600 s深海模拟数据进行水下组合导航仿真试验。考虑到提高 AUV 的隐蔽性,假设 AUV 进入 AST 作用范围以后,使 AUV 每隔 30 s 收到一个 DVL 测速信号。同时,考虑到 AUV 会驶出 AST 的作用范围的情形:设置从第 1 600 s 开始 AUV 驶出 AST 的作用范围(此时可认为 AST 发生故障);从第 2 600 s 开始,设置 AUV 重新进入 AST 的作用范围。试验中,设置主滤波器融合时间为 1 s,采用 6.3.2.3 小节 S3 信息融合策略:当子滤波器 1/子滤波器 2 无观测信息时,子滤波器 1/子滤波器 2 的融合结果是由时间更新(预测)得到的;当子滤波器 1/子滤波器 2 有观测信息时,子滤波器 1/子滤波器 2 的融合结果是由量测更新得到的。

为了验证在上述运动条件下 FRKF 算法的优势,分别利用 RKF1 算法(SINS/DVL)、RKF2 算法(SINS/AST)和 FRKF 算法进行组合导航试验,图 6.13～图 6.15 为不同方法组合导航后的姿态、速度和位置误差。

图 6.13～图 6.15 中,虚线为利用 RKF1 进行组合导航的误差曲线;点线为利用 RKF2 进行组合导航的误差曲线;实线为利用 FRKF 进行组合导航的误差曲线。

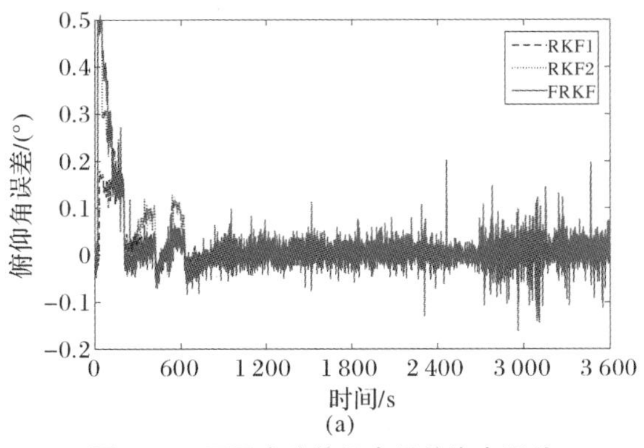

(a)

图 6.13　不同方法的组合导航姿态误差

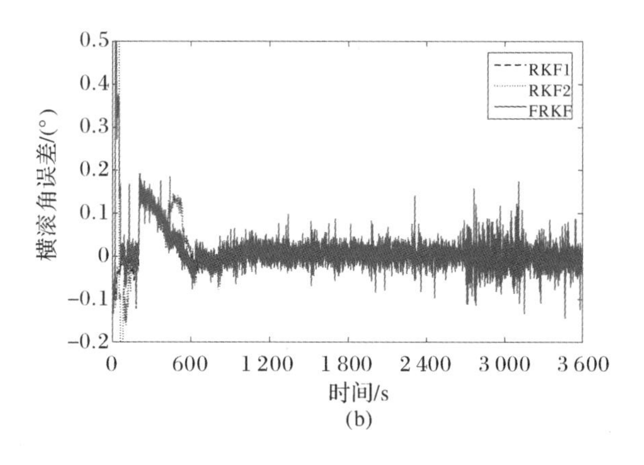

(b)

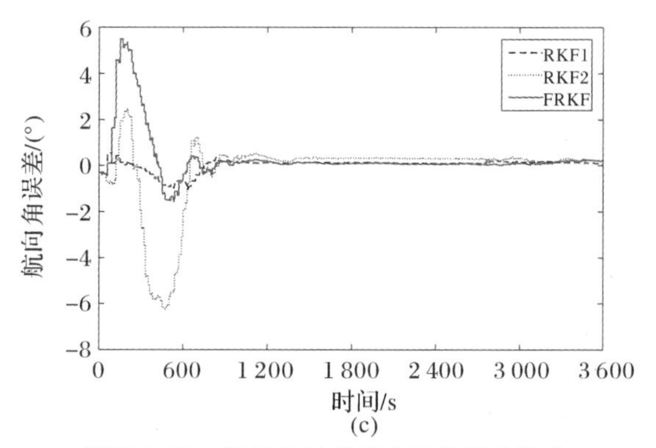

(c)

续图 6.13　不同方法的组合导航姿态误差

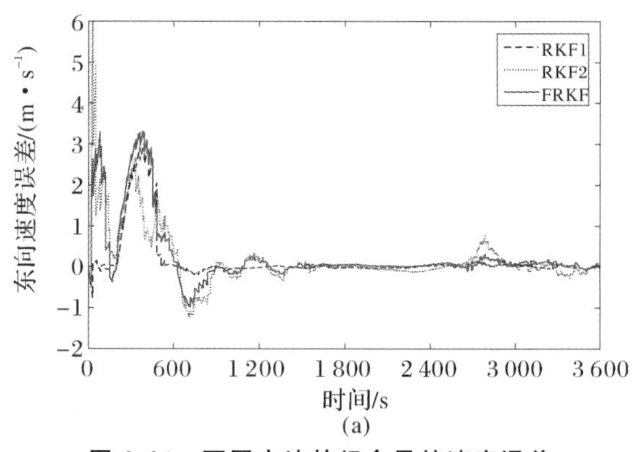

(a)

图 6.14　不同方法的组合导航速度误差

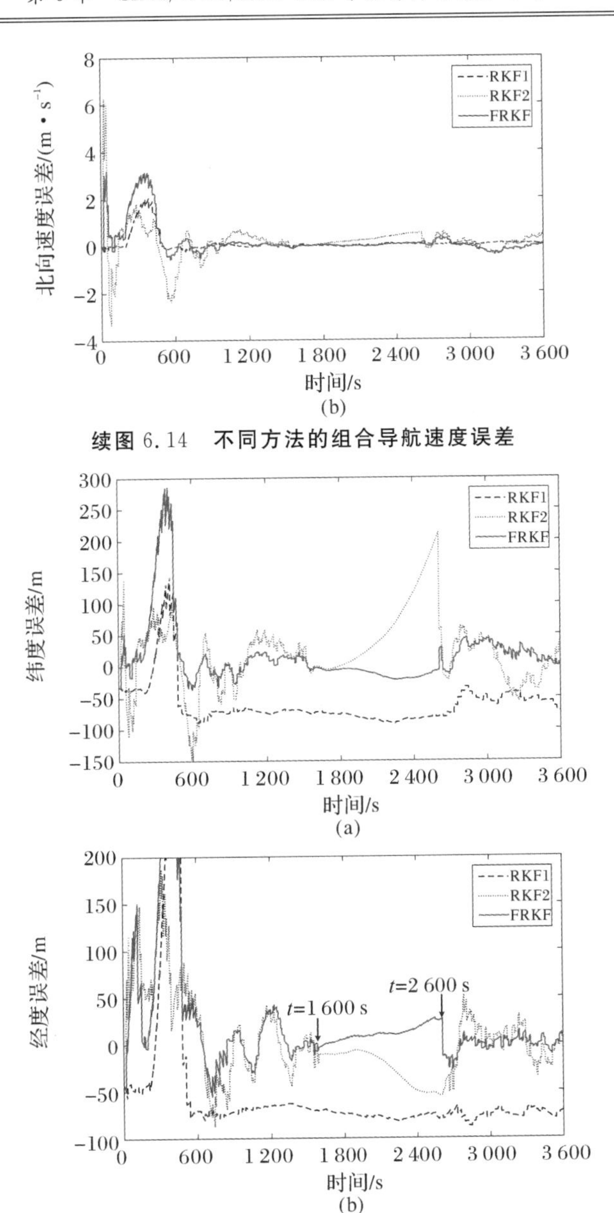

续图 6.14　不同方法的组合导航速度误差

图 6.15　不同方法的组合导航位置误差

由图 6.13～图 6.15 可以看出，相比于 RKF1 和 RKF2，FRKF 具有更高的容错性能：当 AST 发生故障时，FRKF 仍会使组合导航系统整体的导航精度保持稳定。这是因为 FRKF 根据子滤波器的滤波性能对信息分配系数进行自适应调整，使滤波器的整体性能始终与性能较好的子滤波器保持一致。通过试验可知，组合导航收敛后，FRKF 得到的纬度误差绝对值在 48 m 以内，经度误差绝对值在 56 m 以内。仿真试验结果进一步验证了 FRKF 算法的有效性及相比于 RKF 算法在深海组合导航过程中的优势。

6.5 小　　结

AUV 在水下航行过程中，受到复杂环境影响导致 DVL、AST 提供的外部辅助信息易受非高斯噪声干扰，这会降低基于高斯分布假设的 FKF 的滤波性能。同时，AST 作用范围有限致使 AUV 不能持续获取 AST 提供的位置辅助信息。针对上述问题，本章首先研究了适用于 AST 不能持续提供位置辅助信息情形下的信息分配系数自适应选取方法；而后通过对子滤波器分别鲁棒化的方式实现 FKF 的鲁棒化，进而提出了基于马氏距离算法的鲁棒 FKF 算法(FRKF)。利用船载实测数据和车载实测数据分别进行水下组合导航半物理仿真试验，仿真试验模拟了 AST 信号短期丢失、外部导航传感器输出信息伴随野值污染等情形。试验结果初步表明，相比于 TFKF，FRKF 具有更强的组合导航鲁棒性及更高的组合导航精度；相比于 RKF，FRKF 具有更好的组合导航容错性。FRKF 不仅能够在 AST 信号短期丢失(或发生故障)时使组合导航系统的整体导航精度保持稳定，而且能够有效解决水下组合导航过程中 AST、DVL 的输出受野值干扰导致导航精度下降的问题。

AUV 在水下航行的过程中，难免会处于极端恶劣的环境如强干扰环境中，此时外部导航传感器信息可用性将会变差甚至失效，纯惯性导航成为 AUV 水下导航的唯一手段。因此，对无外部导航传感器辅助条件下的纯惯性导航误差抑制方法进行研究是十分必要的。

第7章　基于PSO算法优化的SINS导航误差抑制方法

SINS具有自主性高、不依赖于外界信息和不向外界发送信息等诸多优势，其可有效增强AUV水下航行的自主性和隐蔽性。SINS利用陀螺仪和加速度计敏感载体角速度和线加速度，并通过力学编排方程实时解算载体的三维姿态、速度、位置等导航信息，这种不依赖于外界信息的工作状态称为纯惯性导航状态(或称“纯惯导状态”)。若AUV处于极端恶劣的环境中，如强干扰环境，外部导航传感器提供的信息可用性将会变差甚至失效，此种情形下纯惯性导航便成为AUV在水下导航的唯一手段。在纯惯性导航阶段，由于IMU器件误差的影响，SINS在解算的过程中存在振荡型、积累型的系统误差，这对长期处于水下环境中的航行器是十分不利的。因此，准确地估计出IMU器件误差并扣除掉是实现SINS长周期、高精度导航的重要途径。KF算法是基于l_2范数的最优估计方法，已经被成功用来估计IMU器件误差。但是，KF算法在估计IMU器件误差的过程中，需满足以下条件：①准确获取惯性器件的先验误差模型；②需要特定的机动[78]；③需要准确的外部信息辅助；④要求外部信息符合高斯假设条件。这限制了AUV对复杂环境的适应能力及快速反应能力。针对此问题，本章将PSO算法应用到IMU器件误差的估计中，提出一种基于PSO算法的陀螺常值漂移估计方法，对陀螺常值漂移进行智能的搜索估计。

将PSO算法引入SINS的导航误差抑制中将有以下优势：①在静态状态下不需任何外部辅助信息，只需要采集一定时间陀螺仪和加速度计的原始数据即可智能地搜索估计出IMU器件误差；②无需载体进行特定机动；③相对KF算法而言，基于PSO算法的IMU器件误差估计方法不需要对系统进行精确建模，也不需要惯性器件误差的先验信息。在实际应用过程中，基于 PSO 算法的 IMU 器件误差估计方法搜索估计出的惯性器件误差可以与 KF 算法估计出的结果互为补充、备份和印证，以提高惯性器件误差估计的有效性。

7.1 PSO 基本原理

PSO 已经在 2.4 节中介绍，此处不再赘述。PSO 在运行过程中通过跟踪个体最优粒子 p_{best}^{m} 和群体最优粒子 g_{best}^{m} 来更新粒子速度与位置，重写如下：

$$v_{id}^{m+1} = wv_{id}^{m} + c_1 r_1 (p_{\text{best}}^{m} - x_{id}^{m}) + c_2 r_2 (g_{\text{best}}^{m} - x_{id}^{m}) \tag{7.1.1}$$

$$x_{id}^{m+1} = x_{id}^{m} + v_{id}^{m+1} \tag{7.1.2}$$

式中：$d=1,2,\cdots,K$，$i=1,2,\cdots,N$，分别为搜索空间维数和种群规模；r_1、r_2 是介于 0 和 1 之间的随机数；c_1、c_2 为学习因子，分别表征粒子向自身和其他粒子学习的能力，通常在 0 和 2 之间取值；w 为惯性权重常数，用来调整粒子的多样性；粒子速度 $v \in [v_{\min}, v_{\max}]$；$m$ 为当前种群的代数；x_{id}^{m}、v_{id}^{m} 分别表示粒子的当前位置、速度；p_{best}^{m}、g_{best}^{m} 分别表示当前个体、群体最优粒子的位置。重画 PSO 基本流程，如图 7.1 所示。

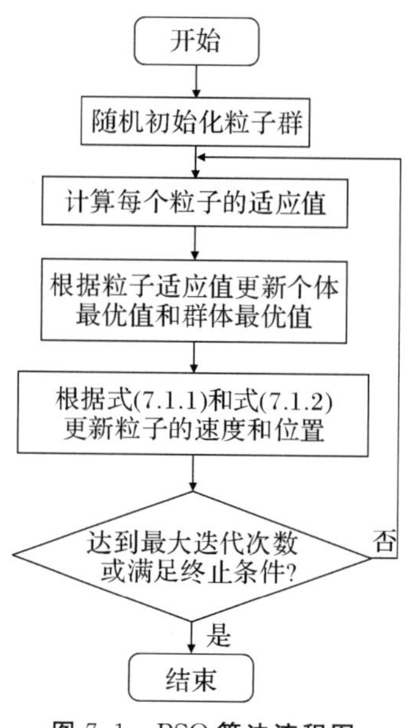

图 7.1　PSO 算法流程图

7.2 陀螺常值漂移对 SINS 导航解算的影响分析

由于受到 IMU 器件误差的影响，SINS 在导航解算过程中不可避免地存在系统误差。本节首先建立 SINS 的力学编排方程和误差方程；而后通过仿真实验定性分析陀螺常值漂移对姿态、速度及位置解算误差的影响，为建立 PSO 的适应值函数提供依据。

7.2.1 SINS 力学编排及误差方程

理想情况下，SINS 力学编排方程如下[11-12,23]。

(1)姿态方程：

$$\dot{\boldsymbol{C}}_b^n=\boldsymbol{C}_b^n[\boldsymbol{\omega}_{nb}^b\times] \tag{7.2.1}$$

式中：$\boldsymbol{C}_b^n$ 为 b 系到 n 系的方向余弦阵，即姿态矩阵；$\boldsymbol{\omega}_{nb}^b$ 为 b 系相对于 n 系的转动角速度在 b 系上的投影；$[\boldsymbol{\omega}_{nb}^b\times]$为由矩阵 $\boldsymbol{\omega}_{nb}^b$ 构成的反对称矩阵。

(2)速度方程：

$$\dot{\boldsymbol{v}}^n=\boldsymbol{C}_b^n\boldsymbol{f}^b-(2\boldsymbol{\omega}_{ie}^n+\boldsymbol{\omega}_{en}^n)\times\boldsymbol{v}^n+\boldsymbol{g}^n \tag{7.2.2}$$

式中：$\boldsymbol{v}^n=[v_E\quad v_N\quad v_U]^{\mathrm{T}}$ 为地速；$\boldsymbol{f}^b$ 为加速度计测得的比力；$\boldsymbol{\omega}_{ie}^n$ 为地球自转角速度在 n 系上的投影；$\boldsymbol{\omega}_{en}^n$ 为 n 系相对于 e 系的转动角速度在 n 系上的投影；$\boldsymbol{g}^n$ 为重力加速度。

(3)位置方程：

$$\left.\begin{aligned}\dot{L}&=\frac{v_N}{R_M}\\ \dot{\lambda}&=\frac{v_E}{R_N\cos L}\end{aligned}\right\} \tag{7.2.3}$$

式中：L 为当地地理纬度；λ 为当地经度。若将地球近似等效为球体，则$R_M=R_N=R_e$。

实际上，SINS 模拟的数学平台系 n'（计算坐标系）与地理坐标系 n 系之间存在转动误差，所以在计算过程中用 $\boldsymbol{C}_b^{n'}$ 代替 $\boldsymbol{C}_b^n$。重写 SINS 的姿态、速度和位置误差方程如下。

(1)姿态误差方程：

$$
\left.\begin{aligned}
\dot{\phi}_E &= -\frac{1}{R_e}\delta v_N + \left(\omega_{ie}\sin L + \frac{v_E}{R_e}\tan L\right)\phi_N - \\
&\quad \left(\omega_{ie}\cos L + \frac{v_E}{R_e}\tan L\right)\phi_U + \varepsilon_E \\
\dot{\phi}_N &= -\omega_{ie}\sin L\delta L + \frac{1}{R_e}\delta v_E - \left(\omega_{ie}\sin L + \frac{v_E}{R_e}\tan L\right)\phi_E - \frac{v_N}{R_e}\phi_U + \varepsilon_N \\
\dot{\phi}_U &= \left(\omega_{ie}\cos L + \frac{v_E\sec^2 L}{R_e}\right)\delta L + \frac{\tan L}{R_e}\delta v_E + \\
&\quad \left(\omega_{ie}\cos L + \frac{v_E}{R_e}\right)\phi_E + \frac{v_N}{R_e}\phi_N + \varepsilon_U
\end{aligned}\right\} \tag{7.2.4}
$$

(2)速度误差方程：

$$
\left.\begin{aligned}
\delta\dot{v}_E &= \left(2\omega_{ie}v_U\sin L + 2\omega_{ie}v_N\cos L + \frac{v_E v_N\sec^2 L}{R_e}\right)\delta L + \\
&\quad \left(\frac{v_N}{R_e}\tan L - \frac{v_U}{R_e}\right)\delta v_E + \left(2\omega_{ie}\sin L + \frac{v_E}{R_e}\tan L\right)\delta v_N - \\
&\quad \left(2\omega_{ie}\cos L + \frac{v_E}{R_e}\tan L\right)\delta v_N - \left(2\omega_{ie}\cos L + \frac{v_E}{R_e}\right)\delta v_U - \\
&\quad f_U\phi_N + f_N\phi_U + \nabla_E \\
\delta\dot{v}_N &= -\left(2\omega_{ie}\cos L v_E + \frac{v_E\sec L}{R_e}\right)\delta L - 2\left(\omega_{ie}\sin L + \frac{v_E}{R_e}\tan L\right)\delta v_E - \\
&\quad \frac{v_U}{R_e}\delta v_N - \frac{v_N}{R_e}\delta v_U + f_U\phi_E - f_E\phi_U + \nabla_N \\
\delta\dot{v}_U &= -2\omega_{ie}v_E\sin L\delta L + 2\left(\omega_{ie}\cos L + \frac{v_E}{R_e}\right)\delta v_E + \frac{2v_N}{R_e}\delta v_N - \\
&\quad f_N\phi_E + f_E\phi_N + \nabla_U
\end{aligned}\right\} \tag{7.2.5}
$$

(3)位置误差方程：

$$
\left.\begin{aligned}
\delta\dot{\lambda} &= \frac{v_E\sec L\tan L}{R_e}\delta L + \frac{\sec L}{R_e}\delta v_E \\
\delta\dot{L} &= \frac{\delta v_N}{R_e}
\end{aligned}\right\} \tag{7.2.6}
$$

由式(7.2.4)～式(7.2.6)可直观看出，SINS 的姿态解算误差与等效陀螺仪漂移$[\varepsilon_E \quad \varepsilon_N \quad \varepsilon_U]^{\mathrm{T}}$ 有关，速度解算误差与等效加速度计零偏$[\nabla_E \quad \nabla_N \quad \nabla_U]^{\mathrm{T}}$ 有关，而$[\varepsilon_E \quad \varepsilon_N \quad \varepsilon_U]^{\mathrm{T}} = \boldsymbol{C}_b^{n'}[\varepsilon_x^b \quad \varepsilon_y^b \quad \varepsilon_z^b]^{\mathrm{T}}$，$[\nabla_E \quad \nabla_N \quad \nabla_U]^{\mathrm{T}} = \boldsymbol{C}_b^{n'}[\nabla_x^b \quad \nabla_y^b \quad \nabla_z^b]^{\mathrm{T}}$。因此速度解算误差和位置解算误差也受$[\varepsilon_E \quad \varepsilon_N \quad \varepsilon_U]^{\mathrm{T}}$ 的影响，即也受陀螺常值漂移$[\varepsilon_x^b \quad \varepsilon_y^b \quad \varepsilon_z^b]^{\mathrm{T}}$ 的影响。

7.2.2 仿真分析

为了定性地说明陀螺常值漂移对 SINS 系统误差的影响，对 SINS 进行静基座条件下的纯惯导状态导航解算仿真试验。仿真试验中，设置 SINS 初始姿态角为 $\boldsymbol{\alpha}_0=[0° \quad 0° \quad 0°]^T$；初始位置为 $L_0=30.58°$，$\lambda_0=114.2429°$；加速度计零偏为$[0 \quad 0 \quad 0]^T g$；采样周期为 1 s；解算时间为 24 h。设置陀螺漂移分别为$[0.02 \quad 0 \quad 0]^T(°/h)$、$[0 \quad 0.02 \quad 0]^T(°/h)$和$[0 \quad 0 \quad 0.02]^T(°/h)$。

仿真试验 1：为了说明东向陀螺漂移 ε_E 对 SINS 解算误差的影响，设置陀螺漂移为$[0.02 \quad 0 \quad 0](°/h)$，图 7.2～图 7.4 分别为姿态解算误差、速度解算误差和位置解算误差曲线。

仿真试验 2：为了说明北向陀螺漂移 ε_N 对 SINS 解算误差的影响，设置陀螺漂移为$[0 \quad 0.02 \quad 0](°/h)$，图 7.5～图 7.7 分别姿态解算误差、速度解算误差和位置解算误差曲线。

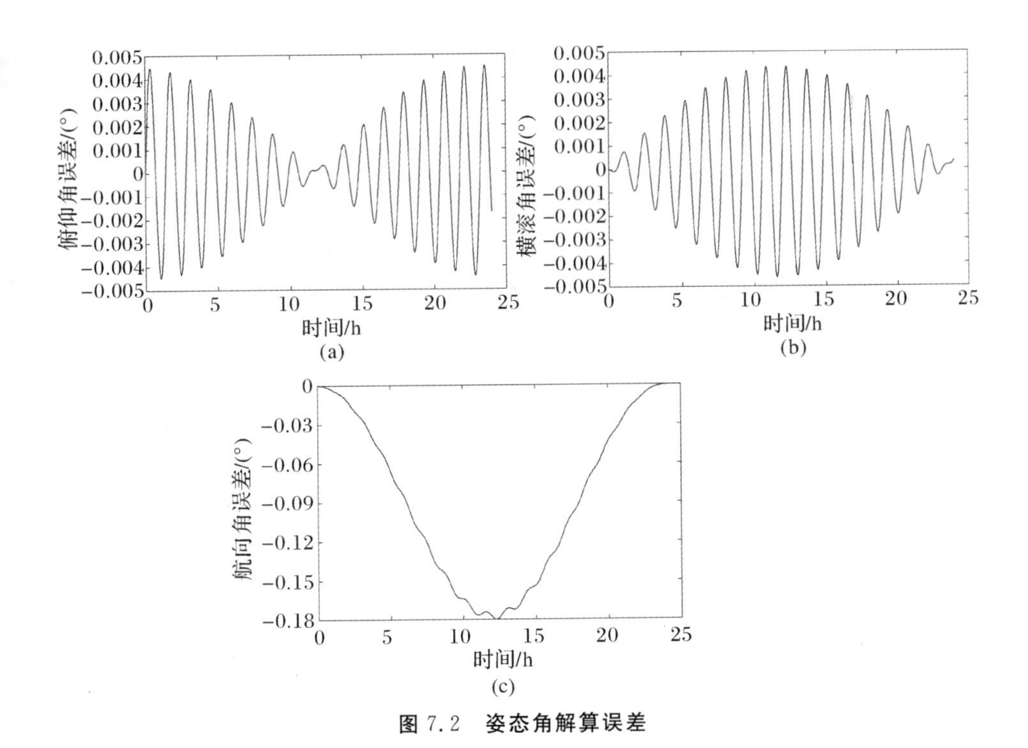

图 7.2 姿态角解算误差

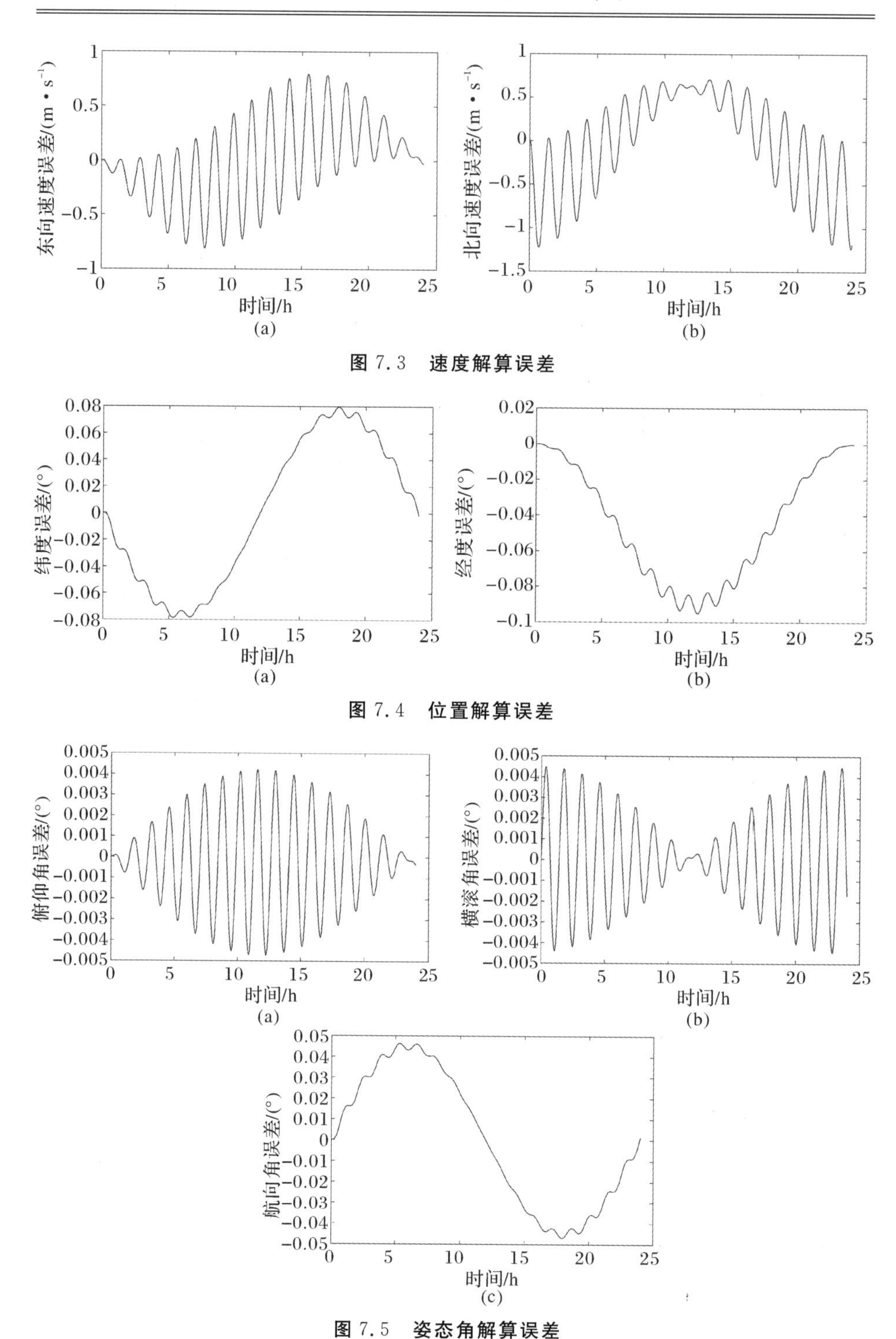

图 7.3 速度解算误差

图 7.4 位置解算误差

图 7.5 姿态角解算误差

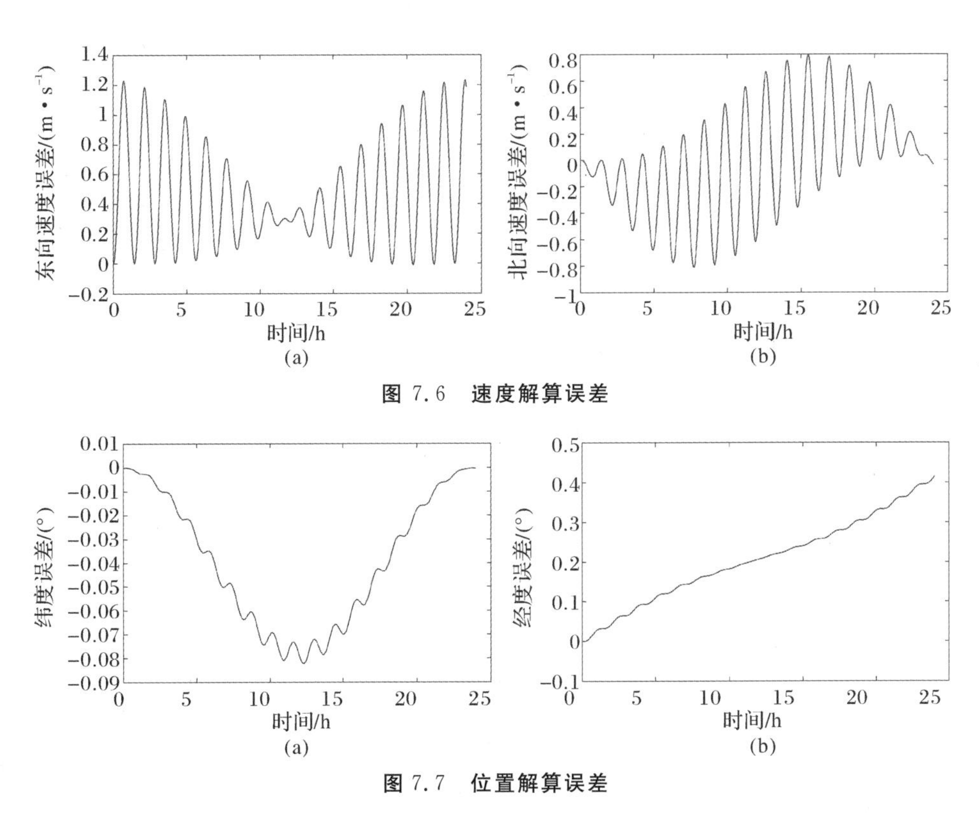

图 7.6 速度解算误差

图 7.7 位置解算误差

仿真试验 3:为了说明天向陀螺漂移 ε_U 对 SINS 解算误差的影响,设置陀螺漂移为[0 0 0.02]^T(°/h),图 7.8～图 7.10 分别为姿态解算误差、速度解算误差和位置解算误差曲线。

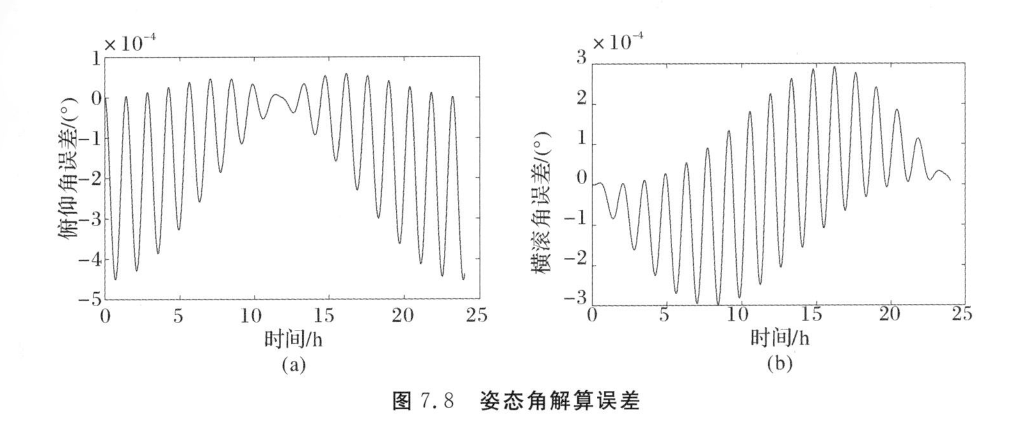

图 7.8 姿态角解算误差

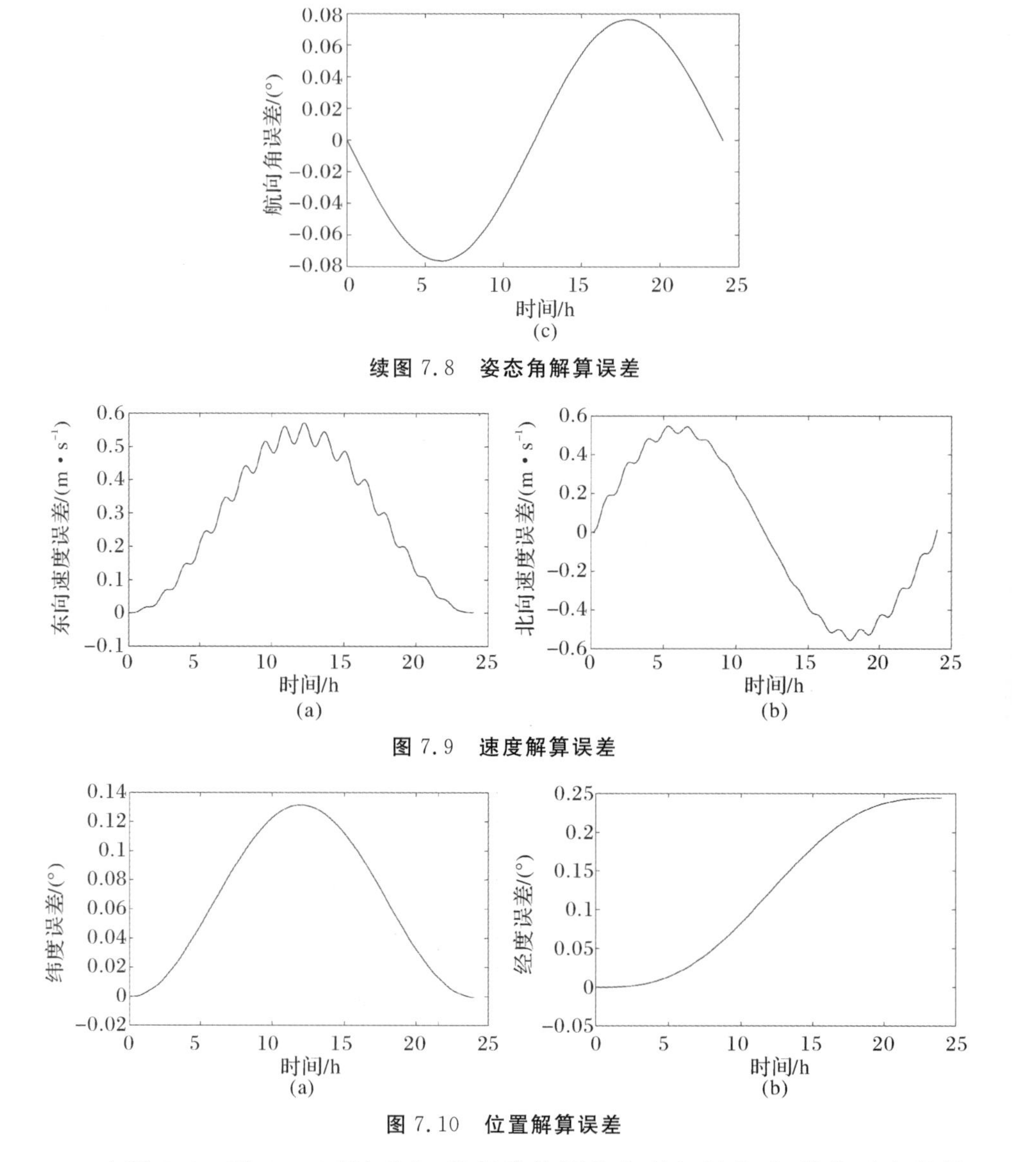

续图 7.8 姿态角解算误差

图 7.9 速度解算误差

图 7.10 位置解算误差

由图 7.2～图 7.10 可以看出，陀螺常值漂移会引起振荡型、常值型和积累型的系统误差。结合式(7.2.4)～式(7.2.6)及图 7.2～图 7.10，将陀螺常值漂移对系统误差的影响总结于表 7.1 中[12]。

由表 7.1 可以看出，东向陀螺漂移会引起振荡型的速度误差、振荡型的纬度误差和常值型的经度误差。北向和天向陀螺漂移会引起常值型的速度误差、常值型的纬度误差和积累型的经度误差。因此，陀螺常值漂移直接影响 SINS 导航解算的结果，并直接决定了SINS纯惯导解算状态下的导航、定位精度。准确、智能地估计出陀螺常值漂移对提升SINS的导航精度是十分重要的。

表7.1 陀螺常值漂移对系统误差的影响

	ϕ_E	ϕ_N	ϕ_U	东向速度	北向速度	纬度	经度
ε_E	振荡	振荡	常值	振荡	振荡	振荡	常值
ε_N	振荡	振荡	振荡	常值	常值	常值	积累
ε_U	振荡	振荡	振荡	常值	常值	常值	积累

7.3 基于PSO算法的陀螺常值漂移估计方法

本节首先根据7.2.2小节仿真试验分析结果建立适应值函数；然后利用PSO算法智能地搜索估计SINS的陀螺仪常值漂移；最后将估计出的陀螺常值漂移从陀螺仪输出的原始数据中扣除掉，分别通过仿真试验和实测数据试验验证PSO算法搜索估计陀螺常值漂移的有效性和可行性。

7.3.1 构建适应值函数

通过7.2.2小节的分析得知，陀螺常值漂移直接影响SINS纯惯导状态下的速度和位置解算结果，以及SINS长时间的导航精度。特别地，东向陀螺常值漂移ε_E会引起振荡型的速度误差、纬度误差和常值型经度误差，北向陀螺常值漂移ε_N和天向陀螺常值漂移ε_U均会引起常值型的速度误差、纬度误差和积累型的经度误差。为了进一步提高SINS纯惯导状态下解算的精度，将速度解算误差和位置解算误差作为构建代价函数的最优指标。因此，将代价函数定义为

$$J=\rho_1\sum_{t_0}^{t_e}|e_{V_E}(t)|+\rho_2\sum_{t_0}^{t_e}|e_{V_N}(t)|+\rho_3\sum_{t_0}^{t_e}|e_{\mathrm{Lat}}(t)|+\rho_4\sum_{t_0}^{t_e}|e_{\mathrm{Lon}}(t)| \tag{7.3.1}$$

式中：t_0为解算开始时刻；t_e为解算结束时刻；$e_{V_E}(t)$、$e_{V_N}(t)$分别为t时刻东向速度解算误差、北向速度解算误差；$e_{\mathrm{Lat}}(t)$、$e_{\mathrm{Lon}}(t)$分别为t时刻纬度解算误差、

经度解算误差；ρ_1、ρ_2、ρ_3、ρ_4 为权值系数。为了搜寻到最优陀螺常值漂移，优化的目标为求得代价函数的最小值，故定义适应值函数为 $F=1/J$。基于 PSO 的陀螺常值漂移估计方法的流程如图 7.11 所示。

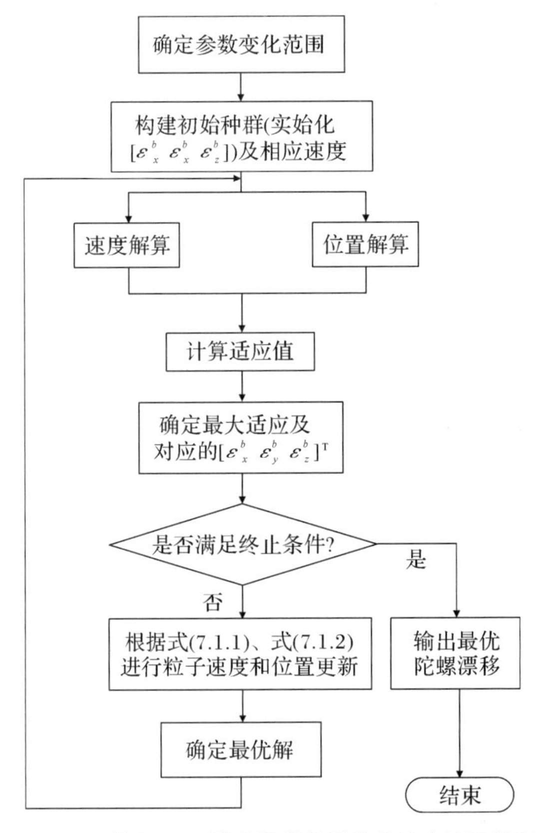

图 7.11 基于 PSO 的陀螺常值漂移估计方法流程图

由图 7.11 可知，基于 PSO 优化的 SINS 导航误差抑制方法主要分为四个步骤：①确定陀螺常值漂移的变化范围，构建初始粒子种群。②将每个粒子“携带”的陀螺常值漂移信息（即粒子的位置信息）传递到 SINS 速度解算和位置解算中，实时地计算速度误差和位置误差，进而根据式(7.3.1)计算每个粒子的适应值，并确定最大适应值对应的粒子。③判断是否符合算法终止条件：若符合，则输出最优粒子，算法结束；若不符合，则根据式(7.1.1)和式(7.1.2)更新粒子，重复步骤②。④将搜索估计出的最优粒子对应的陀螺常值漂移从陀螺仪输出的原始数据中扣除掉，然后进行纯惯性导航解算。

7.3.2 仿真验证

为了验证PSO应用于SINS陀螺常值漂移估计中的有效性，首先利用MATLAB软件仿真程序生成240 h静基座条件下的惯导原始数据。选取3 h的惯导仿真数据进行纯惯导解算，求取每一时刻对应的速度误差$e_V(t)$和位置误差$e_P(t)$，再根据式(7.3.1)求得粒子的适应值，最终根据图7.11得到最优粒子。试验中设置SINS的参数：姿态角为$\boldsymbol{\alpha}_0=[0° \ 0° \ 0°]^T$；位置为$L_0=30.58°$，$\lambda_0=114.2429°$；加速度计零偏为$[10 \ 10 \ 10]^T \mu g(1\mu g=10^{-6} g)$；陀螺常值漂移为$[-0.01 \ -0.01 \ 0.01]^T(°/h)$；采样周期为1 s。设置PSO算法的参数：$c_1=1.0$，$c_2=1.0$；$v_{min}=-0.1/100$，$v_{max}=0.1/100$；种群大小取30；种群进化终止代数为50；陀螺常值漂移的取值范围为$\varepsilon_i^b\in[0.03,0.03](°/h)$，$i=x,y,z$；适应值函数为$F=1/(J+c)$，$c=10^{-10}$；权值系数$\rho_1=1.0$，$\rho_2=1.0$，$\rho_3=1.0$，$\rho_4=10$。为了消除器件随机噪声对试验结果的影响，优化试验重复进行50次，每次试验搜索出的最优陀螺常值漂移($\varepsilon_{x,best}$，$\varepsilon_{y,best}$，$\varepsilon_{z,best}$)如图7.12所示。

图7.12(a)～(c)分别表示PSO搜索出的x轴方向最优陀螺常值漂移、y轴方向最优陀螺常值漂移和z轴方向最优陀螺常值漂移。以第1次试验为例，粒子适应值函数随进化代数的变化趋势如图7.13所示。通过计算，50次优化试验中PSO搜索出的最优陀螺常值漂移$\varepsilon_{x,best}^b$、$\varepsilon_{y,best}^b$和$\varepsilon_{z,best}^b$的平均值分别为$-0.0104°/h$、$-0.0093°/h$和$0.0103°/h$。采用50次优化试验中PSO搜索出陀螺常值漂移的平均值$\boldsymbol{\varepsilon}_{best}^b=[-0.0104 \quad -0.0093 \quad 0.0103]^T(°/h)$作为最优的陀螺常值漂移。

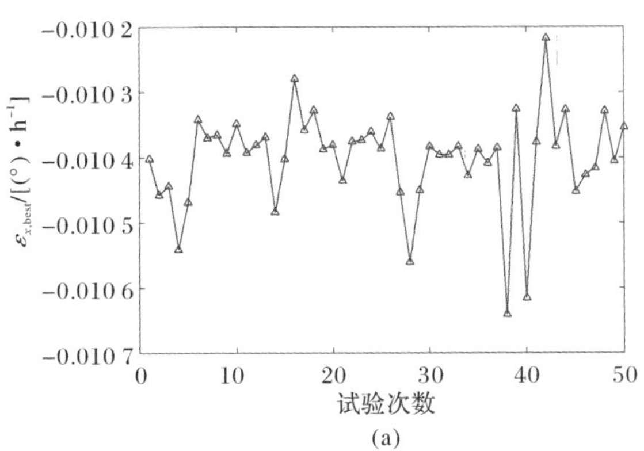

图7.12 最优陀螺常值漂移(50次试验)

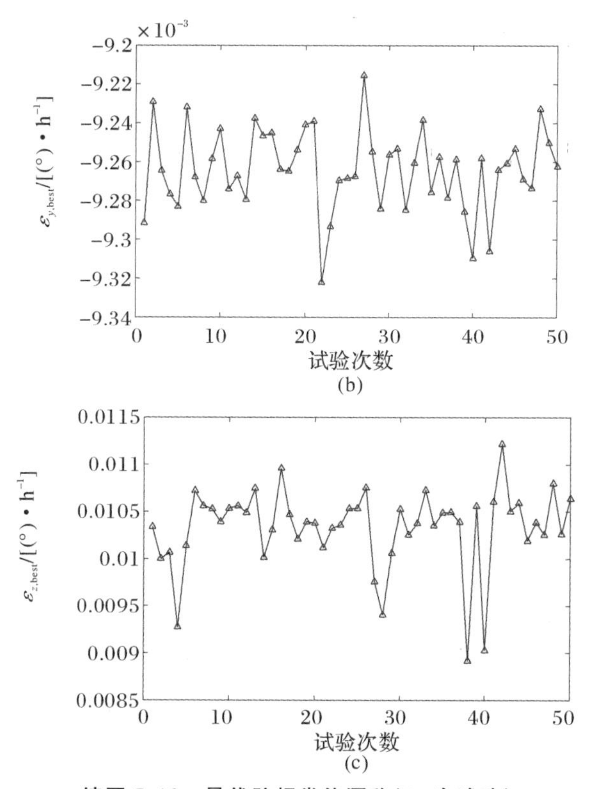

续图 7.12　最优陀螺常值漂移(50 次试验)

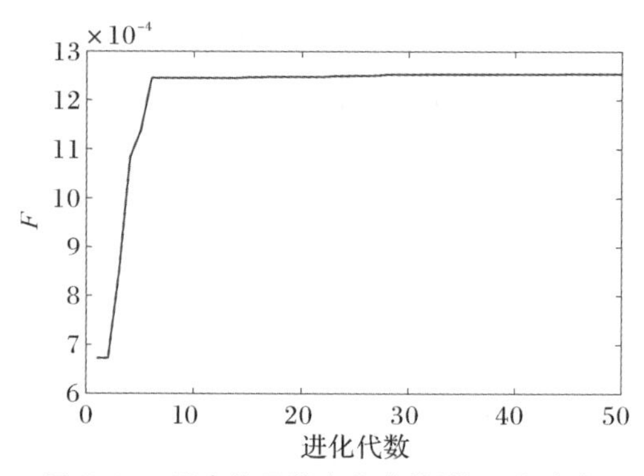

图 7.13　适应值函数变化曲线(第 1 次试验)

定义 PSO 搜索陀螺常值漂移的准确率如下：

$$Ac_i=\left(1-\left|\frac{\varepsilon_{i,\text{best}}^{b}-\varepsilon_{i,\text{理想值}}^{b}}{\varepsilon_{i,\text{理想值}}^{b}}\right|\right)\times 100\% \tag{7.3.2}$$

式中，$\varepsilon_{i,\text{best}}^{b}$ 表示利用 PSO 搜索出的陀螺漂移最优值，$i=x,y,z$ 分别代表 x 轴向、y 轴向和 z 轴向。通过式(7.3.2)计算可知，PSO 搜索出 x 轴方向、y 轴方向

和z轴方向的陀螺常值漂移准确率分别为96%、93%和97%。仿真结果表明，利用PSO搜索出的陀螺常值漂移准确率在93%以上。仿真试验结果初步表明：在静态条件下，利用PSO可准确、智能地搜索出SINS的陀螺常值漂移。为了进一步验证基于PSO的陀螺常值漂移估计方法的有效性，以及验证其对SINS导航解算误差抑制的性能，设计以下两个试验。

试验1：利用惯导仿真原始数据扣除PSO搜索出的最优陀螺常值漂移$\boldsymbol{\varepsilon}_{\text{best}}^{b}$，而后进行240 h的纯惯性导航解算，并简记这种解算方式为“PSO-解算”。

试验2：利用惯导仿真原始数据进行240 h的纯惯性导航解算，并简记这种方式为“IN-解算”。图7.14～图7.16分别为利用仿真数据解算出的姿态、速度和位置。图7.14(a)～(c)分别表示纯惯导状态下俯仰角、横滚角和航向角解算结果；图7.15(a)(b)分别表示纯惯导状态下东向速度、北向速度解算结果；图7.16(a)(b)分别表示纯惯导状态下纬度、经度解算结果。

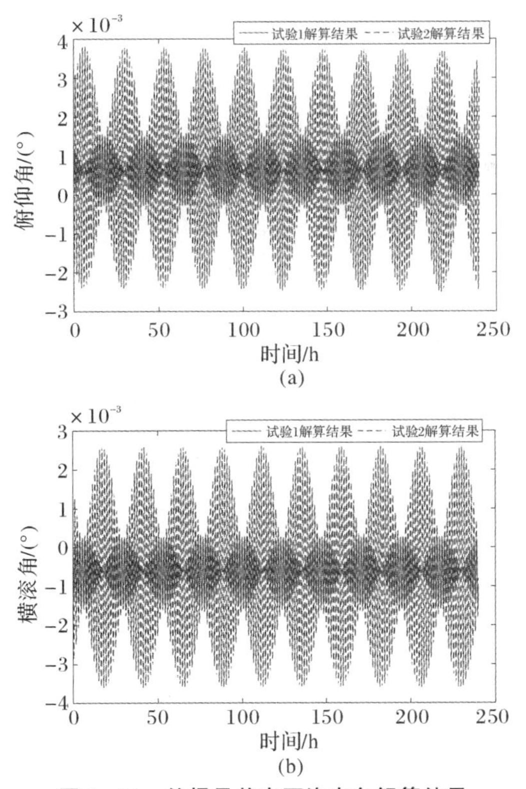

图7.14 纯惯导状态下姿态角解算结果

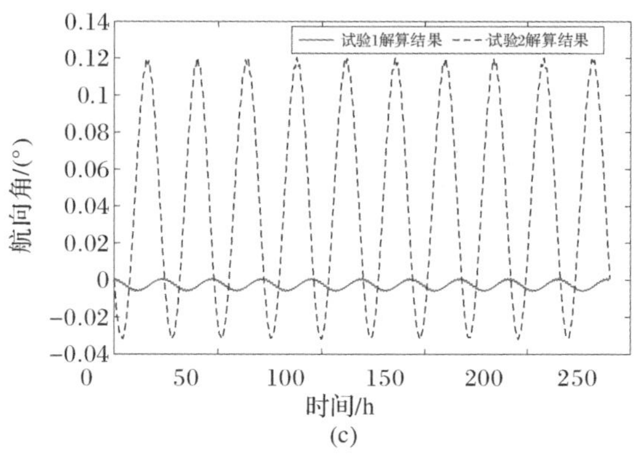

(c)

续图 7.14 纯惯导状态下姿态角解算结果

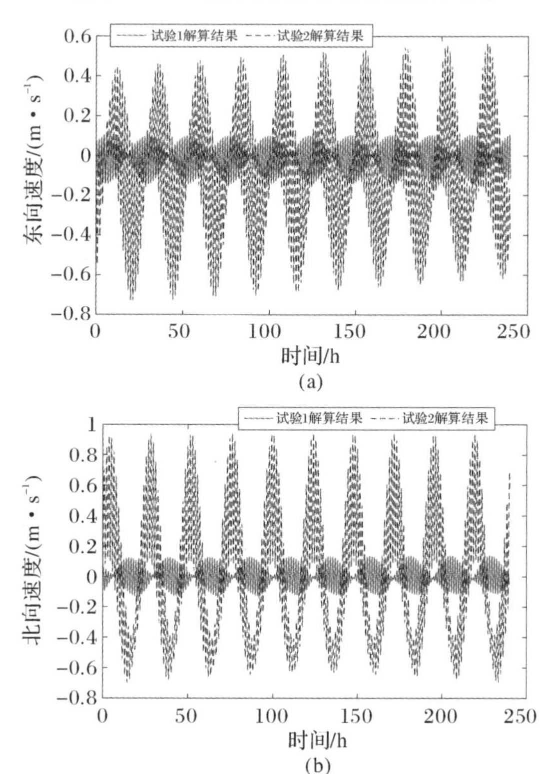

(a)

(b)

图 7.15 纯惯导状态下速度解算结果

由于 SINS 处于静基座条件，在解算过程中 SINS 真实姿态角为 $\boldsymbol{\alpha}_0=[0° \quad 0° \quad 0°]^{\mathrm{T}}$；真实位置为 $L_0=30.58°$，$\lambda_0=114.242\,9°$；真实速度为 $v_E=0$ m/s，$v_N=0$ m/s。因此，纯惯导解算得到的姿态、速度分别为姿态误差和速度误差。图 7.17 为纯惯导状态下位置解算误差。图 7.14～图 7.17 中，实线表示利用 PSO-解算得到的纯惯性导航解算/解算误差曲线，虚线表示利用 IN-解算得到的纯惯性导航解算/解算误差曲线。由图 7.14～图 7.17 可以看出，相比于 IN-解算，PSO -解算使得 SINS 解算误差中的振荡型误差和累积型误差得到明显抑制，长期解算精度得到进一步的提升。通过试验及计算可知，240 h 基于 PSO-解算和基于 IN-解算得到的姿态角、速度和位置误差绝对值的最大值分别如表 7.2 所示。

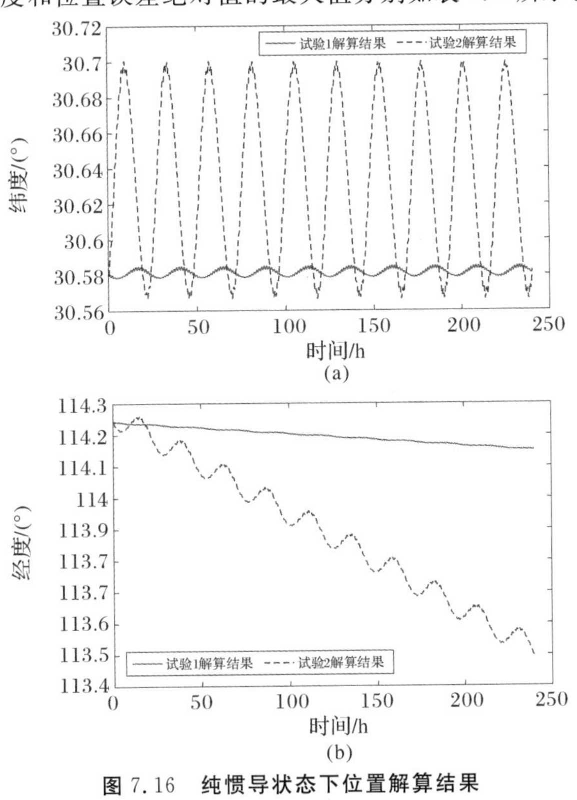

图 7.16 纯惯导状态下位置解算结果

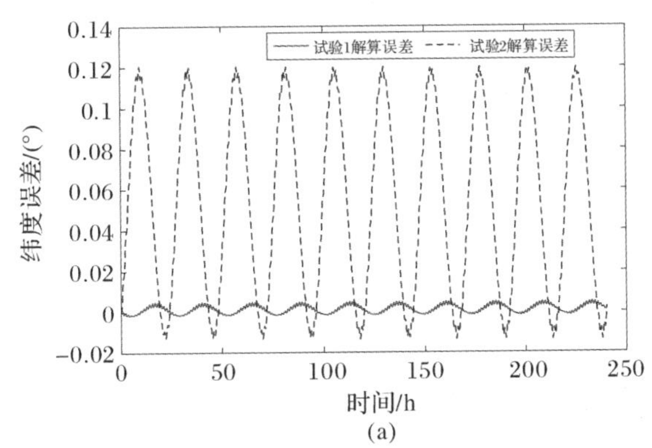

图 7.17 纯惯导状态下位置解算误差

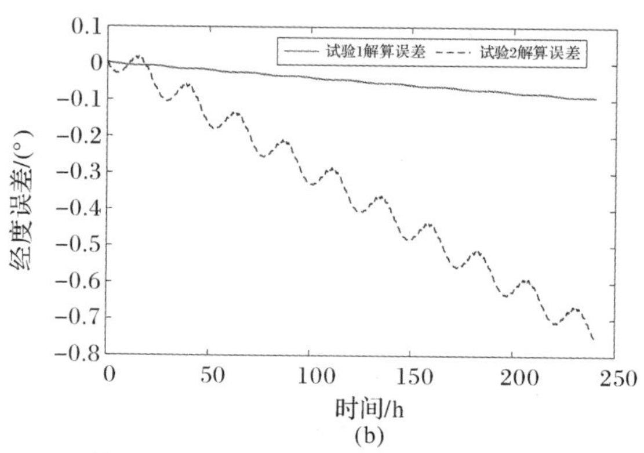

(b)

续图 7.17　纯惯导状态下位置解算误差

表 7.2　姿态、速度和位置解算误差绝对值的最大值

导航误差	PSO-解算	IN-解算
俯仰角误差/(°)	0.001 5	0.003 8
横滚角误差/(°)	0.001 5	0.003 6
航向角误差/(°)	0.006 1	0.120 3
东向速度误差/(m·s^{-1})	0.142 7	0.729 8
北向速度误差/(m·s^{-1})	0.138 1	0.947 0
纬度误差/(′)	0.294 0	7.242 0
经度误差/(′)	5.509 2	45.204 0

定义 PSO-解算相比于 IN-解算精度提升幅度分别如下：

$$\lambda_{\mathrm{att}}=1-\left|\frac{\mathrm{att}_{\mathrm{PSO\text{-}解算}}}{\mathrm{att}_{\mathrm{IN\text{-}解算}}}\right|\times 100\% \tag{7.3.3}$$

$$\lambda_{v}=1-\left|\frac{v_{\mathrm{PSO\text{-}解算}}}{v_{\mathrm{IN\text{-}解算}}}\right|\times 100\% \tag{7.3.4}$$

$$\lambda_{\mathrm{pos}}=1-\left|\frac{\mathrm{pos}_{\mathrm{PSO\text{-}解算}}}{\mathrm{pos}_{\mathrm{IN\text{-}解算}}}\right|\times 100\% \tag{7.3.5}$$

式中：符号“att”可分别表示俯仰角、横滚角和航向角，符号“v”可分别表示东向速度和北向速度，符号“pos”可分别表示纬度和经度；$\mathrm{att}_{\mathrm{PSO\text{-}解算}}$、$v_{\mathrm{PSO\text{-}解算}}$ 和 $\mathrm{pos}_{\mathrm{PSO\text{-}解算}}$ 分别表示 PSO-解算得到的姿态角误差、速度误差和位置误差；$\mathrm{att}_{\mathrm{IN\text{-}解算}}$、$v_{\mathrm{IN\text{-}解算}}$ 和 $\mathrm{pos}_{\mathrm{IN\text{-}解算}}$ 分别表示 IN-解算得到的姿态角误差、速度误差和位置误差。由表 7.2 及通过式(7.3.3)～式(7.3.5)计算可得 PSO-解算相比于 IN-解算精度提升幅度(见表 7.3)。

表 7.3 PSO-解算相比于 IN-解算精度提升的幅度

单位:%

导航参数	精度提升幅度
俯仰角	60.53
横滚角	58.33
航向角	94.93
东向速度	80.45
北向速度	85.42
纬度	95.94
经度	87.81

由图 7.14～图 7.17、表 7.2 和表 7.3 可知,基于 PSO 算法优化的 SINS 误差抑制方法可有效降低 SINS 解算误差,并有效抑制解算过程中的振荡型误差和累积型误差。由表 7.2 可以看出,利用 IN-解算方式进行纯惯性导航解算,240 h 的经度误差和纬度误差漂移幅值分别为 45.204 0′和 7.242 0′;利用 PSO-解算方式进行纯惯性导航解算 240 h 的经度误差和纬度误差漂移幅值分别为 5.509 2′和 0.294 0′。通过计算可知,当纬度 L=30.58°、$\varepsilon_N=-0.01°/\mathrm{h}$、$\varepsilon_U=0.01°/\mathrm{h}$、$\Delta t=1$ h 时,1 h 的经度累积误差量为[11-12]

$$\delta\lambda_{积}=-(-0.01\times\cos30.58°+0.01\times\sin30.58°)\times60=0.211\ 3' \tag{7.3.6}$$

当纬度 $L=30.58°$,$\varepsilon_N=0.01°/\mathrm{h}$,$\varepsilon_U=0.01°/\mathrm{h}$,$\Delta t=1$ h 时,1 h 的经度累积误差为

$$\delta\lambda_{积}=-(0.01\times\cos30.58°+0.01\times\sin30.58°)\times60=-0.821\ 8' \tag{7.3.7}$$

可以看出,当北向陀螺漂移 ε_N 与天向陀螺漂移 ε_U 符号相反时,有利于减小经度误差的漂移量。

为了进一步验证在北向陀螺漂移与天向陀螺漂移符号相同时利用 PSO 算法搜索估计陀螺常值漂移的有效性,利用 MATLAB 软件仿真程序生成 240 h 静基座条件下的惯导原始数据,选取 3 h 的惯导仿真数据进行陀螺常值漂移搜索试验。试验中设置 SINS 的参数:姿态角为 $\boldsymbol{\alpha}_0=[0°\quad 0°\quad 0°]^{\mathrm{T}}$;位置为 $L_0=30.58°$,$\lambda_0=114.242\ 9°$;加速度计零偏为$[10\quad 10\quad 10]^{\mathrm{T}}(\mu g)$;陀螺仪漂移为$[-0.01\quad 0.01\quad 0.01]^{\mathrm{T}}(°/\mathrm{h})$;采样周期为 1 s。设置 PSO 的参数:$c_1=1.0$,$c_2=1.0$;$v_{\min}=-0.1/100$,$v_{\max}=0.1/100$;种群大小取 30;种群进化终止代数为 50;陀螺漂移的取值范围为 $\varepsilon_i^b\in[-0.03,0.03](°/\mathrm{h})$,$i=x,y,z$;适应值函数为

$F=1/(J+c)$，$c=10^{-10}$；权值系数 $\rho_1=1.0$，$\rho_2=1.0$，$\rho_3=1.0$，$\rho_4=10$。为了消除器件随机噪声对试验结果的影响，优化试验重复进行 50 次，每次试验搜索出的最优陀螺常值漂移($\varepsilon_{x,\mathrm{best}}$，$\varepsilon_{y,\mathrm{best}}$，$\varepsilon_{z,\mathrm{best}}$)如图 7.18 所示。

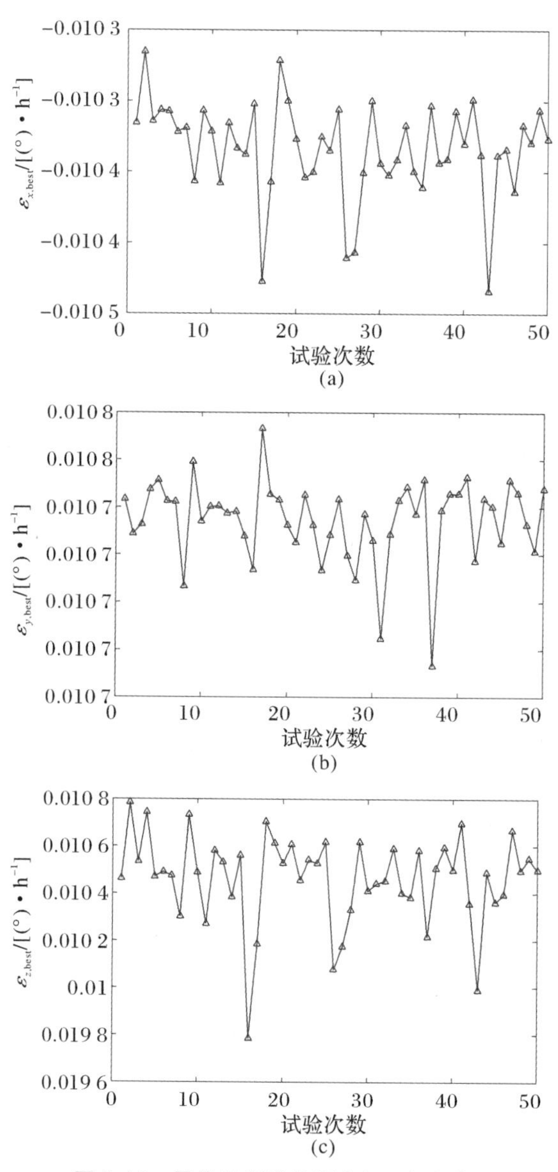

图 7.18　最优陀螺常值漂移(50 次试验)

图 7.18(a)～(c)分别表示 PSO 搜索出的 x 轴方向最优陀螺常值漂移、y 轴

方向最优陀螺常值漂移和 z 轴方向最优陀螺常值漂移。通过计算，50 次优化试验中 PSO 搜索出的最优陀螺常值漂移 $\varepsilon_{x,\mathrm{best}}^{b}$、$\varepsilon_{y,\mathrm{best}}^{b}$、$\varepsilon_{z,\mathrm{best}}^{b}$ 的平均值分别为 $-0.010\ 4°/\mathrm{h}$、$0.010\ 7°/\mathrm{h}$ 和 $0.010\ 5°/\mathrm{h}$。采用 50 次优化试验中 PSO 搜索出陀螺常值漂移的平均值 $\boldsymbol{\varepsilon}_{\mathrm{best}}^{b}=[-0.010\ 4 \quad 0.010\ 7 \quad 0.010\ 5]^{\mathrm{T}}(°/\mathrm{h})$ 作为最优的陀螺常值漂移。设计以下两个试验。

试验 1：利用惯导仿真原始数据扣除 PSO 搜索出的最优陀螺常值漂移 $\boldsymbol{\varepsilon}_{\mathrm{best}}^{b}$，而后进行 240 h 的纯惯性导航解算，并简记这种解算方式为“PSO-解算”。

试验 2：利用惯导仿真原始数据进行 240 h 的纯惯性导航解算，并简记这种方式为“IN-解算”。图 7.19～图 7.21 分别为利用仿真数据解算出的姿态、速度和位置。

由于 SINS 处于静基座条件，在解算过程中 SINS 真实姿态角为 $\boldsymbol{\alpha}_0=[0° \quad 0° \quad 0°]^{\mathrm{T}}$；真实位置为 $L_0=30.58°$，$\lambda_0=114.242\ 9°$；真实速度为 $v_E=0\ \mathrm{m/s}$，$v_N=0\ \mathrm{m/s}$。因此，纯惯导解算得到的姿态、速度分别为姿态误差和速度误差。

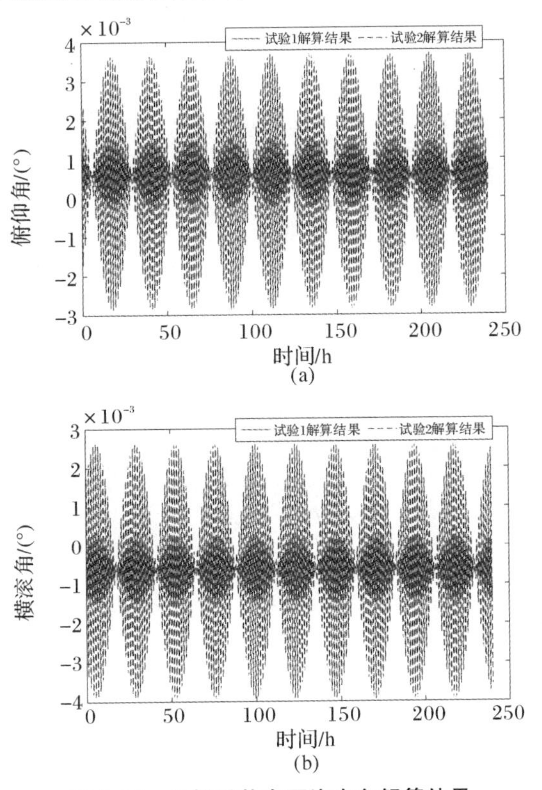

图 7.19　纯惯导状态下姿态角解算结果

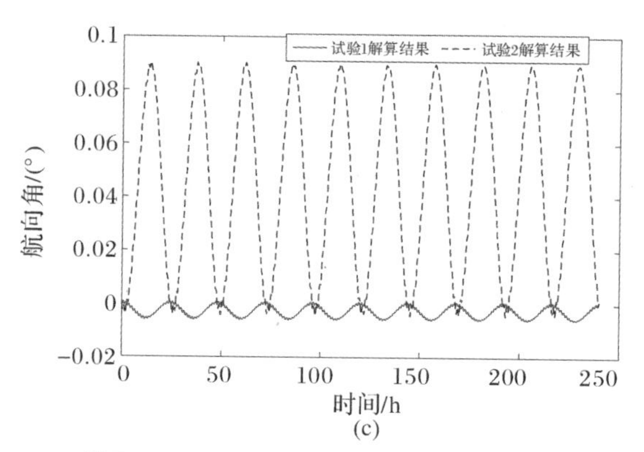

(c)

续图 7.19　纯惯导状态下姿态角解算结果

图 7.19(a)～(c)分别表示纯惯导状态下俯仰角、横滚角和航向角解算结果；图 7.20(a)(b)分别表示纯惯导状态下东向速度、北向速度解算结果；图 7.21(a)(b)分别表示纯惯导状态下纬度、经度解算结果。图 7.22(a)(b)分别为纯惯导状态下纬度解算误差和经度解算误差。图 7.19～图 7.22 中，实线表示利用 PSO-解算得到的纯惯性导航解算/解算误差曲线，虚线表示利用 IN-解算得到的纯惯性导航解算/解算误差曲线。通过试验及计算可知，在 240 h 纯惯导解算过程中，基于 PSO-解算和基于 IN-解算得到的姿态角、速度和位置误差绝对值的最大值如表 7.4 所示。

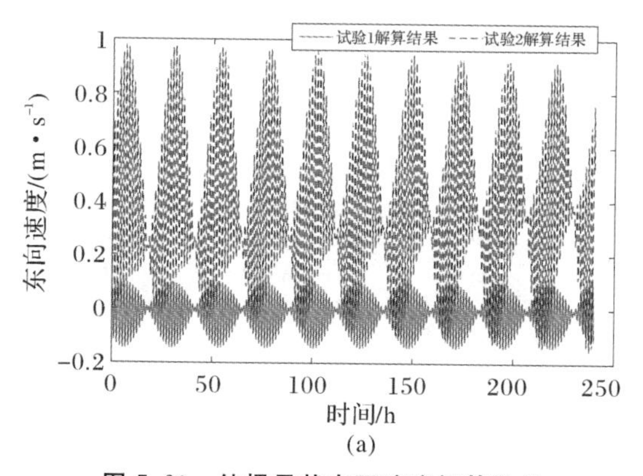

(a)

图 7.20　纯惯导状态下速度解算结果

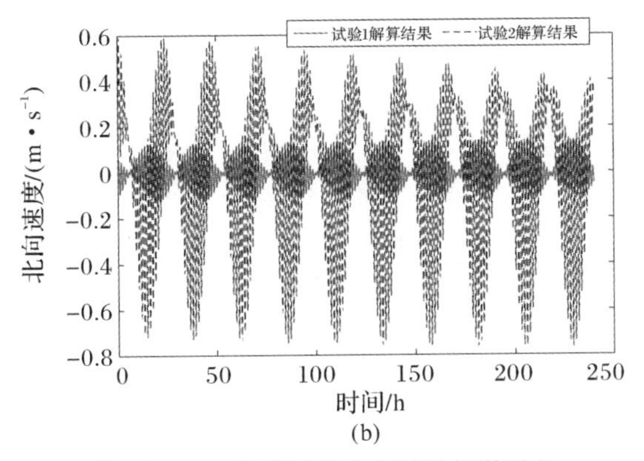

(b)

续图 7.20　纯惯导状态下速度解算结果

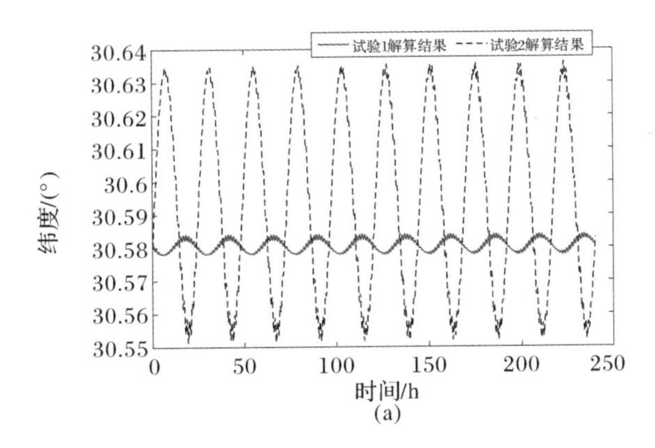

(a)

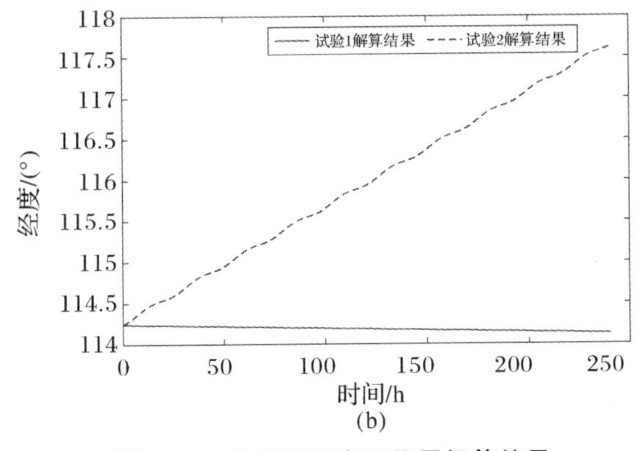

(b)

图 7.21　纯惯导状态下位置解算结果

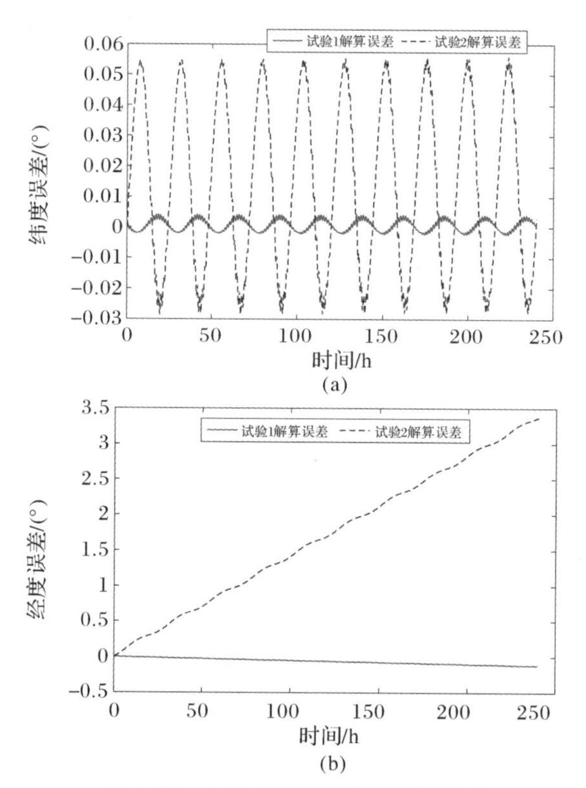

(a)

(b)

图 7.22 纯惯导状态下位置解算误差

表 7.4 姿态角、速度和位置解算误差绝对值的最大值(240 h)

导航误差	PSO-解算	IN-解算
俯仰角误差/(°)	0.001 5	0.003 7
横滚角误差/(°)	0.001 5	0.003 9
航向角误差/(°)	0.005 9	0.090 3
东向速度误差/(m·s^{-1})	0.145 1	0.979 1
北向速度误差/(m·s^{-1})	0.140 2	0.771 4
纬度误差/(′)	0.247 3	3.368 0
经度误差/(′)	7.035 9	202.799 5

由表 7.4 可以看出,利用 IN-解算方式进行纯惯性导航解算,240 h 的经度误差和纬度误差漂移幅值分别为 202.799 5′和 3.3680′;利用 PSO-解算方式进行纯惯性导航解算 240 h 的经度误差和纬度误差漂移幅值分别为 7.035 9′和 0.247 3′。因此,利用 PSO 算法可准确、智能地搜索估计出 SINS 的陀螺常值漂

移,基于 PSO 算法优化的陀螺常值漂移估计方法能有效抑制 SINS 解算过程中的振荡型误差和累积型误差。仿真试验结果初步表明,基于 PSO 算法优化的 SINS 误差抑制方法是可行、有效的。

7.3.3 试验验证

为了进一步验证基于 PSO 算法的陀螺漂移估计方法的有效性,利用安装在双轴转台上的 FOSN 光纤捷联惯导系统采集 5 h 的陀螺仪和加速度计原始数据,数据采集频率为 10 Hz。试验数据采集系统如图 7.23(附彩图)所示。

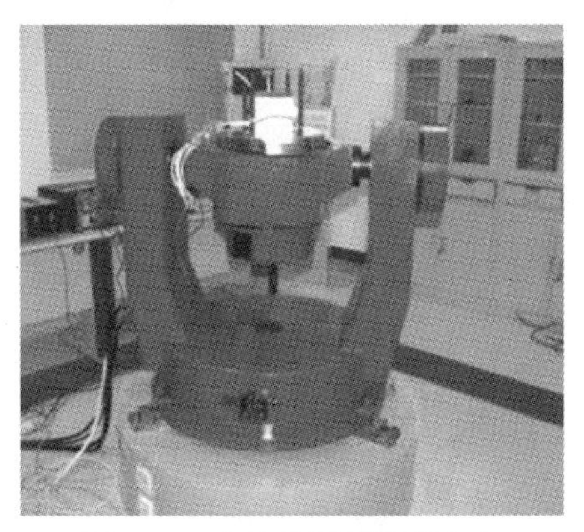

图 7.23 光纤 IMU 置于转台上

表 7.5 列出了光纤 IMU 的主要性能指标。

表 7.5 光纤 IMU 的主要性能指标

主要技术指标	光纤陀螺	加速度计
测量范围	±300°/s	$\pm 20g$
零偏稳定性	≤0.02°/h(1σ)	$\leq 6\times 10^{-3}g$
零偏重复性	≤0.02°/h(1σ)	$\leq 2.5\times 10^{-5}g(1\sigma)$
标度因数重复性	$\leq 50\times 10^{-6}(1\sigma)$	$\leq 3.5\times 10^{-5}(1\sigma)$
随机游走系数	$\leq 0.005°/\mathrm{h}^{\frac{1}{2}}$	—
输出频率	200 Hz	200 Hz

试验中,SINS 处于静基座条件,SINS 的姿态角为:俯仰角 0°,横滚角 0°,航向角 36.8°。位置为:经度 114.242 9°,纬度 30.58°。设置 PSO 的参数为:$c_1=1.0$,$c_2=1.0$;$v_{\min}=-0.1/100$,$v_{\max}=0.1/100$;种群大小取 30;种群进化终止代

数为 50；陀螺漂移的取值范围为 $\varepsilon_i^b \in [-0.03,\ 0.03]$(°/h)，$i=x,y,z$；适应值函数为$F=1/(J+c)$，$c=10^{-10}$；权值系数 $\rho_1=1.0$，$\rho_2=1.0$，$\rho_3=1.0$，$\rho_4=15$。选取 3 h 的惯导原始数据进行纯惯性导航解算，求取每一时刻对应的速度误差 $e_V(t)$ 和位置误差 $e_p(t)$，再根据式(7.3.1)求得粒子的适应值，最终根据图 7.11 得到最优粒子。通过 50 次优化试验，每次优化试验搜索出的最优陀螺常值漂移如图 7.24所示。

通过计算，50 次优化试验中 PSO 搜索出的最优陀螺常值漂移 $\varepsilon_{x,\text{best}}^b$、$\varepsilon_{y,\text{best}}^b$ 和 $\varepsilon_{z,\text{best}}^b$ 的平均值分别为 0.009 8°/h、0.015 7°/h 和 0.021 8°/h。采用 50 次优化试验中 PSO 搜索出陀螺常值漂移的平均值 $\boldsymbol{\varepsilon}_{\text{best}}^b=[0.009\,8\quad 0.015\,7\quad 0.021\,8]^{\mathrm{T}}$(°/h)作为最优的陀螺常值漂移。同时，利用标准 KF 算法对陀螺常值漂移进行 3 h 的零速估计，估计结果如图 7.25 所示。采用估计结束时刻的陀螺常值漂移为 KF 估计出的陀螺常值漂移 $\boldsymbol{\varepsilon}_{\text{KF}}^b=[0.018\,4\quad 0.017\,6\quad -0.001\,1]^{\mathrm{T}}$(°/h)。

为了评价 PSO 搜索出最优陀螺常值漂移 $\boldsymbol{\varepsilon}_{\text{best}}^b$ 及 KF 估计出的陀螺常值漂移 $\boldsymbol{\varepsilon}_{\text{KF}}^b$ 的准确性，设计以下试验。

试验 1：利用惯导原始数据扣除 PSO 搜索出的最优陀螺常值漂移 $\boldsymbol{\varepsilon}_{\text{best}}^b$，而后进行 5 h 的纯惯性导航解算。

试验 2：利用惯导原始数据扣除 KF 算法估计出的陀螺常值漂移 $\boldsymbol{\varepsilon}_{\text{KF}}^b$，而后进行 5h 的纯惯性导航解算，并简记为“KF-解算”。

试验 3：利用惯导原始数据进行 5 h 的纯惯性导航解算。

图 7.26～图 7.28 分别为解算出的姿态、速度和位置。

由于 SINS 处于静基座条件，在解算过程中 SINS 真实姿态角为 $\boldsymbol{\alpha}_0=[0°\quad 0°\quad 36.8°]^{\mathrm{T}}$；真实位置为 $L_0=30.58°$，$\lambda_0=114.242\,9°$；真实速度为 $v_E=0$ m/s，$v_N=0$ m/s。因此，纯惯导解算得到的水平姿态、速度分别为姿态误差和速度误差。图 7.29(a)～(c)分别为纯惯导状态下航向角解算误差、纬度解算误差和经度解算误差。图 7.26～图 7.29 中，实线表示利用 PSO-解算得到的纯惯性导航解算误差/解算曲线，虚线表示利用 KF-解算得到的纯惯性导航解算误差/解算曲线，点画线表示利用 IN-解算得到的纯惯性导航解算误差/解算曲线。由图 7.26～图 7.29 可以看出，扣除 PSO 搜索估计出的最优陀螺漂移 $\varepsilon_{\text{best}}^b$ 后，SINS 在纯惯导状态下的导航解算精度得到明显提升，解算误差明显减小，尤其是振荡型的误差和积累型的误差得到有效抑制。

表 7.6 为 5 h 纯惯性导航解算过程中，基于 PSO-解算、基于 KF-解算和基于 IN-解算得到的姿态角、速度和位置误差绝对值的最大值。

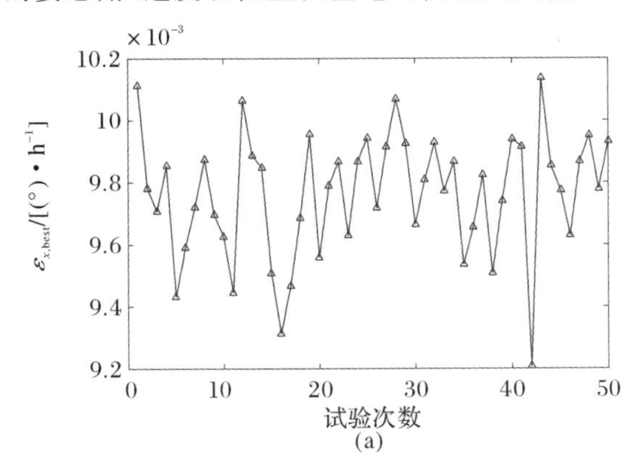

(a)

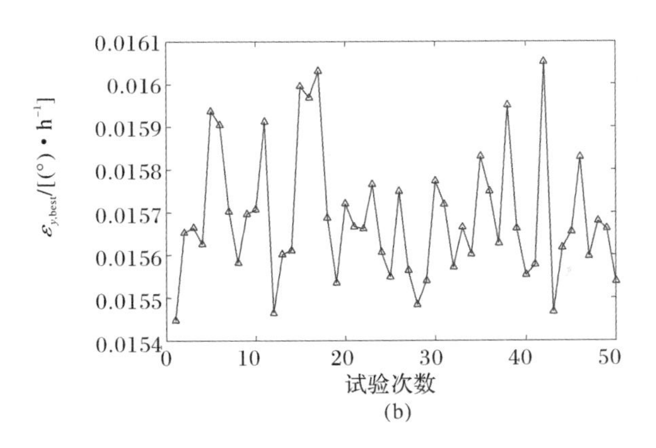

(b)

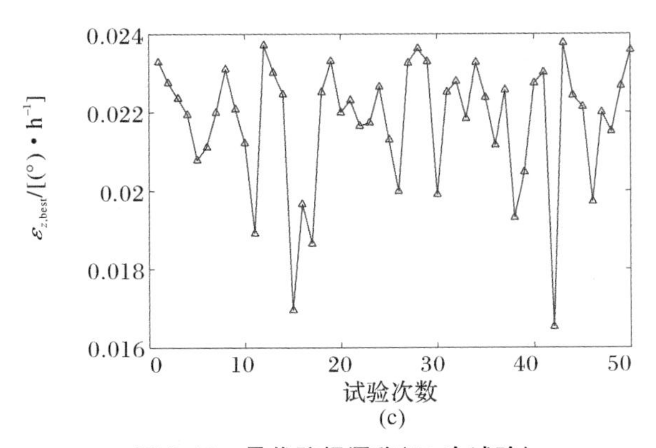

(c)

图 7.24 最优陀螺漂移(50 次试验)

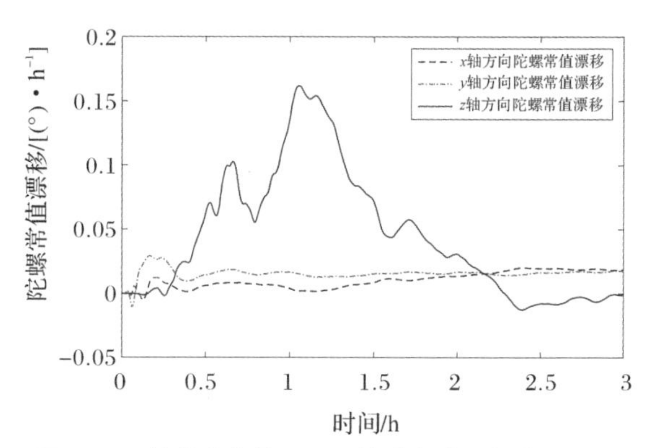

图 7.25　静基座条件下 KF 估计出的陀螺常值漂移

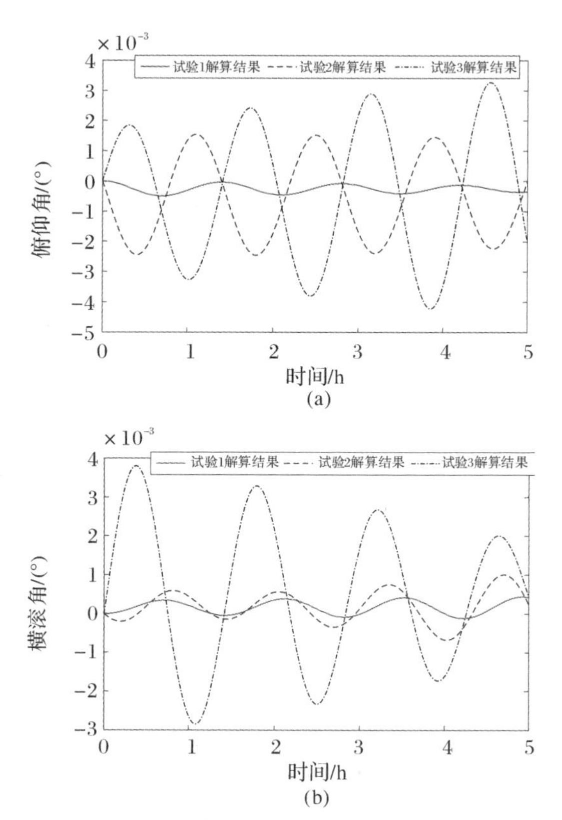

图 7.26　纯惯导状态下姿态角解算结果

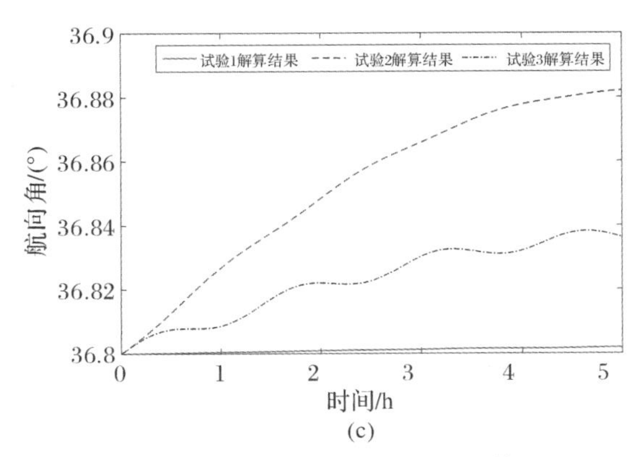

(c)

续图 7.26 纯惯导状态下姿态角解算结果

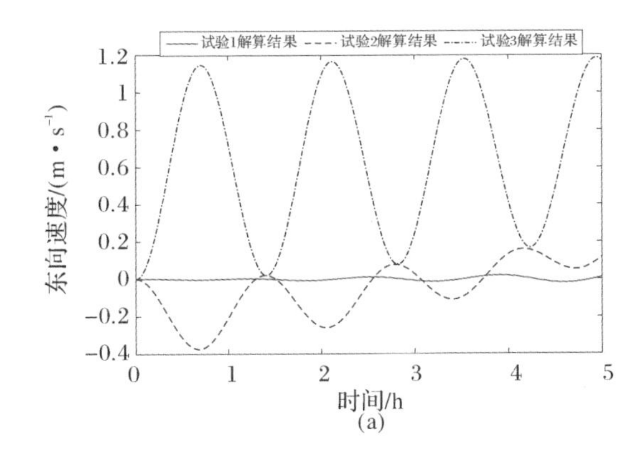

(a)

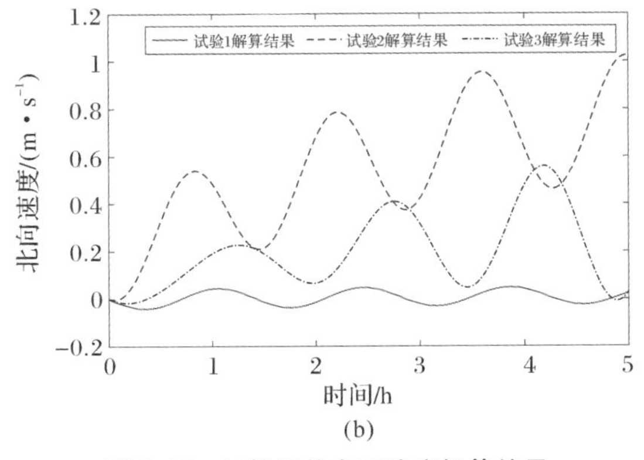

(b)

图 7.27 纯惯导状态下速度解算结果

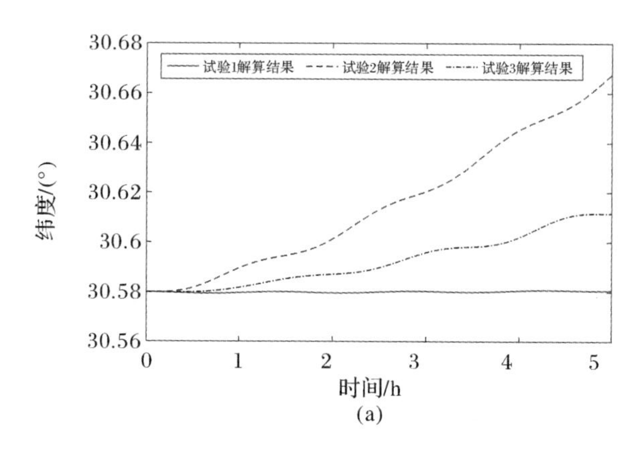

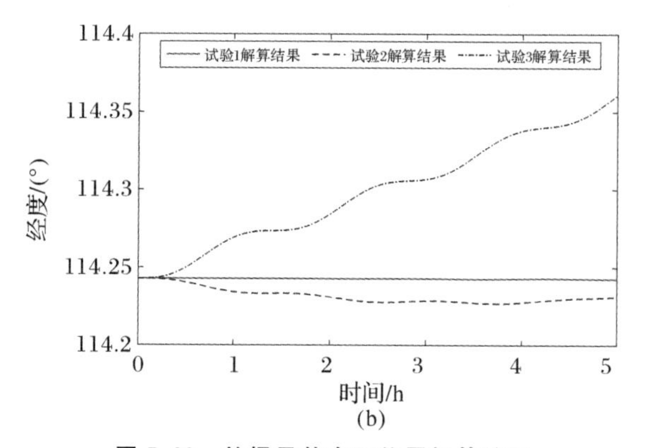

图 7.28 纯惯导状态下位置解算结果

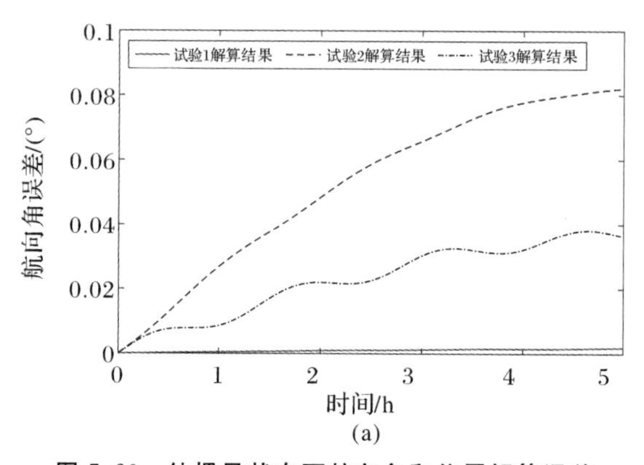

图 7.29 纯惯导状态下航向角和位置解算误差

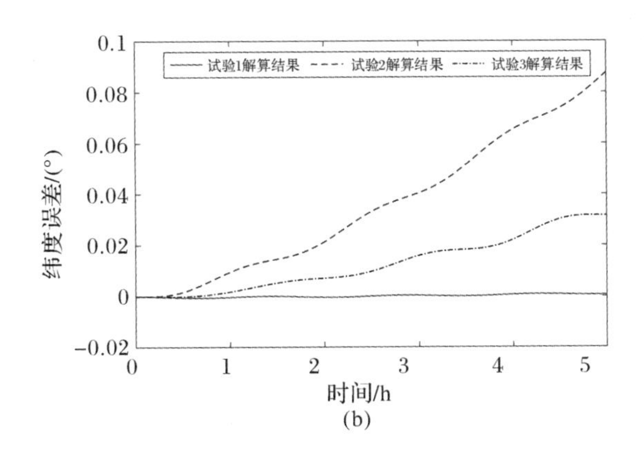

(b)

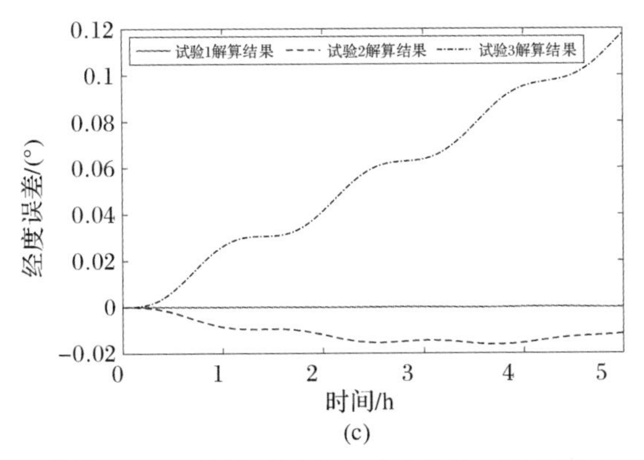

(c)

续图7.29 纯惯导状态下航向角和位置解算误差

由表7.6可以看出，相比于KF-解算方式和IN-解算方式，PSO-解算方式具有更高的纯惯性导航精度，这也说明了在静基座条件下PSO算法相比于KF算法能搜索估计出更加准确的陀螺常值漂移。特别地，利用IN-解算方式进行纯惯性导航解算，5 h的经度误差和纬度误差漂移幅值分别为7.078 1′和1.896 5′；利用KF-解算方式进行纯惯性导航解算，5 h的经度误差和纬度误差漂移幅值分别为0.972 0′和5.256 0′；利用PSO-解算方式进行纯惯性导航解算，5 h的经度误差和纬度误差漂移幅值分别为0.013 9′和0.050 2′。试验结果进一步验证了PSO算法可智能、准确地搜索估计出陀螺仪的常值漂移及相比于KF算法在静基座条件下估计陀螺常值漂移的优势，验证了基于PSO算法优化的SINS导航误差抑制方法的可行性和有效性。

表 7.6 姿态角、速度和位置解算误差绝对值的最大值

导航误差	PSO-解算	KF-解算	IN-解算
俯仰角误差/(°)	0.000 5	0.001 5	0.004 2
横滚角误差/(°)	0.000 4	0.001 0	0.003 8
航向角误差/(°)	0.001 8	0.082 1	0.038 2
东向速度误差/(m·s^{-1})	0.019 0	0.374 0	1.183 7
北向速度误差/(m·s^{-1})	0.048 3	1.023 0	0.559 0
纬度误差/(′)	0.050 2	5.256 0	1.896 5
经度误差/(′)	0.013 9	0.972 0	7.078 1

7.4 小　　结

水下环境复杂多变,尤其是在极端恶劣的条件下外部导航传感器提供的信息可用性将会变差甚至失效,此种情形下纯惯性导航便成为 AUV 在水下导航的唯一手段。为了进一步提升纯惯导状态下导航解算精度,本章在 SINS 力学编排方程和误差方程的基础上对惯导系统误差与陀螺常值漂移之间的关系进行了定性分析,根据分析结果建立陀螺常值漂移与 SINS 纯惯性导航解算误差之间的适应值函数,进而提出了一种基于 PSO 优化的 SINS 导航误差抑制方法。所提方法利用 PSO 对陀螺常值漂移进行智能地搜索估计,从而抑制了 SINS 在纯惯导状态下的振荡型和积累型解算误差,提高了纯惯性导航的精度。在静基座条件下,基于惯导仿真数据和实测数据对所提方法进行试验验证,结果初步表明:PSO 可准确、智能地搜索出 SINS 的陀螺常值漂移,SINS 的振荡型、累积型解算误差能够得到有效抑制。因此,可以得出初步结论:利用 PSO 可智能、准确地搜索估计出 SINS 的陀螺常值漂移,将 PSO 算法应用到 SINS 纯惯性导航误差的抑制中,可在一定程度上克服 SINS 对外部信息的依赖性,提高 AUV 在水下航行的自主性和隐蔽性。

参 考 文 献

[1] 王巍. 惯性技术研究现状及发展趋势[J]. 自动化学报,2013,39(6):723-729.

[2] 付梦印,刘飞,袁书明,等. 水下惯性/重力匹配自主导航综述[J]. 水下无人系统学报,2017,25(2):31-43.

[3] 张同伟,刘烨瑶,杨波,等. 水下声学主动定位技术及其在载人潜水器上的应用[J]. 海洋技术学报,2016,35(2):56-59.

[4] 穆华,吴志添,吴美平. 水下地磁/惯性组合导航试验分析[J]. 中国惯性技术学报,2013,21(3):386-391.

[5] 施桂国,周军,葛致磊. 一种多地球物理特征匹配自主导航方法[J]. 西北工业大学学报,2010,28(1):18-22.

[6] 赵小华,曹勇,乔凤卫. 航空导航技术的发展方向[J]. 火力与指挥控制,2013,38(6):6-7.

[7] TOOLEY M, WYATT D. Aircraft communications and navigation systems[M]. 2nd ed. London: Routledge, 2017.

[8] LAGER M, TOPP E A, MALEC J. Underwater terrain navigation using standard sea charts and magnetic field maps[C] //2017 IEEE International Conference on Multisensor Fusion and Integration for Intelligent Systems (MFI), Nov 16-18, 2017, Daegu, Korea (South). Piscataway: IEEE, 2017: 78-84.

[9] 徐海刚,裴玉锋,刘冲,等. 光纤陀螺惯导在航海领域的发展与应用[J]. 导航定位与授时,2018,5(2):7-11.

[10] 严恭敏. 捷联惯导系统动基座初始对准及其他相关问题研究[R]. 西安:西北工业大学,2008.

[11] 朱兵,许江宁,何泓洋,等. 载体姿态角与 SINS 位置误差的关系研究[J]. 海军工程大学学报,2017,29(6):24-27.

[12] 秦永元. 惯性导航[M]. 2 版. 北京:科学出版社,2014.

[13] 韩艳春. 基于 GPS 的高精度定位测姿技术研究[D]. 长春:长春理工大学,2011.

[14] 田源. GNSS/INS 定位测姿模型构建与算法研究[D]. 郑州:战略支援部队信息工程大学,2018.

[15] 张源,卞鸿巍. 基于内差修正数据 INS/APS 卡尔曼滤波器组合定位[J]. 火力与指挥控制,2009,34(9):69 - 71.

[16] 赵俊波,葛锡云,冯雪磊,等. 水下 SINS/DVL 组合导航技术综述[J]. 水下无人系统学报,2018,26(1):2 - 9.

[17] 闫利,崔晨风,吴华玲. 基于 TERCOM 算法的重力匹配[J]. 武汉大学学报(信息科学版),2009,34(3):261 - 264.

[18] 张璐,武凛,柴华,等. 一种新的基于特征值融合的重力辅助导航适配区选择方法[J]. 导航与控制,2018,17(2):32 - 40.

[19] WANG H B, WU L, CHAI H, et al. Location accuracy of INS/Gravity - Integrated Navigation System on the basis of ocean experiment and simulation[J]. Sensors, 2017, 17(12): 2961.

[20] 赵涛,刘明雍,周良荣. 自主水下航行器的研究现状与挑战[J]. 火力与指挥控制,2010,35(6):1 - 6.

[21] WEBSTER S E. Decentralized single - beacon acoustic navigation: Combined communication and navigation for underwater vehicles[D]. Baltimore: The Johns Hopkins University, 2010.

[22] JOUFFROY J, REGER J. An algebraic perspective to single - transponder underwater navigation[C] //2006 IEEE Conference on Computer Aided Control System Design, 2006 IEEE International Conference on Control Applications, 2006 IEEE International Symposium on Intelligent Control, Oct 4 - 6, 2006, Munich, Germany. Piscataway: IEEE, 2006: 1789 -1794.

[23] 陈永冰,钟斌. 惯性导航原理[M]. 北京:国防工业出版社,2007.

[24] 林玉荣,沈毅,金晓洁. 基于地速分解的高精度捷联惯性导航算法[J]. 中国惯性技术学报,2013,21(3):289 - 293.

[25] 雷宏杰,张亚崇. 机载惯性导航技术综述[J]. 航空精密制造技术,2016,52(1):7 - 12.

[26] SUN F, WANG Q Y, QI Z, et al. Research on the estimation method of DVL velocity error based on double program in Fiber Optic Gyro SINS[J]. Optik, 2013, 124(22): 5344 - 5349.

[27] 张涛,胡贺庆,王自强,等.基于惯导及声学浮标辅助的水下航行器导航定位系统[J].中国惯性技术学报,2016,24(6):741-745.

[28] 张涛,徐晓苏,李瑶,等.基于惯导及水下声学辅助系统的 AUV 容错导航技术[J].中国惯性技术学报,2013,21(4):512-516.

[29] 何东旭. AUV 水下导航系统关键技术研究[D].哈尔滨:哈尔滨工程大学,2013.

[30] 张亚利.水下声学定位和导航技术[J].海洋技术,1983(2):46-54.

[31] 兰华林.深海水声应答器定位导航技术研究[D].哈尔滨:哈尔滨工程大学,2008.

[32] SCHERBATYUK A P. The AUV positioning using ranges from one transponder LBL[C]//OCEANS′95. MTS/IEEE. Challenges of Our Changing Global Environment. Conference Proceedings, Oct 9-12, 1995, San Diego, CA, USA. Piscataway: IEEE, 1995: 1620-1623.

[33] CASEY T,GUIMOND B, HU J. Underwater vehicle positioning based on time of arrival measurements from a single beacon[C]//OCEANS 2007, 2007, Vancouver, BC, Canada. Piscataway: IEEE, 2007: 1-8.

[34] FERREIRA B, MATOS A, CRUZ N. Single beacon navigation: Localization and control of the MARESAUV[C]//OCEANS 2010 MTS/IEEE SEATTLE, Sept 20-23, 2010, Seattle, WA, USA. Piscataway: IEEE, 2010: 1-9.

[35] CHITRE M. Path planning for cooperative underwater range-only navigation using a single beacon[C]//Autonomous and Intelligent Systems (AIS), 2010 International Conference on, Jun 21-23, 2010, Povoa de Varzim, Portugal. Piscataway:IEEE, 2010: 1-6.

[36] DE PALMA D,ARRICHIELLO F, PARLANGELI G, et al. Underwater localization using single beacon measurements:observability analysis for a double integrator system[J]. Ocean Engineering, 2017, 142: 650-665.

[37] HAN Y F, SHI C H, SUN D J, et al. Research on integrated navigation algorithm based on ranging information of single beacon[J]. Applied Acoustics, 2018, 131: 203-209.

[38] 王彬,翁海娜,梁瑾,等.一种惯性/水声单应答器距离组合导航方法[J].中国惯性技术学报,2017,25(1):86-90.

[39] 严涛,王跃钢,杨波,等. SINS/DR 组合导航系统可观测性研究[J].现代防

御技术,2012,40(3):83-87.

[40] CHANG L B, LI Y, XUE B Y. Initial alignment for a doppler velocity log-aided strapdown inertial navigation system with limited information[J]. IEEE/ASME Transactions on Mechatronics, 2017, 22(1): 329-338.

[41] WILLEMENOT E, MORVAN P Y, PELLETIER H, et al. Subsea positioning by merging inertial and acoustic technologies[C]//OCEANS 2009-EUROPE, May 11-14, 2009, Bremen, Germany. Piscataway: IEEE, 2009: 1-8.

[42] VALLICROSA G, RIDAO P. Sum of gaussian single beacon range-only localization for AUV homing[J]. Annual Reviews in Control, 2016, 42: 177-187.

[43] HEGRENæS Ø, WALLACE C. Autonomous under-ice surveying using the MUNIN AUV and single-transponder navigation[C]//OCEANS 2017-Anchorage, Sept 18-21 2017, Anchorage, AK, USA. Piscataway: IEEE, 2017: 1-10.

[44] LI W L, ZHANG L D, SUN F P, et al. Alignment calibration of IMU and Doppler sensors for precision INS/DVL integrated navigation[J]. Optik, 2015, 126(23): 3872-3876.

[45] 王博,刘泾洋,刘沛佳. SINS/DVL组合导航技术综述[J].导航定位学报,2020,8(03):1-6.

[46] JOYCE T M. On in situ"calibration" of shipboard ADCPs[J]. Journal of Atmospheric and Oceanic Technology, 1989, 6(1): 169-172.

[47] KINSEY J C, WHITCOMB L L. In situ alignment calibration of attitude and Doppler sensors for precision underwater vehicle navigation: theory and experiment[J]. IEEE Journal of Oceanic Engineering, 2007, 32(2): 286-299.

[48] KINSEY J C, WHITCOMB L L. Adaptive identification on the group of rigid-body rotations and its application to underwater vehicle navigation[J]. IEEE Transactions on Robotics, 2007, 23(1): 124-136.

[49] LV Z P, TANG K H, WU M P. Online estimation of DVL misalignment angle in SINS/DVL integrated navigation system[C]//IEEE 2011 10th International Conference on Electronic Measurement & Instruments, Aug 16-19, 2011, Chengdu, China. Piscataway: IEEE, 2011, 2: 336-339.

[50] TRONI G, WHITCOMB L L. New methods for in - situ calibration of attitude and Doppler sensors for underwater vehicle navigation: preliminary results [C] //OCEANS 2010 MTS/IEEE SEATTLE, Sept 20 - 23, 2010, Seattle, WA, USA. Piscataway: IEEE, 2010: 1 - 8.

[51] PAN X F, WU Y X. Underwater Doppler navigation with self - calibration[J]. The Journal of Navigation, 2016, 69(2): 295 - 312.

[52] WANG B, LIU J Y, DENG Z H, et al. A model - free calibration method of inertial navigation system and doppler sensors[J]. IEEE Sensors Journal, 2020, 21(2): 2219 - 2229.

[53] 赵琳,王小旭,丁继成,等.组合导航系统非线性滤波算法综述[J].中国惯性技术学报,2009,17(1):46 - 52.

[54] ST - PIERRE M, GINGRAS D. Comparison between the unscented Kalman filter and the extended Kalman filter for the position estimation module of an integrated navigation information system[C] //IEEE Intelligent Vehicles Symposium, June 14 - 17, 2004, Parma, Italy. Piscataway: IEEE, 2004: 831 - 835.

[55] LIU Y H, FAN X Q, LV C, et al. An innovative information fusion method with adaptive Kalman filter for integrated INS/GPS navigation of autonomous vehicles[J]. Mechanical Systems and Signal Processing, 2018, 100: 605 - 616.

[56] SHABANI M, GHOLAMI A, DAVARI N. Asynchronous direct Kalman filtering approach for underwater integrated navigation system[J]. Nonlinear Dynamics, 2015, 80(1/2): 71 - 85.

[57] CHEN X Y, WANG X Y, XU Y. Performance enhancement for a GPS vector - tracking loop utilizing an adaptive iterated extended Kalman filter [J]. Sensors, 2014, 14(12): 23630 - 23649.

[58] ZHU B, CHANG L B, XU J N, et al. Huber - based adaptive unscented Kalman filter with non - Gaussian measurement noise[J]. Circuits, Systems, and Signal Processing, 2018, 37(9), 3842 - 3861.

[59] ZHAO Y W. Performance evaluation of cubature Kalman filter in a GPS/IMU tightly - coupled navigation system[J]. Signal Processing, 2016, 119: 67 - 79.

[60] LI Y, COATES M. Particle filtering with invertible particle flow[J]. IEEE Transactions on Signal Processing, 2017, 65(15), 4102 - 4116.

[61] 朱兵,许江宁,吴苗,等. 水下动基座初始对准中的鲁棒自适应 UKF 方法[J]. 仪器仪表学报,2018,39(2):73-80.

[62] CHANG L B, HU B Q, LI A, et al. Transformed unscented Kalman filter[J]. IEEE Transactions on Automatic Control, 2013, 58(1), 252-257.

[63] 常路宾. Unscented 卡尔曼滤波及其在捷联惯导中的应用研究[D]. 武汉:海军工程大学,2014.

[64] 李锡群,王志华. 无人水下航行器(UUV)技术综述[J]. 船电技术,2003(6):12-14.

[65] 李硕,刘健,徐会希,等. 我国深海自主水下机器人的研究现状[J]. 中国科学:信息科学,2018,48(9):1152-1164.

[66] 张艳胜,魏传杰,范聪慧,等. 国产 AUV 系统 2017 年东海应用及数据分析[J]. 海洋技术学报,2018,37(4):62-67.

[67] 张羽,宋积文,陈胜利. 海洋信息装备发展现状及重点[J]. 海洋信息,2018,33(3):62-65.

[68] 胡庆玉,舒国平,冯朝. 深海 AUV 发展趋势研究[J]. 数字海洋与水下攻防,2018,1(1):77-80.

[69] 马艳彤,郑荣,韩晓军. 面向海底光学探测使命的自治水下机器人水平路径跟随控制[J]. 兵工学报,2017,38(6):1147-1153.

[70] 王乐萍. 基于 PEMFC 的温差能驱动水下滑翔器能源系统研究[D]. 天津:天津大学,2012.

[71] 万德钧,房建成. 惯性导航初始对准[M]. 南京:东南大学出版社,1998.

[72] 杨亚非,谭久彬,邓正隆. 惯导系统初始对准技术综述[J]. 中国惯性技术学报,2002,10(2):69-73.

[73] REN B, LI H. Quick initial alignment based on the kernel method[C] // Control Conference (CCC), 2016 35th Chinese, July 27-29, 2016, Chengdu, China. Piscataway: IEEE, 2016: 10597-10601.

[74] SILSON P M G. Coarse alignment of a ship's strapdown inertial attitude reference system using velocity loci[J]. IEEE Transactions on Instrumentation and Measurement, 2011, 60(6): 1930-1941.

[75] 严恭敏,秦永元. 捷联惯导系统静基座初始对准精度分析及仿真[J]. 计算机仿真,2006,23(10):36-40.

[76] 秦永元,严恭敏,顾冬晴,等. 摇摆基座上基于 g 信息的捷联惯导粗对准研究[J]. 西北工业大学学报,2005,23(5):140-143.

[77] 练军想. 捷联惯导动基座对准新方法及导航误差抑制技术研究[D]. 长沙：国防科学技术大学，2007.

[78] 李万里. 惯性/多普勒组合导航回溯算法研究[D]. 长沙：国防科学技术大学，2013.

[79] 钱伟行. 捷联惯导与组合导航系统高精度初始对准技术研究[D]. 南京：南京航空航天大学，2010.

[80] GUAN D X, CHENG J H, ZHAO L, et al. Inertial - frame - based coarse initial alignment for marine strapdown inertial navigation system using wavelet de - noising[C] //Control Conference (CCC), 2016 35th Chinese, July 27 - 29, 2016, Chengdu, China. Piscataway: IEEE, 2016: 5596 - 5600.

[81] SHUSTER M D, OH S D. Three - axis attitude determination from vector observations[J]. Journal of Guidance, Control, and Dynamics, 1981, 4(1): 70 - 77.

[82] JIANG Y F. Error analysis of analytic coarse alignment methods[J]. IEEE Transactions on Aerospace and Electronic Systems, 1998, 34(1): 334 - 337.

[83] SILVA F O, HEMETLY E M, WALDEMAR C L. Error analysis of analytical coarse alignment formulations for stationary SINS[J]. IEEE Transactions on Aerospace and Electronic Systems, 2016, 52(4): 1777 - 1796.

[84] 严恭敏，秦永元，卫育新，等. 一种适用于 SINS 动基座初始对准的新算法[J]. 系统工程与电子技术，2010，31(3)：634 - 637.

[85] WU Y X, PAN X F. Velocity/position integration formula part I: application to in - flight coarse alignment[J]. IEEE Transactions on Aerospace and Electronic Systems, 2013, 49(2): 1006 - 1023.

[86] WU Y X, PAN X F. Velocity/position integration formula part II: application to strapdown inertial navigation computation[J]. IEEE Transactions on Aerospace and Electronic Systems, 2013, 49(2): 1024 - 1034.

[87] CHANG L B, HU B Q, LI Y. Backtracking integration for fast attitude determination - based initial alignment[J]. IEEE Transactions on Instrumentation and Measurement, 2015, 64(3): 795 - 803.

[88] CHANG L B, QIN F J, LI A. A novel backtracking scheme for attitude determination- based initial alignment[J]. IEEE Transactions on Automation Science and Engineering, 2015, 12(1): 384 - 390.

[89] 严恭敏,严卫生,徐德民.逆向导航算法及其在捷联罗经动基座初始对准中的应用[C]//第二十七届中国控制会议,2008,昆明.北京:中国自动化学会,2008:724 - 729.

[90] LI W L, TANG K H, LU L Q, et al. Optimization - based INS in - motion alignment approach for underwater vehicles[J]. Optik - International Journal for Light and Electron Optics, 2013, 124(20): 4581 - 4585.

[91] HUANG Y L, ZHANG Y G, WANG X D. Kalman - filtering - based in - motion coarse alignment for odometer - aided SINS[J]. IEEE Transactions on Instrumentation and Measurement, 2017, 66(12): 3364 - 3377.

[92] GUO S L, WU M, XU J N, et al. b - frame velocity aided coarse alignment method for dynamic SINS[J]. IET Radar, Sonar & Navigation, 2018, 12(8): 833 - 838.

[93] XU J N, HE H Y, QIN F J, et al. A novel autonomous initial alignment method for strapdown inertial navigation system[J]. IEEE Transactions on Instrumentation and Measurement, 2017, 66(9): 2274 - 2282.

[94] 何泓洋.重力测量平台自主式姿态确定技术研究[D].武汉:海军工程大学,2016.

[95] HE H Y, XU J N, LI F N, et al. Genetic algorithm based optimal compass alignment[J]. IET Radar, Sonar & Navigation, 2016, 10(2): 411 - 416.

[96] HE H Y, XU J N, QIN F J, et al. Genetic algorithm based fast alignment method for strap - down inertial navigation system with large azimuth misalignment[J]. Review of Scientific Instruments, 2015, 86(11): 115004.

[97] 朱兵,许江宁,何泓洋,等.粒子群算法优化的捷联罗经初始对准方法[J].中国惯性技术学报,2017,25(1):47 - 51.

[98] 张金亮,秦永元,梅春波. EKF 和 SUKF 在大摇摆基座初始对准中的应用[J].测控技术,2013,32(8):8 - 11.

[99] 程向红,李伯龙,王宇.基于 PF 的 SINS 动基座初始对准[J].中国惯性技术学报,2009,17(3):267 - 271.

[100] 严恭敏,严卫生,徐德民.简化 UKF 滤波在 SINS 大失准角初始对准中的应用[J].中国惯性技术学报,2008,16(3):253 - 264.

[101] LI W L, WANG J L, LU L Q, et al. A novel scheme for DVL - aided SINS in - motion alignment using UKF techniques[J]. Sensors, 2013,

13(1): 1046 - 1063.

[102] 郭士荦,许江宁,李峰. 强跟踪 CKF 及其在惯导系统初始对准中的应用[J]. 中国惯性技术学报,2017,25(4):436 - 441.

[103] ZHU B, WU M, XU J N, et al. Robust adaptive unscented Kalman filter and its application in initial alignment for body frame velocity aided strapdown inertial navigation system[J]. Review of Scientific Instruments, 2018, 89(11): 115102.

[104] 徐晓苏,潘永飞,邹海军. 基于自适应滤波的 SINS/DVL 组合导航系统[J]. 华中科技大学学报(自然科学版),2015,43(3):95 - 99.

[105] 郭玉胜,付梦印,邓志红,等. 考虑洋流影响的 SINS/DVL 组合导航算法[J]. 中国惯性技术学报,2017,25(6):738 - 742.

[106] 陈建华,朱海,王超,等. 水下 SINS/DVL 紧组合导航算法[J]. 海军工程大学学报,2017,29(2):108 - 112.

[107] TAL A, KLEIN I, KATZ R. Inertial navigation system/Doppler velocity log (INS/DVL) fusion with partial DVL measurements[J]. Sensors, 2017, 17(2): 415.

[108] PANISH R, TAYLOR M. Achieving high navigation accuracy using inertial navigation systems in autonomous underwater vehicles[C] // OCEANS, 2011 IEEE - Spain, June 6 - 9, Santander, Spain, 2011. Piscataway: IEEE, 2011: 1 - 7.

[109] 张涛,陈立平,石宏飞,等. 基于 SINS/DVL 与 LBL 交互辅助的 AUV 水下定位系统[J]. 中国惯性技术学报,2015,23(6):769 - 774.

[110] 张亚文,莫明岗,马小艳,等. 一种基于集中滤波的 SINS/DVL/USBL 水下组合导航算法[J]. 导航定位与授时,2017,4(1):25 - 31.

[111] 曹俊. 基于单信标测距的水下载体定位研究[D]. 哈尔滨:哈尔滨工程大学,2017.

[112] AGUIAR A P. Single beacon acoustic navigation for an AUV in the presence of unknown ocean currents[J]. IFAC Proceedings Volumes, 2009, 42(18): 298 - 303.

[113] WEBSTER S E, WALLS J M, WHITCOMB L L, et al. Decentralized extended information filter for single - beacon cooperative acoustic navigation: Theory and experiments[J]. IEEE Transactions on Robotics, 2013, 29(4): 957 - 974.

[114] 何泓洋,许江宁,覃方君. 一种捷联惯导阻尼超调误差抑制算法研究[J].

舰船电子工程,2012,32(11):39-41.

[115] 覃方君,李安,许江宁,等.阻尼参数连续可调的惯导水平内阻尼方法[J].中国惯性技术学报,2011,19(03):290-292.

[116] 程建华,时俊宇,荣文婷,等.多阻尼系数的全阻尼惯导系统的设计与实现[J].哈尔滨工程大学学报,2011,32(6):786-791.

[117] HE H Y, XU J N, QIN F J, et al. Research on generalized inertial navigation system damping technology based on dual-model mean[J]. Journal of Aerospace Engineering, 2016, 230(8): 1518-1527.

[118] GILCOTO M, JONES E, FARIñA-BUSTO L. Robust estimations of current velocities with four-beam broadband ADCPs[J]. Journal of Atmospheric and Oceanic Technology, 2009, 26(12): 2642-2654.

[119] 朱倚娴. AUV 组合导航系统容错关键技术研究[D].南京:东南大学, 2018.

[120] PACKARD G, COLLINS J, FARR N, et al. Newauv adaptive behaviors for subsea data exfiltration[C] //OCEANS 2019 MTS/IEEE SEATTLE, Oct 27-31, 2019, Seattle, WA, USA. Piscataway: IEEE, 2019: 1-5.

[121] GROVES P D. Principles of GNSS, inertial, and multisensor integrated navigation systems[M]. Boston: Artech House, 2013.

[122] ZHU B, LI J S, CUI G H, et al. Robust optimisation-based alignment method based on projection statistics algorithm[J]. IEEE Sensors Journal, 2021,21(15),16538-16546.

[123] EBERHART R, KENNEDY J. A new optimizer using particle swarm theory[C] //MHS'95. Proceedings of the Sixth International Symposium on Micro Machine and Human Science, Oct 4-6, 1995, Nagoya, Japan. Piscataway: IEEE, 1995: 39-43.

[124] KESHTEGAR B, NGUYEN-THOI T, TRUONG T T, et al. Optimization of buckling load for laminated composite plates using adaptive Kriging-improved PSO: a novel hybrid intelligent method[J]. Defence Technology, 2021, 17(1): 85-99.

[125] 严恭敏. 捷联惯导算法与组合导航原理[M].西安:西北工业大学出版社, 2019.

[126] XU B, WANG L Z, LI S, et al. A novel calibration method of SINS/DVL integration navigation system based on quaternion[J]. IEEE Sen-

sors Journal, 2020, 20(16): 9567 - 9580.

[127] ZHU B, HE H Y. Integrated navigation for doppler velocity log aided strapdown inertial navigation system based on robust IMM algorithm [J]. Optik, 2020, 217,164871.

[128] CHANG G. Robust Kalman filtering based on Mahalanobis distance as outlier judging criterion[J]. Journal of Geodesy, 2014, 88(4): 391 - 401.

[129] ZHAO J, MILI L. Robust power system dynamic state estimator with non - gaussian measurement noise: Part I: Theory[J] . arXiv preprint arXiv:1703.04790, 2017.

[130] ARASARATNAM I, HAYKIN S, Elliott R J. Discrete - time nonlinear filtering algorithms using Gauss - Hermite quadrature[J] . Proceedings of the IEEE, 2007, 95(5): 953 - 977.

[131] PARK J G, KIM J, LEE J G, et al. The enhancement of INS alignment using GPS measurements[C] //Position Location and Navigation Symposium, IEEE 1998, April 20 - 23, 1996, Palm Springs, CA, USA. Piscataway: IEEE, 1998: 534 - 540.

[132] GUO Z W, MIAO L J, SHEN J. A novel initial alignment algorithm of SINS/GPS on stationary base with attitude measurement[C] //Electronics, Communications and Control (ICECC), 2011 International Conference on, Sept 9 - 11, 2011, Ningbo, China. Piscataway: IEEE, 2011: 2458 - 2463.

[133] YANG B, XU X S, ZHANG T, et al. Novel nonlinear filter for sins initial alignment with large misalignment angles[C] //Integrated Communications Navigation and Surveillance (ICNS), April 19 - 21, 2016, Herndon, VA, USA. Piscataway: IEEE, 2016: 3E2 - 1 - 3E2 - 10.

[134] ZHONG M Y, GUO J, ZHOU D H. Adaptive in - flight alignment of INS/GPS systems for aerial mapping[J] . IEEE Transactions on Aerospace and Electronic Systems, 2018, 54(3): 1184 - 1196.

[135] YU M J, LEE J G, PARK C G. Nonlinear robust observer design for strapdown INS in - flight alignment[J] . IEEE transactions on Aerospace and Electronic Systems, 2004, 40(3): 797 - 807.

[136] HONG S, LEE M H, KWON S H, et al. A car test for the estimation of GPS/INS alignment errors[J] . IEEE Transactions on Intelligent Transportation Systems, 2004, 5(3): 208 - 218.

[137] CHANG L B, HU B Q, CHANG G B, et al. Huber - based novel robust unscented Kalman filter[J]. IET Science, Measurement & Technology, 2012, 6(6): 502 - 509.

[138] 孔繁锵,王丹丹,沈秋. L1 - L2 范数联合约束的鲁棒目标跟踪[J].仪器仪表学报,2016,37(3):690 - 697.

[139] JULIER S J, UHLMANN J K. Unscented filtering and nonlinear estimation[J]. Proceedings of the IEEE, 2004, 92(3): 401 - 422.

[140] 付强文. 车载定位定向系统关键技术研究[D]. 西安:西北工业大学,2014.

[141] HUANG Y, ZHANG Y, XU B, et al. A new outlier - robust Student's t based Gaussian approximate filter for cooperative localization[J]. IEEE/ASME Transactions on Mechatronics, 2017, 22(5): 2380 - 2386.

[142] 常国宾,许江宁,常路宾,等.一种新的鲁棒非线性卡尔曼滤波[J].南京航空航天大学学报,2011,43(6):754 - 759.

[143] HUBER P J. Robust statistics[M]. Berlin:Springer, 2011.

[144] KARLGAARD C, SCHAUB H. Adaptive huber - based filtering using projection statistics: Application to spacecraft attitude estimation[C] // AIAA Guidance, Navigation and Control Conference and Exhibit,2008, Honolulu, Hawaii. Reston:AIAA,2008: 7389.

[145] HUBER P J, Robust estimation of a location parameter[J]. The Annals of Mathematical Statistics, 1964, 35(1): 73 - 101.

[146] CHANG G B, LIU M. M - estimator - based robust Kalman filter for systems with process modeling errors and rank deficient measurement models[J]. Nonlinear Dynamics, 2015, 80(3): 1431 - 1449.

[147] KARLGAARD C D. Robust adaptive estimation for autonomous rendezvous in elliptical orbit[D]. Virginia: Virginia Tech, 2010.

[148] LIU J, CAI B G, WANG J. Cooperative localization of connected vehicles:integrating GNSS with DSRC using a robust cubature Kalman filter[J]. IEEE Transactions on Intelligent Transportation Systems, 2017, 18(8): 2111 - 2125.

[149] JULIER S, UHLMANN J, DURRANT - WHYTE H F. A new method for the nonlinear transformation of means and covariances in filters and estimators[J]. IEEE Transactions on automatic control, 2000, 45(3): 477 - 482.

[150] GANDHI M A, MILI L. Robust Kalman filter based on a generalized maximum - likelihood - type estimator[J]. IEEE Transactions on Signal Processing, 2010, 58(5): 2509 - 2520.
[151] GANDHI M A. Robust Kalman filters using generalized maximum likelihood - type estimators[D]. Virginia: Virginia Tech, 2009.
[152] LUO X W, WANG H T. Robust adaptive Kalman filtering: a method based on quasi - accurate detection and plant noise variance - covariance matrix tuning[J]. The Journal of Navigation, 2017, 70(1): 137 - 148.
[153] LI W L, SUN S H, JIA Y M, et al. Robust unscented Kalman filter with adaptation of process and measurement noise covariances[J]. Digital Signal Processing, 2016, 48: 93 - 103.
[154] ROUSSEEUW, P J, VAN ZOMEREN B C. Unmasking multivariate outliers and leverage points[J]. Journal of the American Statistical association. 1990, 85(411), 633 - 639.
[155] MYERS K, TAPLEY B D. Adaptive sequential estimation with unknown noise statistics[J]. IEEE Transactions on Automatic Control, 1976, 21(4): 520 - 523.
[156] DENNIS J E, Jr, SCHNABEL R B. Numerical methods for unconstrained optimization and nonlinear equations [M]. Philadelphia: Siam, 1996.
[157] CHANG G B, LIU M. An adaptive fading Kalman filter based on Mahalanobis distance [J]. Proceedings of the institution of mechanical engineers, part G: journal of aerospace engineering, 2015, 229(6): 1114 - 1123.
[158] DONG N, XU Y J, LIU X D. An IMM - UKF with adaptive factor for GPS/BD - 2 satellite navigation system[J]. Journal of Astronautics, 2015, 36(6): 676 - 683.
[159] SAGE A P, HUSA G W. Adaptive filtering with unknown prior statistics[C] //Proceedings of Joint Automatic Control Conference, Boulder, USA, 1969. Piscataway: IEEE, 1969: 760 - 769.
[160] ZHU B, LI D, LI Z H, et al. Robust adaptive Kalman filter for strapdown inertial navigation system dynamic alignment[J]. IET Radar, Sonar & Navigation, 2021, 15(12): 1583 - 1593.
[161] RAMESH C, VAIDEHI V. Imm based kalman filter for channel estima-

tion in uwb ofdm systems[C] //2007 International Conference on Signal Processing, Communications and Networking, Feb 22 - 24, 2007, Chennai, India. Piscataway: IEEE, 2007: 320 - 325.

[162] XU Y, SHEN T, CHEN X Y, et al. Predictive adaptive Kalman filter and its application to INS/UWB - integrated human localization with missing UWB - based measurements[J]. International Journal of Automation and Computing, 2019, 16(5): 604 - 613.

[163] WANG J T, XU T H, WANG Z J. Adaptive robust unscented Kalman filter for AUV acoustic navigation[J]. Sensors, 2020, 20(1): 60.

[164] GENG Y, WANG J. Adaptive estimation of multiple fading factors in Kalman filter for navigation applications[J]. Gps Solutions, 2008, 12(4): 273 - 279.

[165] MOHAMED A H, SCHWAEZ K P. Adaptive Kalman filtering for INS/GPS[J]. Journal of geodesy, 1999, 73(4): 193 - 203.

[166] DAI H F, HU B Q, CHEN Q. Robust adaptive UKF based on SVR for inertial based integrated navigation[J]. Defence Technology, 2020, 16(4): 846 - 855.

[167] BLAIR W D, WATSON G A. Interacting multiple bias model algorithm with application to tracking maneuvering targets[C] // Proceedings of the 31st IEEE Conference on Decision and Control, Dec 16 - 18, 1992, Tucson, AZ, USA. Piscataway: IEEE, 1992: 3790 - 3795.

[168] ZHU Z B, HU S L J. Model and algorithm improvement on single beacon underwater tracking[J]. IEEE Journal of Oceanic Engineering, 2018, 43(4): 1143 - 1160.

[169] WEBSTER S E, EUSTICE R M, SINGH H, et al. Advances in single - beacon one - way - travel - time acoustic navigation for underwater vehicles[J]. The International Journal of Robotics Research, 2012, 31(8): 935 - 950.

[170] MORENO - SALINAS D, CRASTA N, RIBEIRO M, et al. Integrated motion planning, control, and estimation for range - based marine vehicle positioning and target localization[J]. IFAC - PapersOnLine, 2016, 49(23): 34 - 40.

[171] CARLSON N A. Federated filter for fault - tolerant integrated navigation systems[C] //Position Location and Navigation Symposium, 1988. Record. Navigation into the 21st Century. IEEE PLANS'88, Orlando,

FL, USA. Piscataway: IEEE, 1988: 110 - 119.
[172] CARLSON N A. Federated square root filter for decentralized parallel processors[J]. IEEE Transactions on Aerospace and Electronic Systems, 1990, 26(3): 517 - 525.
[173] CARLSON N A, BERARDUCCI M P. Federated Kalman filter simulation results[J]. Navigation, 1994, 41(3): 297 - 322.
[174] WANG Q, CUI X, LI Y, et al. Performance enhancement of a USV INS/CNS/DVL integration navigation system based on an adaptive information sharing factor federated filter[J]. Sensors, 2017, 17(2): 239.
[175] MA X, ZHANG T, LIU X. Application of adaptive federated filter based on innovation covariance in underwater integrated navigation system[C] //2018 IEEE International Conference on Manipulation, Manufacturing and Measurement on the Nanoscale (3M - NANO), Aug 13 - 17, 2018, Hangzhou, China. Piscataway: IEEE, 2018: 209 - 213.
[176] LI Z K, WANG J, GAO J X, et al. The application of adaptive federated filter in GPS - INS - Odometer integrated navigation[J]. Acta Geodaetica et Cartographica Sinica, 2016, 45(2): 157 - 163.
[177] LI K, ZHAO J X, WANG X Y, et al. Federated ultra - tightly coupled GPS/INS integrated navigation system based on vector tracking for severe jamming environment[J]. IET Radar, Sonar & Navigation, 2016, 10(6): 1030 - 1037.
[178] KIM K, KONG S H, JEON S Y. Slip and slide detection and adaptive information sharing algorithms for high - speed train navigation systems[J]. IEEE Transactions on Intelligent Transportation Systems, 2015, 16(6): 3193 - 3203.
[179] 刘准,陈哲.基于联邦滤波器的新型故障检测结构及算法[J].北京航空航天大学学报,2002,28(5): 550 - 554.
[180] 段睿,张小红,朱锋.多源信息融合的组合导航自适应联邦滤波算法[J].系统工程与电子技术,2018,40(2):267 - 272.
[181] 唐璐杨,唐小妹,李柏渝,等.多源融合导航系统的融合算法综述[J].全球定位系统,2018,43(3):39 - 44.
[182] 唐娟.基于联邦强跟踪卡尔曼滤波的组合导航关键技术研究[D].济南:山东大学,2018.

[183] 王磊. 深海 AUV 多源导航信息融合方法研究[D]. 南京:东南大学,2015.
[184] 袁克非. 组合导航系统多源信息融合关键技术研究[D]. 哈尔滨:哈尔滨工程大学,2012.
[185] 高为广. 自适应融合导航理论与方法及其在 GPS 和 INS 中的应用[D]. 郑州:中国人民解放军信息工程大学,2005.
[186] 陈立平. 基于 SINS/LBL 交互辅助定位的 AUV 导航技术研究[D]. 南京:东南大学,2016.
[187] SIMON D. Optimal state estimation: Kalman, H infinity, and nonlinear approaches[M]. New York: John Wiley & Sons, 2006.
[188] 喻敏. 长程超短基线定位系统研制[D]. 哈尔滨:哈尔滨工程大学,2005.

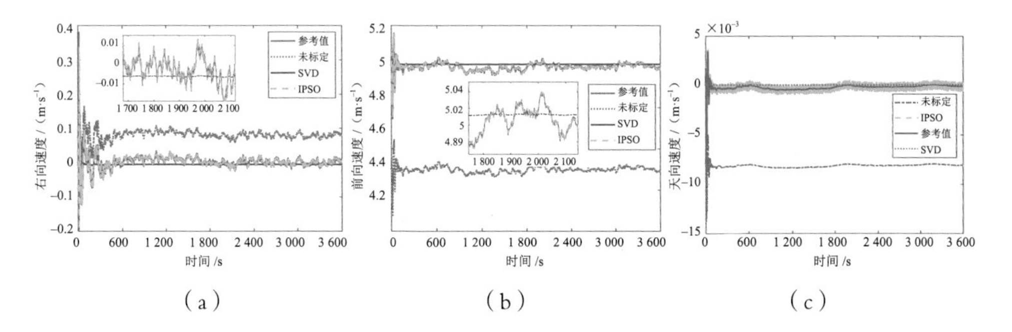

图 2.9　不同标定方法速度修正性能对比

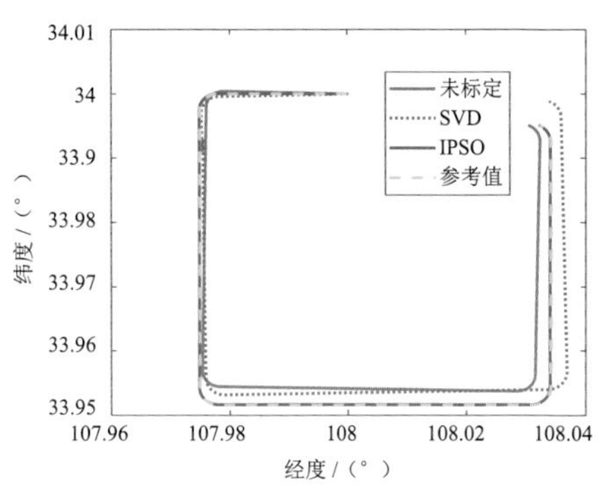

图 2.14　仿真试验轨迹图

图 2.16　船载试验轨迹

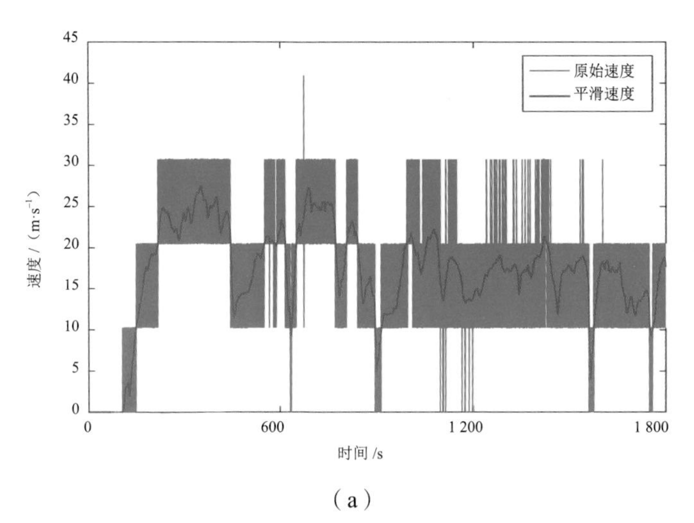

（a）

图 3.16　OD 的输出

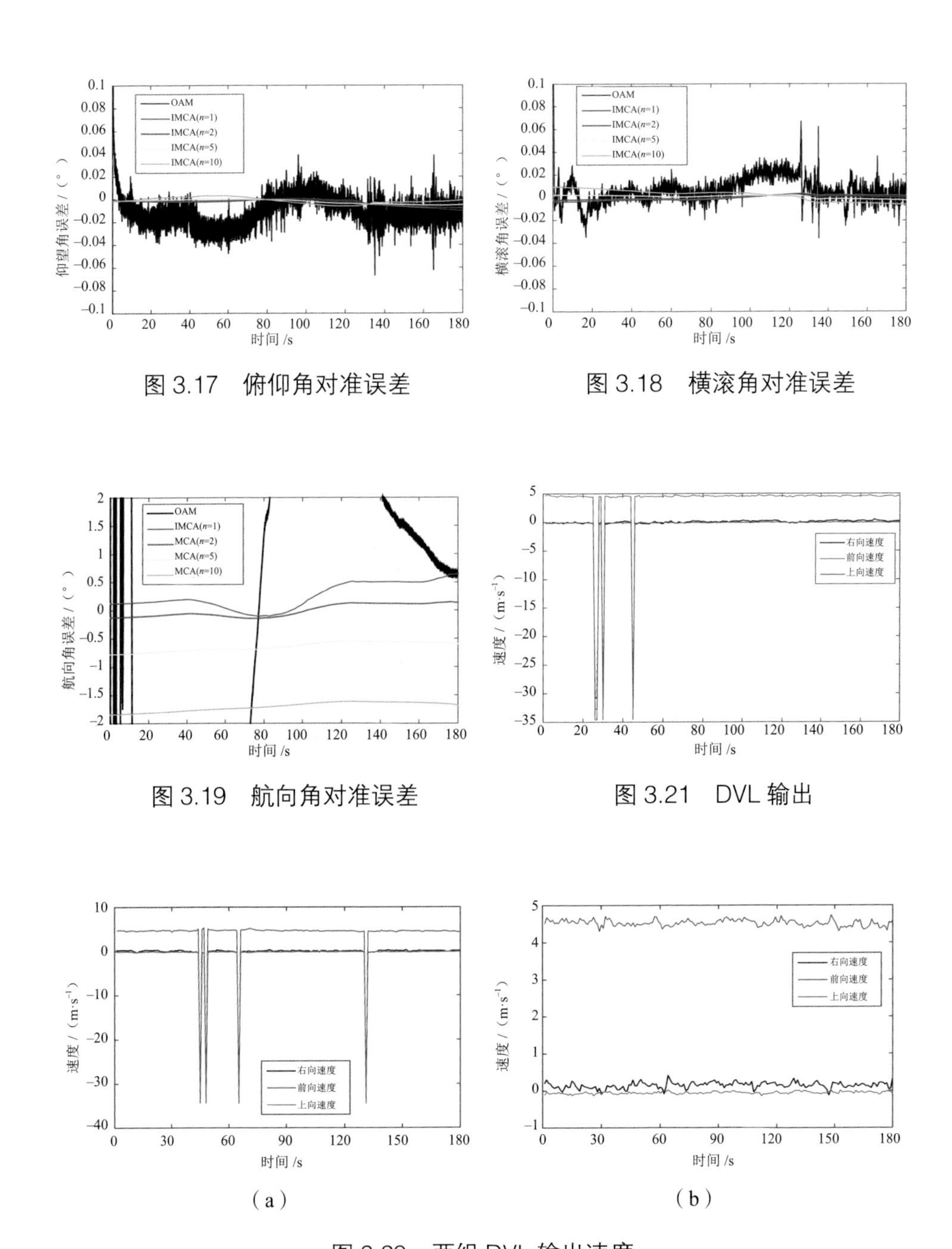

图 3.17　俯仰角对准误差

图 3.18　横滚角对准误差

图 3.19　航向角对准误差

图 3.21　DVL 输出

（a）

（b）

图 3.29　两组 DVL 输出速度

（a）DVL 输出速度（野值污染情形）；（b）DVL 输出速度（高斯情形）

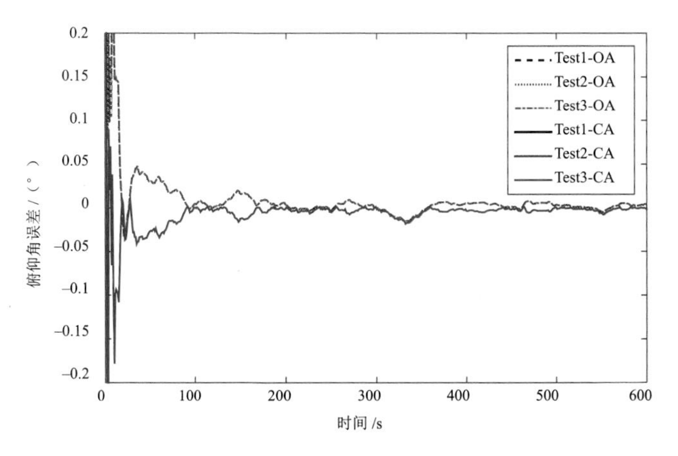

图 4.3　俯仰角对准误差

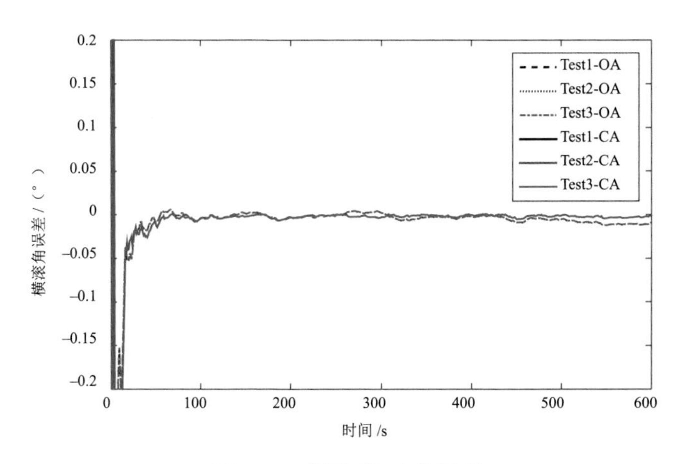

图 4.4　横滚角对准误差

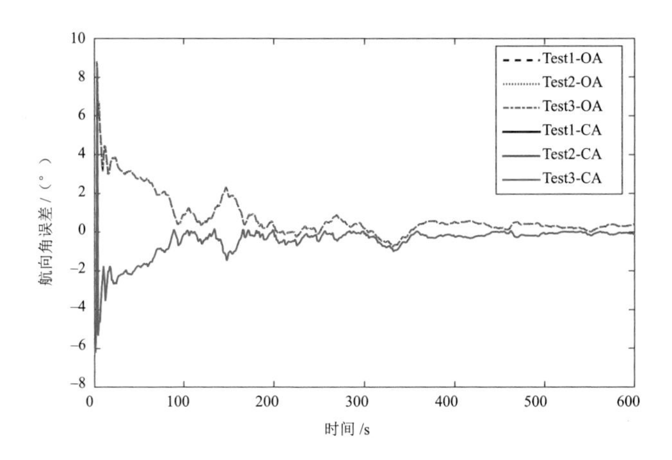

图 4.5　航向角对准误差

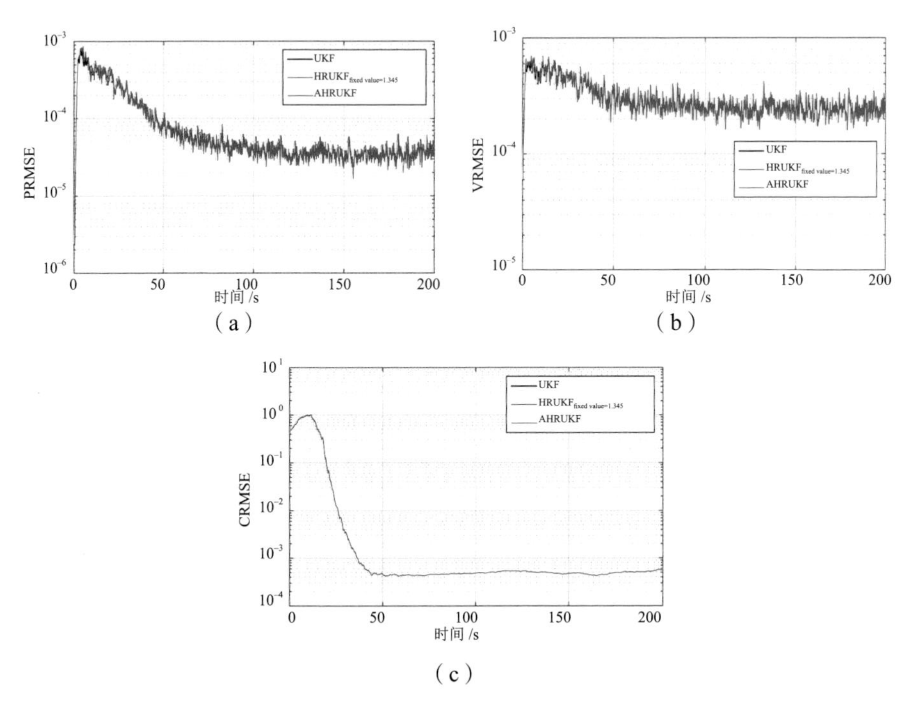

图 4.10　100 次 Monte Carlo 仿真实验得到的 RMSE

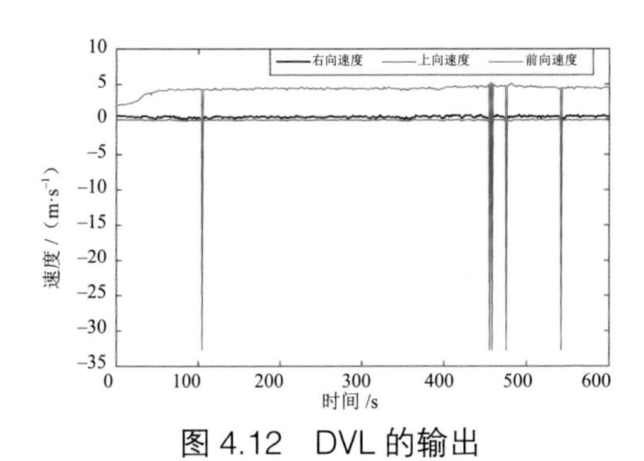

图 4.12　DVL 的输出

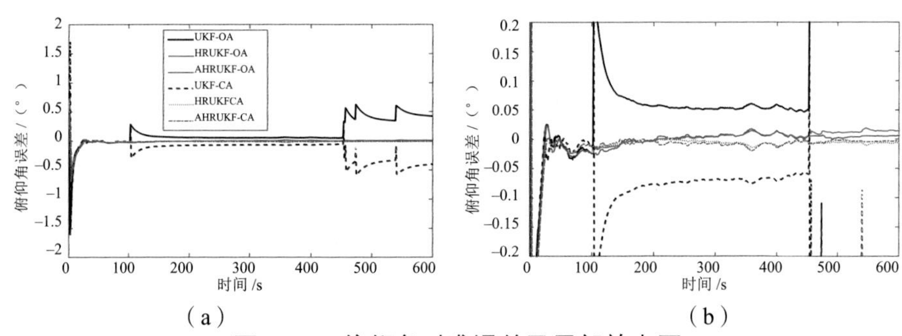

图 4.17　俯仰角对准误差及局部放大图

（a）全局图；（b）局部放大图

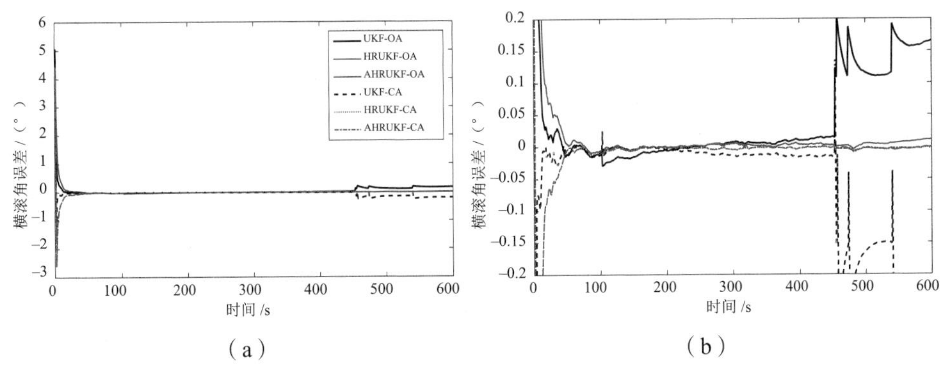

图 4.18 横滚角对准误差及局部放大图

（a）全局图；（b）局部放大图

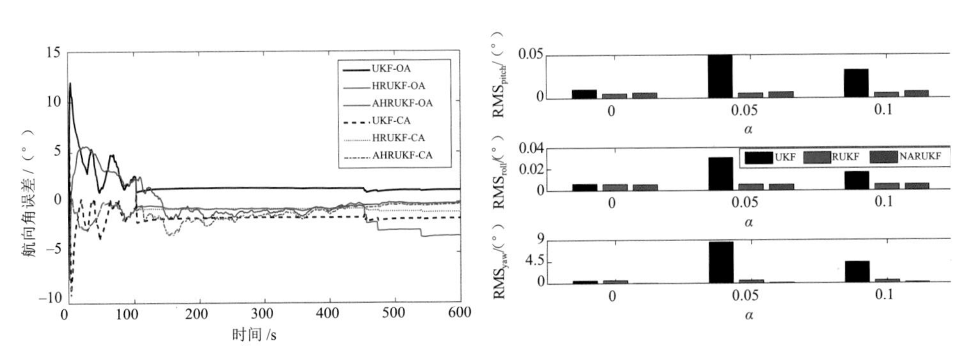

图 4.19 航向角对准误差

图 5.9 姿态估计误差的 RMS 与干扰因子的关系（最后 100s）

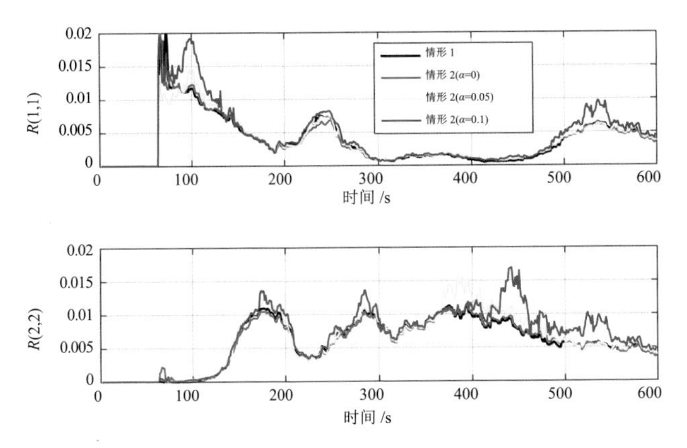

图 5.10 不同情况下量测噪声协方差分量的估计（滑动窗长度为 60s）

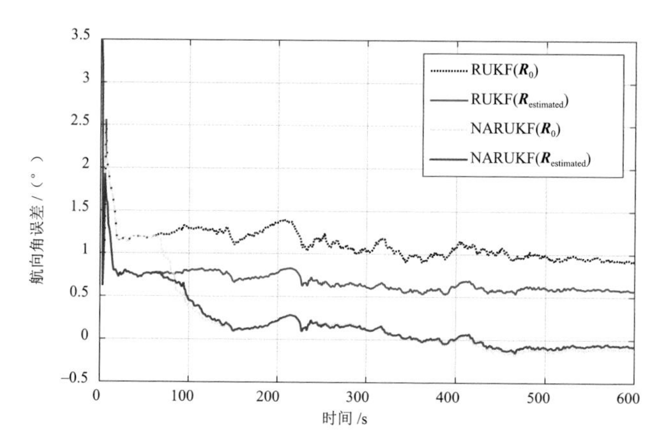

图 5.12　野值条件下不同 R 对应的航向角对准误差比较

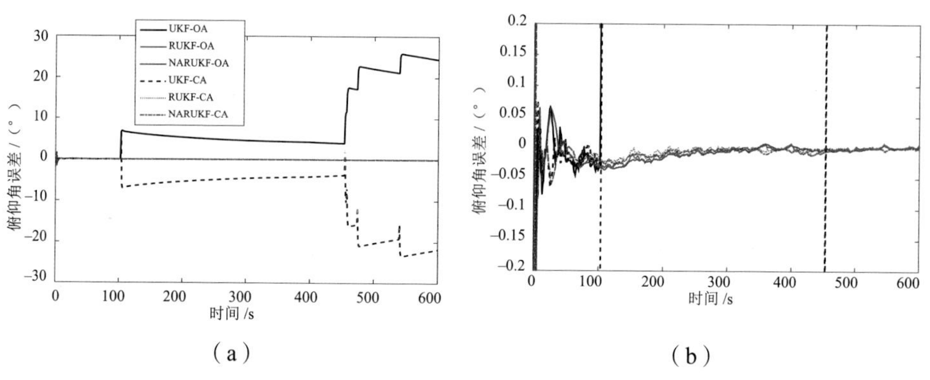

图 5.15　俯仰角对准误差及局部放大图

(a) 全局图；(b) 局部放大图

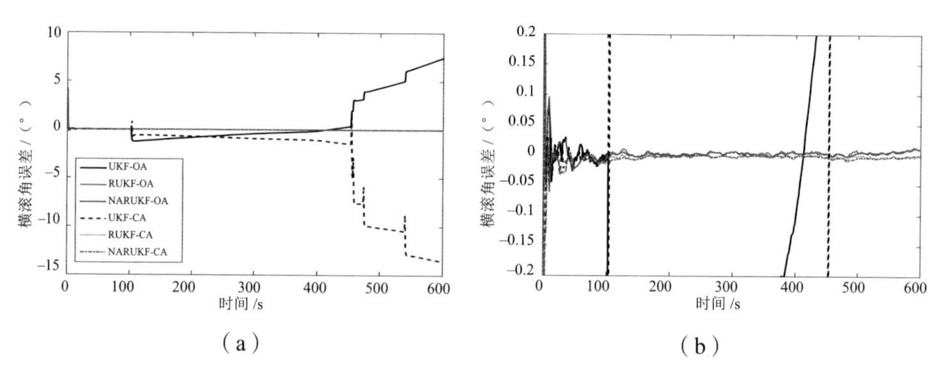

图 5.16　横滚角对准误差及局部放大图

(a) 全局图；(b) 局部放大图

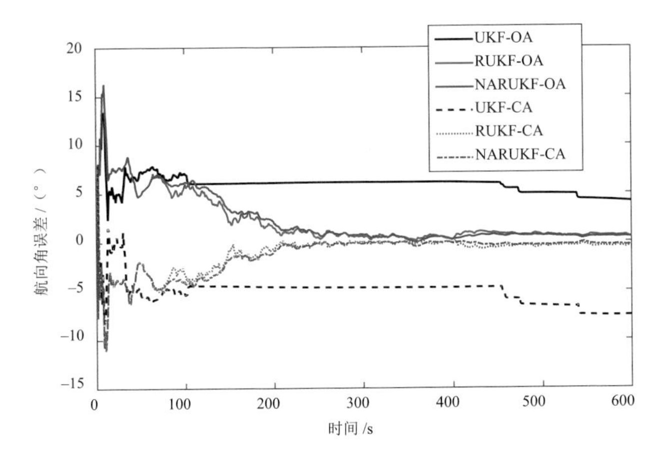

图 5.17　航向角对准误差

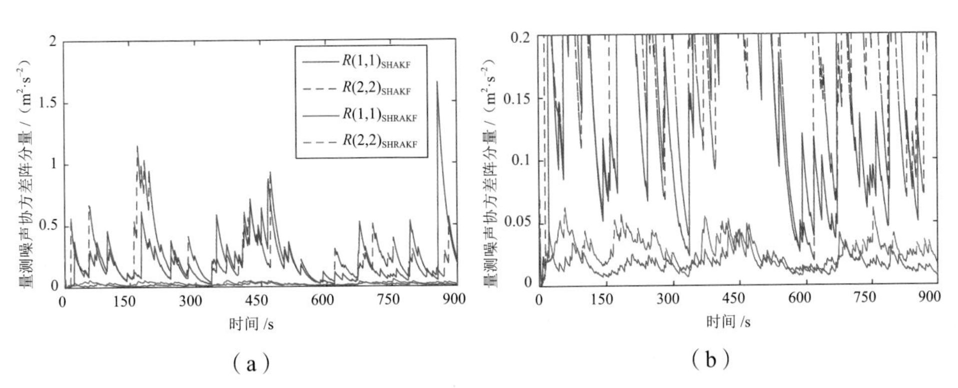

图 5.22　不同方法量测噪声协方差阵估计结果

（a）分量估计结果；（b）局部放大图

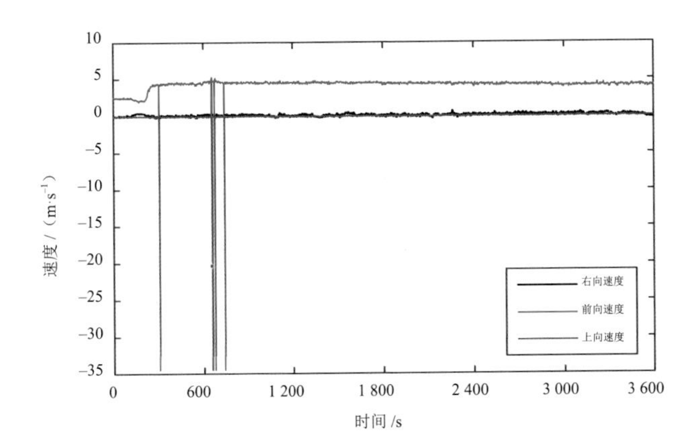

图 5.24　DVL 输出

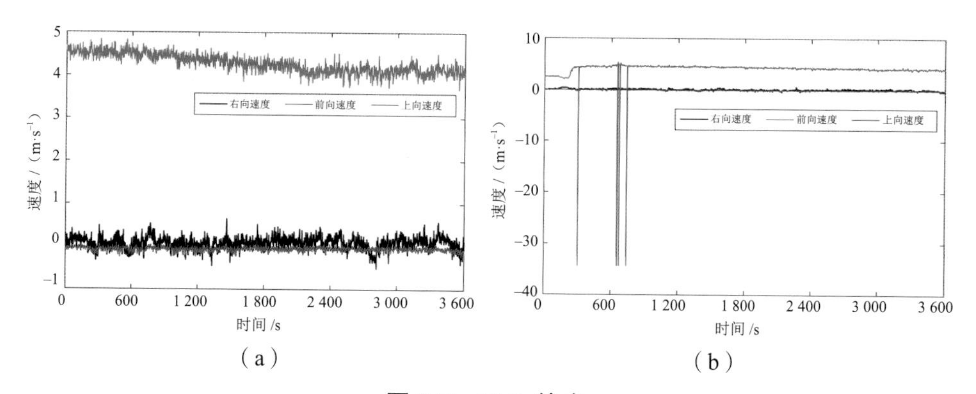

图 6.7　DVL 输出

(a) DVL 输出速度（高斯情形）；(b) DVL 输出速度（野值污染情形）

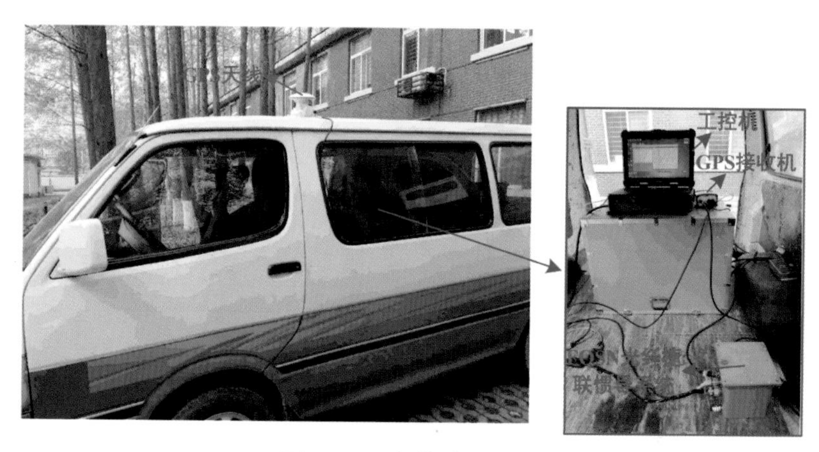

图 6.12　车载试验平台

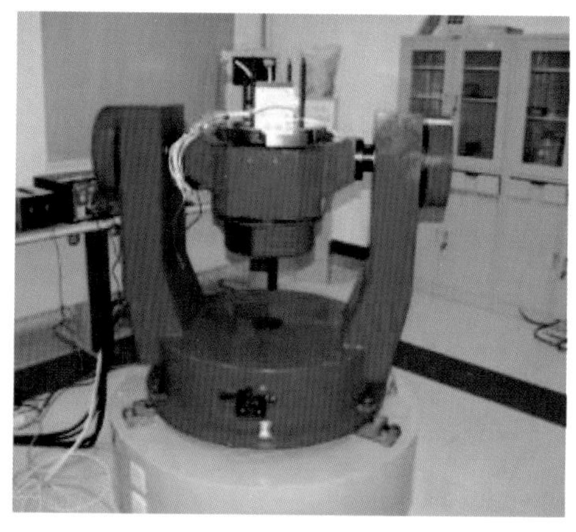

图 7.23　光纤 IMU 置于转台上